U0275082

计算机技术
开发与应用丛书

解密SSM
从架构到实践

鲍源野 江宇奇 饶欢欢 ◎ 编著

清华大学出版社

北京

内 容 简 介

本书从基础知识讲起，逐步深入，涵盖了 SSM 框架的各方面，包括 Spring、Spring MVC 和 MyBatis 的核心概念、配置、最佳实践等。

本书共 7 章，内容丰富，结构清晰。第 1 章介绍 SSM 框架，让读者对 SSM 有一个整体的认识。第 2～4 章分别详细介绍 Spring、Spring MVC 和 MyBatis 的核心知识，包括依赖注入、注解配置、映射文件和 SQL 语句等。第 5 章重点讲解 SSM 框架的整合与实战案例，帮助读者将所学知识融会贯通。第 6 章和第 7 章分别介绍 SSM 框架的最佳实践和常见问题及解决方案。本书的特色在于实战性强，注重培养读者的实际操作能力。书中提供了大量的实例和案例，帮助读者深入地理解 SSM 框架的应用。

本书适合 Java 开发者阅读，无论是有一定经验的开发者还是初学者都能从本书中获得新知识；也可作为高等院校和培训机构的参考用书。

版权所有，侵权必究。举报：010-62782989，beiqinquan@tup.tsinghua.edu.cn。

图书在版编目（CIP）数据

解密 SSM：从架构到实践 / 鲍源野，江宇奇，饶欢欢编著. -- 北京：清华大学出版社，2025.2. --（计算机技术开发与应用丛书）. -- ISBN 978-7-302-68213-4

Ⅰ. TP312.8

中国国家版本馆 CIP 数据核字第 2025N93R57 号

责任编辑：赵佳霓
封面设计：吴　刚
责任校对：时翠兰
责任印制：曹婉颖

出版发行：清华大学出版社
　　　　网　　　址：https://www.tup.com.cn，https://www.wqxuetang.com
　　　　地　　　址：北京清华大学学研大厦 A 座　　　邮　　编：100084
　　　　社　总　机：010-83470000　　　　　　　　　邮　　购：010-62786544
　　　　投稿与读者服务：010-62776969，c-service@tup.tsinghua.edu.cn
　　　　质量反馈：010-62772015，zhiliang@tup.tsinghua.edu.cn
　　　　课件下载：https://www.tup.com.cn,010-83470236
印　装　者：三河市东方印刷有限公司
经　　　销：全国新华书店
开　　　本：186mm×240mm　　　印　张：16.25　　　　字　　数：364 千字
版　　　次：2025 年 4 月第 1 版　　　　　　　　　　　印　　次：2025 年 4 月第 1 次印刷
印　　　数：1～1500
定　　　价：69.00 元

产品编号：106968-01

前 言
PREFACE

随着企业信息化建设的持续深化和互联网技术的迅猛发展，Web应用已逐渐演变为企业处理业务与共享信息的核心平台。在此背景下，选择一套高效、稳定、易于扩展的Web开发框架对于提升开发效率、降低维护成本并确保系统质量变得尤为关键。SSM（Spring ＋ Spring MVC ＋ MyBatis）框架凭借其轻量级、高解耦度及出色的扩展性，已然成为众多开发者的首选工具。

本书旨在为广大开发者呈现一本全面、系统且实用的SSM框架学习指南。本书从SSM框架的基础理论、核心概念出发，深入剖析技术实现、实战案例，并辅以最佳实践、常见问题及解决方案，全面覆盖SSM框架开发的各个环节，助力读者从入门到精通，轻松掌握SSM框架的开发精髓。

内容方面，本书详细讲解了Spring框架的基础理论、核心机制、依赖注入与Bean生命周期；Spring MVC的核心组件、注解配置、控制器开发、参数绑定与数据转换、文件处理等方面；以及MyBatis的映射文件、SQL语句、动态SQL、关联查询、事务管理与性能优化等关键技术。同时，本书还深入探讨了SSM框架的整合实战，通过实际案例帮助读者深入地理解SSM框架的整合配置与开发流程。

在最佳实践部分，本书围绕数据库设计优化、代码规范与最佳实践、异常处理与日志管理、系统安全性与性能优化等方面，给出了具体的操作建议，旨在帮助读者规避开发中的常见问题，提升系统质量与性能。

此外，本书还归纳了SSM框架在开发过程中常见的问题及解决方案，为读者提供了一本实用的SSM框架开发问题解答手册。扫描目录上方的二维码可下载本书源码。

本书适合广大Web开发者、系统架构师、IT项目经理等读者群体。无论您是SSM框架的初学者，还是已具备一定经验的开发者，本书都能为您提供宝贵的知识与技巧。希望本书能成为您学习SSM框架的良师益友，助您更好地掌握SSM框架的开发技术，从而提升您的开发能力与技术水平。

编　者

2024 年 12 月

目 录
CONTENTS

本书源码

第 1 章　SSM 框架概述 ·· 1

1.1　SSM 框架简介 ·· 1

  1.1.1　SSM 框架的起源和背景 ··· 1

  1.1.2　SSM 框架的概念和定义 ··· 2

  1.1.3　SSM 框架的发展历程 ··· 3

1.2　SSM 框架的组成 ··· 3

  1.2.1　Spring 框架介绍 ··· 3

  1.2.2　Spring MVC 框架介绍 ·· 5

  1.2.3　MyBatis 框架介绍 ··· 6

  1.2.4　SSM 框架集成方式 ·· 6

1.3　SSM 框架的优势和适应场景 ·· 7

  1.3.1　SSM 框架的优势 ·· 7

  1.3.2　SSM 框架的适用场景 ··· 7

第 2 章　Spring 详解 ·· 9

2.1　Spring Framework 特性 ·· 9

2.2　Spring Framework 核心功能模块 ·· 10

2.3　Spring 的安装与使用 ··· 11

2.4　Spring 的简单介绍 ·· 14

2.5　IoC 的简单使用 ··· 15

  2.5.1　创建项目 ·· 15

  2.5.2　使用 IoC 创建和管理 Bean ·· 15

  2.5.3　init-method 和 destroy-method 属性 ··· 23

  2.5.4　Bean 属性存在集合 ··· 25

  2.5.5　Bean 的创建顺序 ··· 28

  2.5.6　通过注解配置 Bean ··· 29

  2.5.7　快速上手创建一个 Bean ··· 31

  2.5.8　给 Bean 添加初始属性 ·· 32

  2.5.9　Bean 中存在引用对象 ·· 33

2.6　AOP 的简单使用 ·· 34

2.6.1 什么是 AOP ·· 35

2.6.2 AOP 的简单使用 ·· 35

2.6.3 加上后置通知(实现属性打印) ·· 37

2.6.4 环绕通知(根据方法的返回值来动态执行) ·· 38

2.6.5 简单了解基于 XML 配置 AOP ··· 40

2.7 JdbcTemplate 基本使用 ··· 42

2.7.1 JdbcTemplate 概述 ·· 42

2.7.2 快速开始 JdbcTemplate 的使用 ·· 43

2.7.3 将 JdbcTemplate 对象交给 Spring 管理 ·· 45

2.7.4 JdbcTemplate 实现批量操作 ·· 47

2.7.5 事务操作 ··· 48

第 3 章 Spring MVC 详解 ·· 57

3.1 Spring MVC 概述 ··· 57

3.1.1 什么是 MVC ··· 57

3.1.2 MVC 大概流程 ·· 58

3.1.3 MVC 的功能概述 ··· 58

3.1.4 快速上手 ··· 59

3.2 Spring MVC 核心组件 ··· 64

3.3 Spring MVC 的注解和配置 ··· 69

3.3.1 @RequestionMapping ·· 69

3.3.2 @PathVariable ·· 71

3.3.3 @RequestParam ··· 71

3.3.4 @CookieValue ··· 72

3.3.5 @RequestBody ·· 72

3.3.6 @ResponseBody ·· 72

3.3.7 修复浏览器中文乱码问题 ··· 73

3.4 域共享数据 ··· 73

3.4.1 使用 ServletAPI 向 request 域对象共享数据 ··· 73

3.4.2 使用 ServletAPI 向 session 域对象共享数据 ··· 74

3.4.3 使用 ModelAndView 向 request 域对象共享数据 ······································· 74

3.4.4 使用 Model 向 request 域对象共享数据 ··· 75

3.4.5 使用 ModelMap 向 request 域对象共享数据 ··· 75

3.4.6 使用 Map 向 request 域对象共享数据 ··· 76

3.4.7 Model、ModelMap、Map 的关系 ·· 76

3.4.8 向 application 域共享数据 ·· 76

3.5 Spring MVC 的参数绑定和数据转换 ··· 77

3.5.1 基本参数类型封装 ·· 77

3.5.2 实体类型封装 ·· 78

3.5.3 存在引用参数封装 ·· 79

3.5.4 List 集合封装 ·· 79

3.5.5 Map 集合封装 ·· 81

3.5.6 自定义类型转换器 ·· 82

3.6 拦截器 ·· 84

3.7 文件上传和下载 ·· 87

3.7.1 文件上传 ·· 87

3.7.2 文件下载 ·· 89

3.8 MVC 一次请求的详细过程分析 ······························ 90

3.8.1 认识组件 ·· 90

3.8.2 DispatcherServlet ··· 91

3.8.3 DoDispatch ·· 93

3.8.4 processRequest ·· 95

第 4 章 MyBatis 详解 ·· 98

4.1 MyBatis 概述 ··· 98

4.1.1 MyBatis 历史 ·· 98

4.1.2 MyBatis 特性 ·· 99

4.1.3 MyBatis 下载 ·· 99

4.2 快速开始 ··· 100

4.2.1 创建数据库 ·· 100

4.2.2 创建 Web 工程 ··· 100

4.2.3 配置 Log4j 日志 ·· 103

4.3 MyBatis 的核心组件 ··· 104

4.4 MyBatis 的映射文件和 SQL 语句 ···························· 108

4.4.1 MyBatis 映射 Bean ······································ 108

4.4.2 主键回写 ·· 109

4.5 MyBatis 的动态 SQL 和条件构造器 ························· 110

4.6 处理和获取参数的方式 ··· 113

4.6.1 注解方式 ·· 114

4.6.2 Map 方式 ·· 114

4.6.3 Bean 方式 ··· 114

4.6.4 获取参数的两种方式 ···································· 115

4.7 MyBatis 的级联操作 ··· 115

4.8 特殊 SQL 查询 ··· 117

4.8.1 模糊查询 ·· 117

4.8.2 批量删除 ·· 118

4.8.3 自定义 SQL ·· 118

4.8.4 基于 RowBounds 实现分页 ····························· 119

4.9 MyBatis 的二级缓存 ··· 119

4.9.1 缓存失效 ·· 119

4.9.2 二级缓存的相关配置 ·· 120

4.10 MyBatis 的原理 ·· 121

4.10.1 字段映射的过程和原理 ·· 121

4.10.2 Mapper 映射的解析过程 ······································ 122

4.10.3 插件运行原理 ·· 123

4.10.4 MyBatis 内置连接池 ·· 124

4.11 SqlSession 详解 ··· 124

4.11.1 SqlSessionFactor 的创建过程 ·································· 124

4.11.2 SqlSession 的创建过程 ·· 127

4.11.3 SqlSession 在执行过程中获取 Mapper 的代理对象 ················ 128

第 5 章 SSM 框架整合实战 ·· 131

5.1 SSM 框架整合概述 ··· 131

5.1.1 框架基础回顾 ·· 131

5.1.2 框架整合的必要性 ·· 132

5.1.3 整合后的框架功能 ·· 133

5.1.4 整合的意义与优势 ·· 133

5.1.5 SSM 框架整合思路 ·· 134

5.1.6 搭建 SSM 框架整合的项目基础结构 ······························ 134

5.2 Spring 与 MyBatis 的整合配置 ····································· 142

5.2.1 Spring 的配置文件 ·· 143

5.2.2 jdbc. properties 的属性文件 ···································· 143

5.2.3 SSM 框架项目中 Spring 与 MyBatis 的整合配置 ·················· 144

5.2.4 注解方式整合 Spring 与 MyBatis ································ 147

5.3 Spring 和 Spring MVC 的整合配置 ································· 150

5.3.1 Spring 与 Spring MVC 的配置文件 ······························ 150

5.3.2 SSM 框架项目中 Spring 和 Spring MVC 的整合配置 ·············· 152

5.3.3 注解方式整合 Spring 和 Spring MVC ···························· 155

5.4 实战案例：SSM 框架整合实现 ····································· 158

5.4.1 数据库设计 ·· 158

5.4.2 引入相关依赖 ·· 160

5.4.3 编写配置文件和配置类 ·· 164

5.4.4 用户管理模块实现 ·· 169

第 6 章 SSM 框架最佳实践 ·· 179

6.1 SSM 框架的最佳实践概述 ··· 179

6.1.1 SSM 框架最佳实践的重要性 ···································· 179

6.1.2 遵循的准则 ·· 180

6.2 数据库设计和优化建议 ··· 181

6.2.1 数据库设计原则 ·· 181

6.2.2 SQL 查询优化技巧 ·· 192

6.3　代码规范和最佳实践 ……………………………………………………… 194

　　　6.3.1　命名规范 ……………………………………………………………… 194

　　　6.3.2　代码结构 ……………………………………………………………… 197

6.4　异常处理和日志管理建议 ………………………………………………… 199

　　　6.4.1　异常处理 ……………………………………………………………… 200

　　　6.4.2　日志管理 ……………………………………………………………… 210

6.5　安全性和性能优化建议 …………………………………………………… 212

　　　6.5.1　数据安全性 …………………………………………………………… 212

　　　6.5.2　性能优化 ……………………………………………………………… 217

第 7 章　SSM 框架常见问题及解决方案 …………………………………………… 220

7.1　SSM 框架常见问题概述 …………………………………………………… 220

　　　7.1.1　配置文件配置错误 …………………………………………………… 220

　　　7.1.2　性能瓶颈问题 ………………………………………………………… 224

　　　7.1.3　SSM 框架安全性隐患 ……………………………………………… 227

7.2　数据库连接问题及解决方案 ……………………………………………… 229

　　　7.2.1　连接池配置不当 ……………………………………………………… 229

　　　7.2.2　SQL 注入攻击及其防御策略 ……………………………………… 232

　　　7.2.3　数据库连接超时问题及解决方案 ………………………………… 234

7.3　事务管理问题及解决方案 ………………………………………………… 236

　　　7.3.1　事务不生效 …………………………………………………………… 237

　　　7.3.2　事务不回滚 …………………………………………………………… 241

　　　7.3.3　事务超时不生效 ……………………………………………………… 243

　　　7.3.4　总结 …………………………………………………………………… 245

第1章

SSM 框架概述

在当今的软件开发领域,Spring 框架无疑已成为企业级应用程序的首选,而 Spring 框架的三大核心模块——Spring、Spring MVC 和 MyBatis(简称 SSM)更备受关注。

它们各自在不同层面解决了企业应用开发中的种种问题,并在共同协作下,为开发者提供了一个强大而灵活的开发环境。

本章将深入探讨 SSM 框架的概述,包括其组成原理、优点及如何在实际项目中应用。让我们一起探索这个强大的组合,感受它在提高开发效率、简化代码结构及提升应用程序性能等方面的巨大潜力。

1.1 SSM 框架简介

在 Web 应用程序开发中,Spring、Spring MVC 和 MyBatis 这三大核心组件的组合,即 SSM 框架,已经成为一种标准的开发模式。这个框架通过各自的功能和协同工作,为开发者提供了一种强大而灵活的工具,用于创建高效、可维护和可扩展的应用程序。

1.1.1 SSM 框架的起源和背景

1. SSM 框架的起源

Spring 框架的起源可以追溯到 2000 年,当时 Rod Johnson 为了给伦敦金融界提供咨询服务而开始编写这个框架。在 2003 年,Spring 框架逐渐兴起,Rod Johnson 在他的著作 *Expert One-On-One J 2EE Development and Design* 中进一步扩展了他的代码,以阐述如何让应用程序能够更加容易地与 J2EE 平台上的不同组件进行交互。随后,一批热衷于拓展 Spring 框架的程序开发人员组成了一个团队,并于 2003 年 2 月在 Sourceforge 上建立了一个项目。经过一年的努力,这个团队在 2004 年 3 月发布了 Spring 框架的第 1 个版本(1.0)。自此以后,Spring 框架在 Java 社区中逐渐流行起来,这要归功于其出色的文档支持和丰富的参考资料,特别是对于一个开源项目而言。

Spring MVC 是一个开源的 Java 平台,最初由 Rod Johnson 撰写,并于 2003 年 6 月根据 Apache 2.0 许可证首次发布。

MyBatis 最初是 Apache 的一个开源项目 iBatis，由 Clinton Begin 在 2002 年发起。2010 年 6 月，这个项目从 Apache 的网站退役，并被 Google Code 托管，改名为 MyBatis。随着开发团队转投 Google Code 旗下，iBatis 3. x 正式更名为 MyBatis。代码于 2013 年 11 月被迁移到 GitHub。iBatis 一词来源于 internet 和 abatis 的组合，是一个基于 Java 的持久层框架。iBatis 提供的持久层框架包括 SQL Maps 和 Data Access Objects(DAO)。

因此，SSM 框架的起源可以追溯到 2000 年，随着 Java 开发的需求不断增长，这个框架逐渐成为主流。

2. SSM 框架的背景

随着互联网行业的迅猛发展，企业面临着如何快速构建高效、稳定、可扩展的 Web 应用的挑战。传统的 Web 开发模式存在诸多问题，如开发效率低下、代码质量不稳定、后期维护困难等。为了解决这些问题，SSM 框架架构应运而生。

通过 SSM 框架的整合，企业可以快速构建出高效、稳定、可扩展的 Web 应用。同时，SSM 框架还提供了丰富的插件和生态支持，使企业可以根据实际需求进行定制化开发。随着互联网技术的不断发展，SSM 框架将继续发挥重要作用，为企业提供更加高效和稳定的 Web 应用开发解决方案。

1.1.2　SSM 框架的概念和定义

SSM 框架是 Spring＋Spring MVC＋MyBatis 的缩写，是一种流行的 Java Web 开发框架。它通过整合 Spring、Spring MVC 和 MyBatis 这 3 个开源框架，实现了高效、灵活和可扩展的 Web 应用程序开发，如图 1-1 所示。

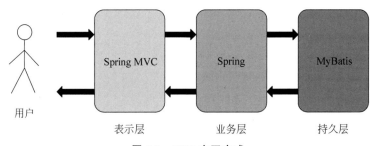

图 1-1　SSM 交互方式

每个框架都有自己的职责和特点：Spring 提供了 IoC(控制反转)和 AOP(面向切面编程)等功能，简化了企业级应用的开发流程；Spring MVC 基于 MVC(模型-视图-控制器)设计模式，用于处理用户请求和响应，并提供了灵活的请求映射和视图渲染功能；MyBatis 为数据库访问提供了一个简单而强大的持久层框架，通过 SQL 映射文件和注解来实现对象关系映射(Object Relational Mapping,ORM)。

在 SSM 框架中，通过这种分层设计，使代码结构更清晰、更易于维护、可重用，并且降低了各部分之间的依赖性。

它包括 4 个层次，如图 1-2 所示，分别如下。

（1）持久层（Model 层）：主要做数据持久层的工作，负责与数据库进行联络的一些任务都封装在此。

（2）业务层（Service 层）：主要负责业务模块的逻辑应用设计。

（3）控制器层（Controller 层）：负责处理用户的请求和响应。

（4）视图层（View 层）：主要和控制层紧密结合，主要负责前端页面的表示。

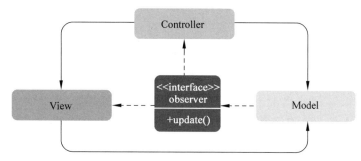

图 1-2 活动模型 MVC

1.1.3 SSM 框架的发展历程

随着互联网的发展和用户访问量的增加，网站架构也需要不断地进行优化和升级。早期的动态服务器页面（Active Server Pages，ASP）和超文本预处理器（Hypertext Preprocessor，PHP）等语言由于其本身的特点，在高访问量的情况下可能会出现性能问题。

随着面向对象编程（Object Oriented Programming，OOP）概念的普及，Java 2 提出了 J2EE 分层体系，其中 EJB(Enterprise Java Bean)框架是分层编程的核心，然而，EJB 只是一个概念，本身并没有做得很好，因此后来衍生出了 MVC 框架。在 MVC 框架之前，SSH（Struts 2＋Spring＋Hibernate）成为旧三大框架。随着时间的推移，SSH 框架的缺点开始显现，例如 Struts 2 的配置烦琐、性能低、安全性较差，而 Hibernate 的性能也差强人意。此时，注解编程方式开始兴起，Spring 迅速采用并全面推广，不仅让自身变得更加强大，还推出了 Spring MVC。同时，Hibernate 也逐渐被 MyBatis 所取代。

至此，新三大框架 SSM(Spring＋Spring MVC＋MyBatis)形成，这些框架在处理高访问量、复杂业务逻辑和安全性方面有了更好的表现，因此，选择合适的架构对于支撑高访问量至关重要。

1.2 SSM 框架的组成

1.2.1 Spring 框架介绍

Spring 的英文翻译是春天，可以说给 Java 程序员带来了春天，因为它极大地简化了开发。Spring框架包含了许多小模块,这些模块被组织成几个大的组,以便更好地理解和使用。以下是对这些主要模块组的简要概述。

1. 核心容器

在Spring框架中,核心容器(Core Container)构成了其基础架构,提供了依赖注入、配置管理等核心功能,而除了上述列出的核心容器组件外,Spring框架还包含了许多其他重要的模块和工具,这些模块为开发者提供了更丰富的功能和更灵活的选择。

接下来,我们将探讨Spring框架中的其他关键组成部分,它们共同构建了一个强大且可扩展的应用开发平台。

(1) Spring Core:提供了Spring框架的基本功能,包括IoC容器和依赖注入。

(2) Spring Beans:提供了JavaBean的工厂和配置管理功能。

(3) Spring Context:扩展了核心容器,添加了国际化、事件传播、资源加载等功能。

(4) Spring Expression Language (SpEL):一个强大的表达式语言,用于在运行时查询和操作对象图。

2. 数据访问/集成

除了上述的核心数据访问和集成组件,Spring框架还提供了更多灵活且功能丰富的工具来支持数据操作,例如数据访问/集成(Data Access/Integration),特别是当涉及复杂的数据交互和事务管理时。接下来,将探讨这些组件在实际项目中的应用。

(1) Spring JDBC:简化了JDBC的使用,提供了模板类和异常处理。

(2) Spring ORM:支持各种对象关系映射(ORM)技术,如Hibernate和JPA。

(3) Spring DAO:提供了对JDBC和ORM框架的抽象支持。

(4) Spring Transaction:提供了声明式事务管理功能。

3. Web

当我们谈及Spring框架在Web开发领域的强大支持时,不得不提到以下几个关键组件,它们各自在Web应用的构建、通信和服务提供方面扮演着至关重要的角色。

(1) Spring Web:提供了基础的Web应用开发支持,包括多部分文件上传、请求处理等。

(2) Spring Web MVC:实现了MVC设计模式,用于构建Web应用程序。

(3) Spring WebFlux:用于构建响应式Web应用程序。

(4) Spring WebSocket:支持WebSocket技术,实现实时双向通信。

(5) Spring RESTful WebServices:简化创建RESTful风格的Web服务。

4. 面向切面编程

Spring AOP作为Spring框架的一部分,为开发者提供了一种便捷的方式来处理横切关注点,如日志记录、性能监控、事务管理等,然而,对于更复杂的AOP需求,Spring还提供了与AspectJ的集成,即Spring Aspects,它进一步扩展了AOP的能力,允许开发者使用更强大和灵活的切面编程技术。

（1）Spring AOP：提供了面向切面编程的框架，用于定义横切关注点，如日志、事务管理等。

（2）Spring Aspects：与 AspectJ 集成，提供了更强大的 AOP 功能。

5. 设备

Spring Instrumentation 作为 Spring 框架的重要组成部分，不仅为 Java 类文件的修改和重加载提供了强大支持，还进一步增强了应用程序的灵活性和可扩展性。

Spring Instrumentation 提供了对 Java 类文件的修改和重加载支持。

6. 消息

Spring 框架在消息（Messaging）传递领域也展现了其强大的功能，不仅通过 Spring Messaging 模块为开发者提供了消息传递的抽象层，使消息在不同系统之间能够无缝流通，而且还提供了对特定消息传递系统的集成支持，如 Apache Kafka。此外，Spring Integration 更进一步地简化了企业应用之间的集成流程，实现了更高效、更可靠的消息通信。

（1）Spring Messaging：提供了消息传递的抽象层，支持多种消息传递系统。

（2）Spring for Apache Kafka：提供了对 Apache Kafka 的集成支持。

（3）Spring Integration：提供了企业应用集成（EAI）模式的功能。

7. 测试

Spring Test 框架为开发者提供了强大的测试能力，能够轻松地编写和执行针对 Spring 应用程序的单元测试、集成测试和端到端测试，然而，随着 Spring Boot 的兴起，针对 Spring Boot 应用程序的快速开发和测试需求也日益增长，这就引出了更为专门的测试支持——Spring Boot Test。

（1）Spring Test：提供了对 JUnit 和其他测试框架的集成支持，以及对 Spring 应用程序的单元测试功能。

（2）Spring Boot Test：提供了对 Spring Boot 应用程序的测试支持。

1.2.2　Spring MVC 框架介绍

Spring MVC 其实是基于 Spring 框架的一个模块，专门用于构建 Web 应用程序。它遵循 MVC（Model-View-Controller）设计模式，使开发者能够清晰地分离应用程序的不同逻辑层，从而增加代码的可维护性和可扩展性。

Spring MVC 的核心组件如下。

（1）DispatcherServlet：这是 Spring MVC 的核心 Servlet，它负责接收所有的 HTTP 请求并转发给相应的控制器（Controller）。DispatcherServlet 是前端控制器，它负责协调其他组件来处理请求。

（2）Controller：控制器处理来自 DispatcherServlet 的请求。控制器接受请求参数，调用相应的服务（Service）来处理业务逻辑，并准备数据模型（Model）。

（3）Model：数据模型包含从服务层获取的数据，这些数据将被传递给视图（View）进行展示。

（4）View：视图负责将数据模型呈现给用户。视图通常是 JSP、Thymeleaf 或其他模板引擎。

1.2.3　MyBatis 框架介绍

MyBatis 是一个半自动化的 ORM 框架，它简化了 Java 应用程序与关系数据库之间的交互过程。MyBatis 内部封装了 JDBC 的所有底层细节，使开发者能够专注于编写 SQL 语句，而无须处理加载驱动、创建数据库连接、创建 Statement 等烦琐任务。

MyBatis 允许使用 XML 配置文件或注解来定义和映射 SQL 语句与 Java 对象之间的关系。通过 XML 或注解，开发者可以将 Java 的 Plain Old Java Objects（POJO）映射到数据库中的记录，从而避免了手动编写 JDBC 代码、设置参数及处理结果集。

MyBatis 通过 XML 文件或注解配置各种 SQL 语句，并根据 Java 对象的属性和 SQL 语句中的动态参数进行映射。这样，MyBatis 便能够生成最终的 SQL 语句并执行它，然后将结果映射回 Java 对象并返给调用者。整个过程从执行 SQL 到返回结果都是自动化处理的，大大简化了 Java 数据库编程的工作。

简单来讲，MyBatis 是一个可以自定义 SQL、存储过程和高级映射的持久层框架。

1.2.4　SSM 框架集成方式

SSM 框架是 Spring、Spring MVC 和 MyBatis 三个框架的集成。这种集成方式在 Java Web 开发中非常常见，可以提高开发效率和代码的可维护性。

下面简略地介绍 SSM 框架的集成方式，详细的集成方式将在后面章节讲解。

（1）创建 Maven 项目：在 IDE 中创建一个 Maven 项目，并生成 web. xml 文件。web. xml 文件是整个项目的核心配置文件，也是 Web 程序访问的入口。

（2）引入依赖：在项目的 pom. xml 文件中引入 Spring、Spring MVC 和 MyBatis 的相关依赖。这些依赖包括核心库、持久化库、Web 库等。

（3）配置 Spring 核心文件：在项目中创建一个或多个 Spring 配置文件，用于配置 Spring 容器。这些配置文件需要定义数据源、SqlSessionFactory、DAO、Service 等组件，以及它们之间的关系。

（4）配置 MyBatis：在 Spring 配置文件中配置 MyBatis 的相关参数，如 Mapper 文件的位置、别名包的位置等。同时，需要定义 SqlSessionFactory 和 SqlSessionTemplate 等组件，用于创建和管理数据库连接。

（5）配置 Spring MVC：在 Spring 配置文件中配置 Spring MVC 的相关参数，如扫描包、静态资源放行、开启注解支持、视图解析器等。同时，需要定义 DispatcherServlet 作为前端控制器，负责处理所有的 HTTP 请求。

（6）配置 web.xml 文件：在 web.xml 文件中配置 Spring 和 Spring MVC 的监听器和 Servlet,以及相关的初始化参数。这些配置用于启动 Spring 和 Spring MVC 容器,并加载相应的配置文件。

（7）编写代码：根据业务需求,编写 Controller、Service、DAO 等代码。这些代码需要遵循 Spring 和 MyBatis 的规范,以便能够被 Spring 容器管理和调用。

（8）部署和测试：将项目打包成 WAR 文件,并部署到 Web 服务器上,然后通过浏览器访问应用程序,测试各项功能是否可以正常工作。

1.3　SSM 框架的优势和适应场景

1.3.1　SSM 框架的优势

SSM 框架主要具有以下显著优势。

（1）分层清晰：SSM 框架将应用程序的不同层分开,包括控制层、服务层、数据访问层等,使各个层之间的职责更加明确,代码更加清晰。这种分层架构有助于降低模块之间的耦合度,提高代码的可维护性和可扩展性。

（2）功能丰富：Spring 提供了强大的功能支持,如 IoC 容器、事务管理、AOP(面向切面编程)、数据访问等。Spring MVC 为 Web 应用开发提供了基本功能,如请求映射、视图解析等。MyBatis 则提供了优秀的 ORM 支持,简化了数据库操作。通过整合这 3 个框架,SSM 框架能够轻松实现复杂的应用程序。

（3）可扩展性强：Spring 框架提供了大量的扩展点,使开发人员可以轻松地扩展 Spring 的功能。此外,SSM 框架也支持与其他框架和库的集成,如集成 Spring Security 进行安全控制、集成 Spring Data JPA 进行数据库操作等。

（4）易于集成：SSM 框架的集成过程相对简单,通过配置文件和注解的方式可以很容易地将各个组件整合在一起。此外,由于 SSM 框架在 Java Web 开发领域被广泛使用,因此有大量的教程和社区支持,便于开发人员学习和使用。

（5）高效、易维护：与 JDBC 相比,SSM 框架大大减少了代码量,提高了开发效率。同时,由于采用了分层架构和模块化设计,使代码更加易于维护和测试。此外,MyBatis 提供的 ORM 支持也使数据库操作更加简洁和高效。

（6）灵活性：SSM 框架允许开发者在各个层面进行定制和扩展,以满足项目的特定需求。无论是数据访问层、业务逻辑层还是表示层都可以根据项目的实际情况进行灵活配置和扩展。

1.3.2　SSM 框架的适用场景

SSM 框架的适用场景主要包括但不限于以下几个方面。

（1）企业级应用开发：SSM 框架提供了全功能的 Java 应用开发支持,包括事务管理、

AOP 编程、数据访问等,适合用于构建大型、复杂的企业级应用。

（2）Web 应用开发：Spring MVC 作为 SSM 框架的一部分,提供了基于 MVC 设计模式的 Web 应用开发支持,包括请求映射、视图解析、数据绑定等功能,适合用于构建各种类型的 Web 应用。

（3）数据库操作：MyBatis 作为 SSM 框架的数据访问层框架,提供了 ORM 支持,简化了数据库操作,适合用于对数据库操作有较高要求的应用。

此外,SSM 框架还适用于以下场景。

（1）记录日志：Spring 框架提供了强大的 AOP 支持,可以用于实现记录日志的功能。

（2）监控方法运行时间：可以通过 AOP 来监控方法的运行时间,从而对性能进行分析和优化。

（3）权限控制：SSM 框架可以结合 Spring Security 等安全框架实现权限控制功能。

（4）缓存优化：可以通过 MyBatis 的二级缓存或者结合 Redis 等缓存工具实现数据的缓存优化。

（5）事务管理：Spring 框架提供了强大的事务管理支持,可以确保一系列数据库操作的原子性。

总而言之,SSM 框架适用于需要高效、灵活、可扩展的 Web 应用程序开发的场景,尤其是对企业级应用和数据库操作有较高要求的项目。

第2章

Spring 详解

Spring 是最受欢迎的企业级 Java 应用程序开发框架,数以百万的来自世界各地的开发人员在使用此框架。Spring 框架可以用来创建性能好、易于测试、可重用的代码。Spring 框架是一个开源的 Java 平台,它最初是由 Rod Johnson 编写的,并且于 2003 年 6 月首次在 Apache 2.0 许可下发布。Spring 是轻量级的框架,其基础版本的大小只有 2MB 左右。Spring 框架的核心特性是可以用于开发任何 Java 应用程序,但是在 Java EE 平台上构建 Web 应用程序是需要扩展的。Spring 框架的目标是使 J2EE 开发变得更容易使用,通过启用基于 POJO 编程模型来促进良好的编程实践,是一个 Java EE 开源的轻量级别的框架,可以解决企业开发中遇到的难题。

Spring 官网如图 2-1 所示。

图 2-1　Spring 官网

2.1　Spring Framework 特性

Spring Framework 的这些特性,不仅简化了应用程序的开发过程,提高了开发效率,还使代码更清晰、更易于维护,其中,控制反转(Inversion of Control,IoC)和面向切面编程

(Aspect Oriented Programming,AOP)作为 Spring 的两大核心特性,为开发者提供了强大的解耦和复用能力。本节将详细讨论 Spring 中的 IoC 容器和 AOP 的实现原理及应用。

1. 非侵入式

使用 Spring Framework 开发应用程序时,Spring 对应用程序本身的结构影响非常小。对领域模型可以做到零污染;对功能性组件也只需使用几个简单的注解进行标记,完全不会破坏原有结构,反而能将组件结构进一步简化。这就使基于 Spring Framework 开发应用程序时结构清晰、简洁优雅。

2. 控制反转

IoC 翻转资源获取方向。把自己创建资源、向环境索取资源变成环境将资源准备好,我们享受资源注入。

3. 面向切面编程

AOP 在不修改源代码的基础上增强代码功能。

4. 容器

Spring IoC 是一个容器,因为它包含并且管理组件对象的生命周期。组件享受到了容器化的管理,替程序员屏蔽了组件创建过程中的大量细节,极大地降低了使用门槛,大幅度地提高了开发效率。

5. 组件化

Spring 实现了使用简单的组件配置组合成一个复杂的应用。在 Spring 中可以使用 XML 和 Java 注解组合这些对象。这使可以基于一个个功能明确、边界清晰的组件有条不紊地搭建超大型复杂应用系统。

6. 声明式

很多以前需要编写代码才能实现的功能,现在只需声明需求便可由框架代为实现。一站式:在 IoC 和 AOP 的基础上可以整合各种企业应用的开源框架和优秀的第三方类库,而且 Spring 旗下的项目已经覆盖了广泛领域,很多方面的功能性需求可以在 Spring Framework 的基础上使用 Spring 实现。

2.2　Spring Framework 核心功能模块

核心组件 IoC 容器和 AOP 面向切面编程能够让编码变得更加简单。

(1) IoC:把整个对象创建的过程统一交给 Spring IoC 容器来实现管理,底层使用反射＋工厂模式实现。

(2) AOP:对功能(方法)前后实现增强,例如打印日志、事务原理、权限管理,底层是基于动态代理模式实现的。

2.3　Spring 的安装与使用

进入 Spring 官网选择 Spring Framework 框架,如图 2-2 所示。

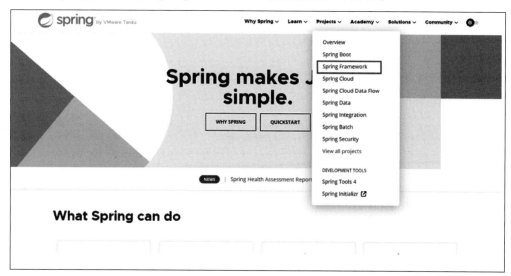

图 2-2　选项栏

进入后选择 GitHub 跳转到 Spring Framework 项目的源码,如图 2-3 所示。

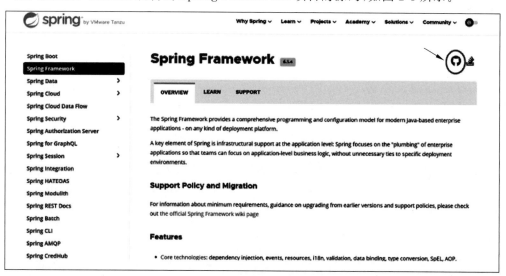

图 2-3　GitHub 地址

进入 GitHub,看到源码后,如果对源码感兴趣,则可以选择旁边的 Releases 选择对应版本的源码。

找到 Access to Binaries，单击后进入 Spring Framework Artifacts，然后才能找到 Spring 的仓库，如图 2-4 所示。

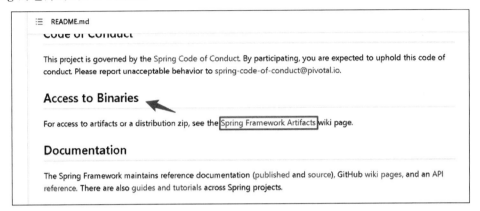

图 2-4　README. md

进入 Spring 的仓库（这里有 Spring 的各个版本的 JAR 包），箭头指的是 Spring 仓库的链接，如图 2-5 所示。

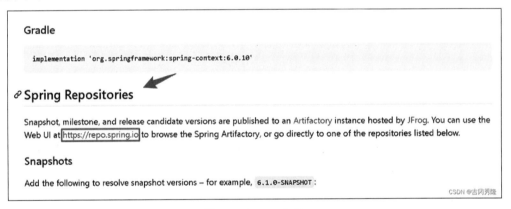

图 2-5　Spring 仓库

进入仓库地址，首先选中 Artifactory 选项中的 Artifacts 选项，然后找到 snapshot 目录下的 maven-metadata. xml，最后复制这个地址，如图 2-6 所示。

下载网址为 https://repo. spring. io/artifactory/snapshot/org/springframework/spring/，选择对应的版本，如图 2-7 所示。

（1）Beta 版本是软件最早对外公开的软件版本。

（2）Release Candidate（简称 RC）指可能成为最终产品的候选版本。

（3）SNAPSHOT 版，一般是在开发时保存的版本。

（4）GAGA（General Availability，一般可用）通常指的是软件或产品在经历了开发、测试、修复错误、优化性能等一系列阶段后，已经达到了商业发布的水平，并准备向广大用户正式发布。

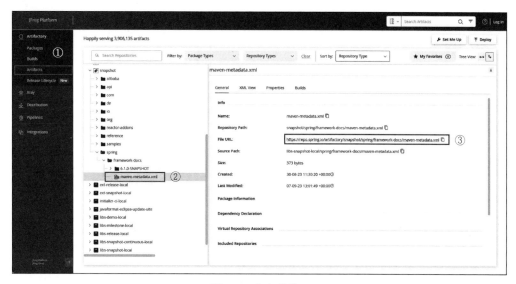

图 2-6　仓库详情图

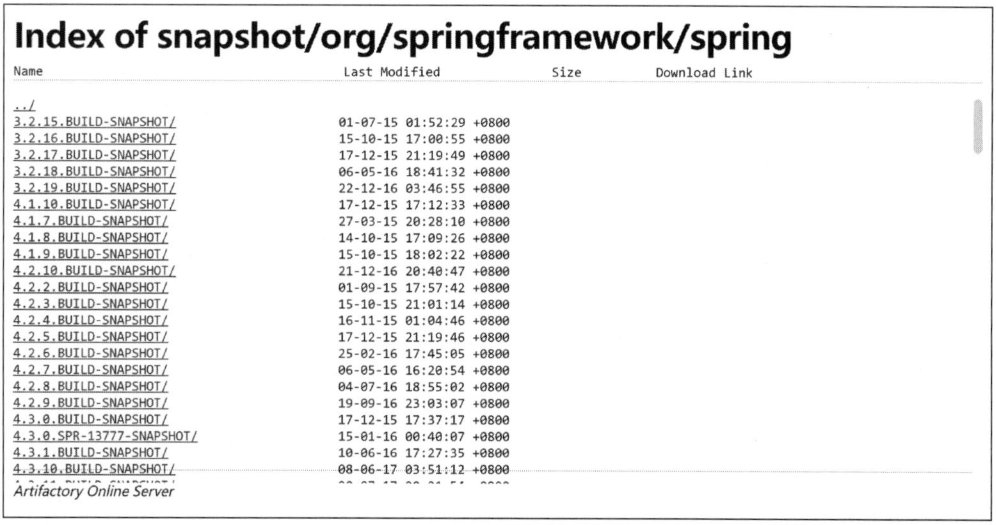

```
Index of snapshot/org/springframework/spring

Name                          Last Modified              Size         Download Link

../
3.2.15.BUILD-SNAPSHOT/        01-07-15 01:52:29 +0800
3.2.16.BUILD-SNAPSHOT/        15-10-15 17:00:55 +0800
3.2.17.BUILD-SNAPSHOT/        17-12-15 21:19:49 +0800
3.2.18.BUILD-SNAPSHOT/        06-05-16 18:41:32 +0800
3.2.19.BUILD-SNAPSHOT/        22-12-16 03:46:55 +0800
4.1.10.BUILD-SNAPSHOT/        17-12-15 17:12:33 +0800
4.1.7.BUILD-SNAPSHOT/         27-03-15 20:28:10 +0800
4.1.8.BUILD-SNAPSHOT/         14-10-15 17:09:26 +0800
4.1.9.BUILD-SNAPSHOT/         15-10-15 18:02:22 +0800
4.2.10.BUILD-SNAPSHOT/        21-12-16 20:40:47 +0800
4.2.2.BUILD-SNAPSHOT/         01-09-15 17:57:42 +0800
4.2.3.BUILD-SNAPSHOT/         15-10-15 21:01:14 +0800
4.2.4.BUILD-SNAPSHOT/         16-11-15 01:04:46 +0800
4.2.5.BUILD-SNAPSHOT/         17-12-15 21:19:46 +0800
4.2.6.BUILD-SNAPSHOT/         25-02-16 17:45:05 +0800
4.2.7.BUILD-SNAPSHOT/         06-05-16 16:20:54 +0800
4.2.8.BUILD-SNAPSHOT/         04-07-16 18:55:02 +0800
4.2.9.BUILD-SNAPSHOT/         19-09-16 23:03:07 +0800
4.3.0.BUILD-SNAPSHOT/         17-12-15 17:37:17 +0800
4.3.0.SPR-13777-SNAPSHOT/     15-01-16 00:40:07 +0800
4.3.1.BUILD-SNAPSHOT/         10-06-16 17:27:35 +0800
4.3.10.BUILD-SNAPSHOT/        08-06-17 03:51:12 +0800

Artifactory Online Server
```

图 2-7　下载版本

进入一个版本后，选择对应操作系统的压缩包进行下载，如图 2-8 所示。

下载后解压，如图 2-9 所示。

可以看到 3 种类型文件。

（1）javadoc.jar：后缀为 java，是作者留下的文档。

（2）source.jar：源码实现。

（3）.jar：源码编译后的字节码文件。

到此 Spring 的下载就完成了。

Index of snapshot/org/springframework/spring/5.3.26-SNAPSHOT

Name	Last Modified	Size	Download Link
../			
maven-metadata.xml	20-03-23 16:53:13 +0800	2.0 KB	maven-metadata.xml
spring-5.3.26-20230316.084446-24-dist.zip	16-03-23 16:45:11 +0800	80.4 MB	spring-5.3.26-20230316.084446-24-dist.zip
spring-5.3.26-20230316.084446-24-dist.zip.asc	16-03-23 16:45:26 +0800	833.0 B	spring-5.3.26-20230316.084446-24-dist.zip.asc
spring-5.3.26-20230316.084446-24-docs.zip	16-03-23 16:45:11 +0800	36.2 MB	spring-5.3.26-20230316.084446-24-docs.zip
spring-5.3.26-20230316.084446-24-docs.zip.asc	16-03-23 16:45:26 +0800	833.0 B	spring-5.3.26-20230316.084446-24-docs.zip.asc
spring-5.3.26-20230316.084446-24-schema.zip	16-03-23 16:45:11 +0800	61.3 KB	spring-5.3.26-20230316.084446-24-schema.zip
spring-5.3.26-20230316.084446-24-schema.zip.asc	16-03-23 16:45:26 +0800	833.0 B	spring-5.3.26-20230316.084446-24-schema.zip.asc
spring-5.3.26-20230316.084446-24.pom	16-03-23 16:45:02 +0800	1.5 KB	spring-5.3.26-20230316.084446-24.pom
spring-5.3.26-20230316.084446-24.pom.asc	16-03-23 16:45:22 +0800	833.0 B	spring-5.3.26-20230316.084446-24.pom.asc
spring-5.3.26-20230317.140054-25-dist.zip	17-03-23 22:01:20 +0800	80.4 MB	spring-5.3.26-20230317.140054-25-dist.zip
spring-5.3.26-20230317.140054-25-dist.zip.asc	17-03-23 22:01:36 +0800	833.0 B	spring-5.3.26-20230317.140054-25-dist.zip.asc
spring-5.3.26-20230317.140054-25-docs.zip	17-03-23 22:01:19 +0800	36.2 MB	spring-5.3.26-20230317.140054-25-docs.zip
spring-5.3.26-20230317.140054-25-docs.zip.asc	17-03-23 22:01:36 +0800	833.0 B	spring-5.3.26-20230317.140054-25-docs.zip.asc
spring-5.3.26-20230317.140054-25-schema.zip	17-03-23 22:01:20 +0800	61.3 KB	spring-5.3.26-20230317.140054-25-schema.zip
spring-5.3.26-20230317.140054-25-schema.zip.asc	17-03-23 22:01:36 +0800	833.0 B	spring-5.3.26-20230317.140054-25-schema.zip.asc
spring-5.3.26-20230317.140054-25.pom	17-03-23 22:01:11 +0800	1.5 KB	spring-5.3.26-20230317.140054-25.pom

图 2-8　压缩包

spring-aop-5.3.26-SNAPSHOT.jar 类型: JAR 文件	修改日期: 2023/3/16 8:35 大小 374 KB	
spring-aop-5.3.26-SNAPSHOT-javadoc.jar 类型: JAR 文件	修改日期: 2023/3/16 8:36 大小 1.19 MB	
spring-aop-5.3.26-SNAPSHOT-sources.jar 类型: JAR 文件	修改日期: 2023/3/16 8:36 大小 354 KB	
spring-aspects-5.3.26-SNAPSHOT.jar 类型: JAR 文件	修改日期: 2023/3/16 8:36 大小 46.1 KB	
spring-aspects-5.3.26-SNAPSHOT-javadoc.jar 类型: JAR 文件	修改日期: 2023/3/16 8:36 大小 76.4 KB	
spring-aspects-5.3.26-SNAPSHOT-sources.jar 类型: JAR 文件	修改日期: 2023/3/16 8:36 大小 30.2 KB	
spring-beans-5.3.26-SNAPSHOT.jar 类型: JAR 文件	修改日期: 2023/3/16 8:35 大小 686 KB	
spring-beans-5.3.26-SNAPSHOT-javadoc.jar 类型: JAR 文件	修改日期: 2023/3/16 8:36 大小 1.97 MB	
spring-beans-5.3.26-SNAPSHOT-sources.jar 类型: JAR 文件	修改日期: 2023/3/16 8:36 大小 642 KB	
spring-context-5.3.26-SNAPSHOT.jar 类型: JAR 文件	修改日期: 2023/3/16 8:36 大小 1.21 MB	
spring-context-5.3.26-SNAPSHOT-javadoc.jar 类型: JAR 文件	修改日期: 2023/3/16 8:36 大小 3.48 MB	
spring-context-5.3.26-SNAPSHOT-sources.jar 类型: JAR 文件	修改日期: 2023/3/16 8:36 大小 1.04 MB	
spring-context-indexer-5.3.26-SNAPSHOT.jar 类型: JAR 文件	修改日期: 2023/3/16 8:35 大小 26.4 KB	
spring-context-indexer-5.3.26-SNAPSHOT-javadoc.jar 类型: JAR 文件	修改日期: 2023/3/16 8:35 大小 23.6 KB	
spring-context-indexer-5.3.26-SNAPSHOT-sources.jar 类型: JAR 文件	修改日期: 2023/3/16 8:35 大小 15.9 KB	
spring-context-support-5.3.26-SNAPSHOT.jar 类型: JAR 文件	修改日期: 2023/3/16 8:36 大小 182 KB	
spring-context-support-5.3.26-SNAPSHOT-javadoc.jar 类型: JAR 文件	修改日期: 2023/3/16 8:36 大小 524 KB	
spring-context-support-5.3.26-SNAPSHOT-sources.jar 类型: JAR 文件	修改日期: 2023/3/16 8:36 大小 167 KB	
spring-core-5.3.26-SNAPSHOT.jar	修改日期: 2023/3/16 8:35	

图 2-9　解压目录

2.4　Spring 的简单介绍

Spring 有 4 个核心学习内容。

（1）IoC：控制反转，可以管理 Java 对象。

（2）AOP：切面编程。

（3）JDBCTemplate：Spring 提供的一套访问数据库的技术，应用性强，相对好理解。

（4）声明式事务：基于 IoC/AOP 实现事务管理。

2.5 IoC 的简单使用

在软件开发的世界里，一个引人注目的趋势是如何通过减少代码之间的直接依赖关系来提高代码的可维护性和可重用性。这其中的一个关键的概念就是控制反转。IoC 是一种设计原则，它改变了传统上由代码直接操控对象间关系的做法，而是将这种关系交由一个外部容器（或称为框架）来管理。

2.5.1 创建项目

准备工具 IDEA 2022，单击 New Project 按钮，填写相关内容，如图 2-10 所示。

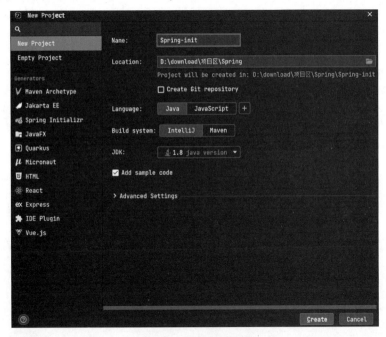

图 2-10　创建项目界面

项目创建完成后，将 Spring 的核心包粘贴到项目的 libs 目录下（libs 目录不需要自己创建）添加到项目依赖。

项目还需要下载一个第三方日志库，如图 2-11 所示。

2.5.2 使用 IoC 创建和管理 Bean

首先定义一个 Bean 结构，如图 2-12 所示。

Bean 结构代码如下：

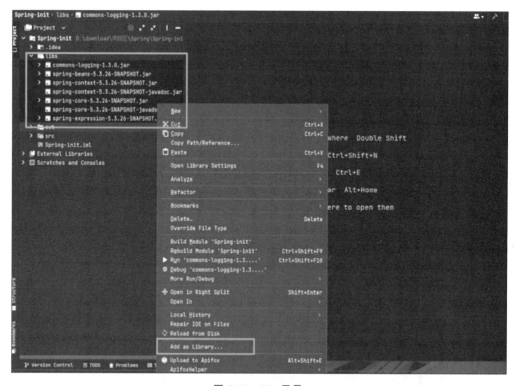

图 2-11　libs 目录

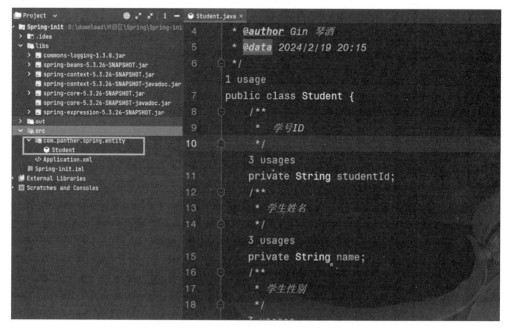

图 2-12　Bean 结构

```
package com.panther.spring.entity;

public class Student {
    //学号 ID
    private String studentId;
    //学生姓名
    private String name;
    //学生性别
    private String gender;
    //省略构造函数和 Get、Set 方法(IDEA 快速创建这些方法的快捷键:Alt + Ins)
}
```

创建 XML 文件来给这个 Bean 结构赋值,如图 2-13 所示。

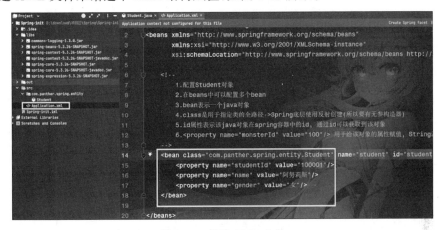

图 2-13　创建 XML 文件

XML 配置代码如下:

```
<!--
    1.配置 Student 对象
    2.在 beans 中可以配置多个 bean
    3.bean 表示一个 Java 对象
    4.class 用于指定类的全路径 -> Spring 底层使用反射创建(所以要有无参构造器)
    5.id 属性表示该 Java 对象在 Spring 容器中的 id,通过 id 可以获取该对象
    6.<property name = "monsterId" value = "100"/> 用于给该对象的属性赋值,如果 String
没有赋值就是 null
    -->
    <bean class = "com.panther.spring.entity.Student" name = "student" id = "student">
        <property name = "studentId" value = "100001"/>
        <property name = "name" value = "阿努莉斯"/>
        <property name = "gender" value = "女"/>
    </bean>

</beans>
```

通过程序将 XML 数据和 Bean 结构组合起来变成一个真正的 Java 对象,代码如下:

```java
package com.panther.spring.Test;
  import com.panther.spring.entity.Student;
  import org.springframework.context.ApplicationContext;
  import org.springframework.context.support.ClassPathXmlApplicationContext;

  public class TestCreateBean {

    public static void main(String[] args) {
        //1.创建容器 ApplicationContext
        //2.该容器和容器配置文件关联
        ApplicationContext ioc =
                new ClassPathXmlApplicationContext("Application.xml");
        //3.通过 getBean 获取对应的对象
        //根据名称获取 Bean,默认返回的是 Object, 但是运行类型是 Monster
        Student student01 = (Student) ioc.getBean("student");
        //根据类型获取 Bean 会在底层强制转换成对应类型
        Student student02 = ioc.getBean(Student.class);

        //4.输出
        System.out.println("student01" + student01 + ", student01 运行类型" + student01.
getClass());
        System.out.println("student02" + student02 + ", 属性 name = " + student02.getName() +
", studentId = " + student02.getStudentId());
        //我们在根据不同方法获取 Bean 时获取的 Bean 都是同一个(这是因为 Spring 默认创建的
        //Bean 是单例的)
        System.out.println(student01 == student02);
    }
}
```

运行结果如图 2-14 所示。

```
D:\program\jdk8\bin\java.exe ...
student01com.panther.spring.entity.Student@185d8b6, monster01运行类型class com.panther.spring.entity.Student
student02com.panther.spring.entity.Student@185d8b6, 属性name=阿努莉斯, studentId=100001
true
```

图 2-14　结果图

(1) 通过构造函数创建 Bean,在 XML 文件中对指定构造函数的所有参数进行赋值,代码如下:

```xml
<bean class = "com.panther.spring.entity.Student" name = "student01" id = "student01">
    <constructor - arg name = "studentId" value = "100001"/>
    <constructor - arg name = "name" value = "阿努莉斯"/>
    <constructor - arg name = "gender" value = "未来产物"/>
</bean>
//2.测试
public static void main(String[] args) {
    ClassPathXmlApplicationContext ioc =
```

```
        new ClassPathXmlApplicationContext("Application.xml");
    Student student = (Student)ioc.getBean("student01");

    System.out.println("student" + student + ", " +
            "属性 name = " + student.getName() + ", studentId = " + student.getStudentId());
}
```

运行结果如图 2-15 所示。

图 2-15　结果图

（2）如果要使用 P 命名空间来配置 Bean，则需要在 XML 文件的定义头加上 p 属性标识，这样 XML 才能识别 P 标签，代码如下：

```
<?xml version = "1.0" encoding = "UTF-8"?>
    <beans xmlns = "http://www.springframework.org/schema/beans"
        xmlns:p = "http://www.springframework.org/schema/p"
        xmlns:xsi = "http://www.w3.org/2001/XMLSchema-instance"
        xsi:schemaLocation = " http://www.springframework.org/schema/beans  http://www.
springframework.org/schema/beans/spring-beans.xsd">
</beans>
```

接下来给 Bean 属性赋值，代码如下：

```
<bean class = "com.panther.spring.entity.Student" name = "student01" id = "student01"
    p:studentId = "100001"
    p:name = "阿努莉斯"
    p:gender = "未来产物"
/>
```

编写测试案例，代码如下：

```
public static void main(String[] args) {
        ClassPathXmlApplicationContext ioc =
                new ClassPathXmlApplicationContext("Application.xml");
        Student student = (Student)ioc.getBean("student01");

        System.out.println("student" + student + ", " +
                "属性 name = " + student.getName() + ", studentId = " + student.
getStudentId());
    }
```

运行结果如图 2-16 所示。

图 2-16　结果图

（3）Bean 信息继承，代码如下：

```
< bean class = "com. panther. spring. entity. Student" name = "student01" id = "student01"
    p:studentId = "100001"
    p:name = "阿努莉斯"
    p:gender = "未来产物"
/>
//Bean 直接继承自 student01
< bean class = "com. panther. spring. entity. Student" name = "student02" id = "student02"
    parent = "student01"/>
```

如果 Bean 对象存在引用对象，则可在 Student 对象添加一个引用对象，代码如下：

```
public class Address {

    private String add;
    //添加 Get 和 Set 方法，以及构造函数
}
//在 Student 添加该类属性
```

XML 配置，代码如下：

```
//XML 提供了外部引用和内部引用两个字创建方式
    //外部引用
    < bean class = "com. panther. spring. entity. Student" name = "student01" id = "student01">
        < property name = "studentId" value = "100001"/>
        < property name = "name" value = "阿努莉斯"/>
        < property name = "gender" value = "未来产物"/>
        < property name = "address" ref = "address"/>
    </bean>
    < bean class = "com. panther. spring. entity. Address" name = "address" id = "address">
    < property name = "add" value = "未来科技城"/>
    </bean>
//内部引用
< bean class = "com. panther. spring. entity. Student" name = "student02" id = "student02">
    < property name = "studentId" value = "100002"/>
    < property name = "name" value = "阿努莉斯 2"/>
    < property name = "gender" value = "未来产物 2"/>
    < property name = "address" >
        < bean class = "com. panther. spring. entity. Address"
            p:add = "未来科技城 2"
            />
    </property>
</bean>
```

编写测试案例，代码如下：

```
public static void main(String[] args) {
    ClassPathXmlApplicationContext ioc =
        new ClassPathXmlApplicationContext("Application.xml");
    Student student1 = (Student)ioc.getBean("student01");
```

```
    Student student2 = (Student)ioc.getBean("student02");

    System.out.println("student" + student1 + ", " +
                    "属性 name = " + student1.getName() + ", studentId = " + student1.
getStudentId()
                    +" 地址: " + student1.getAddress().getAdd()
                    );

    System.out.println("student" + student2 + ", " +
                    "属性 name = " + student2.getName() + ", studentId = " + student2.
getStudentId()
                    +" 地址: " + student2.getAddress().getAdd()
                    );
}
```

运行结果如图 2-17 所示。

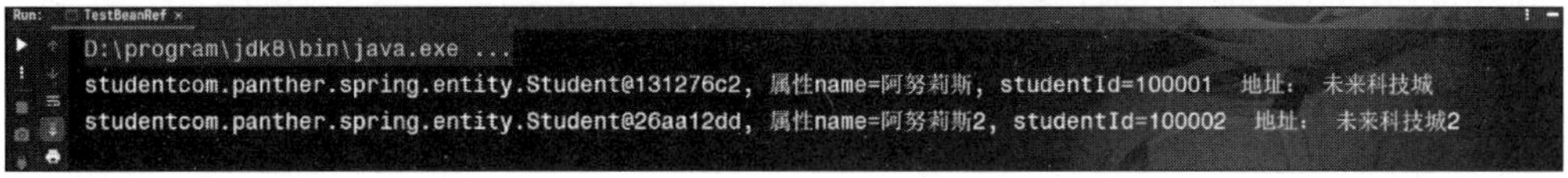

图 2-17　结果图

（4）有两种方式可以打破单例，一种是多设置几个 Bean 的 XML 配置（id 不能相同，这是 Bean 的唯一标识），代码如下：

```
<?xml version = "1.0" encoding = "UTF – 8"?>
    < beans xmlns = "http://www.springframework.org/schema/beans"
        xmlns:xsi = "http://www.w3.org/2001/XMLSchema – instance"
        xsi:schemaLocation = " http://www. springframework. org/schema/beans  http://www.
springframework.org/schema/beans/spring – beans.xsd">
    < bean class = "com.panther.spring.entity.Student" name = "student01" id = "student01">
        < property name = "studentId" value = "100001"/>
        < property name = "name" value = "阿努莉斯"/>
        < property name = "gender" value = "女"/>
    </bean>
    < bean class = "com.panther.spring.entity.Student" name = "student02" id = "student02">
        < property name = "studentId" value = "100011"/>
        < property name = "name" value = "嘉隆"/>
        < property name = "gender" value = "乌鸦"/>
    </bean>
</beans>
```

编写测试案例，代码如下：

```
package com.panther.spring.Test;

    import com.panther.spring.entity.Student;
    import org.springframework.context.ApplicationContext;
    import org.springframework.context.support.ClassPathXmlApplicationContext;
```

```java
public class TestMultiBean {

    public static void main(String[] args) {
        //1.创建容器 ApplicationContext
        //2.该容器和容器配置文件关联
        ApplicationContext ioc =
                new ClassPathXmlApplicationContext("Application.xml");
        //3.通过 getBean 获取对应的对象
        //根据名称获取 Bean，默认返回的是 Object，但是运行类型是 Monster
        Student student01 = (Student) ioc.getBean("student01");
        //根据类型获取 Bean 会在底层强制转换成对应类型
        Student student02 = (Student) ioc.getBean("student02");

        //4.输出
        System.out.println("student01" + student01 + ", 属性 name = " + student01.getName() +
", studentId = " + student01.getStudentId());
        System.out.println("student02" + student02 + ", 属性 name = " + student02.getName() +
", studentId = " + student02.getStudentId());
        System.out.println(student01 == student02);
    }
}
```

运行结果如图 2-18 所示。

```
D:\program\jdk8\bin\java.exe ...
student01com.panther.spring.entity.Student@18eed359, 属性name=阿努莉斯, studentId=100001
student02com.panther.spring.entity.Student@3e9b1010, 属性name=嘉隆, studentId=100011
false
```

图 2-18　结果图

另一种是将 Bean 的作用范围设置成 prototype,代码如下 :

```xml
< bean class = "com. panther. spring. entity. Student" scope = "prototype" name = "student" id =
"student">
        < property name = "studentId" value = "100001"/>
        < property name = "name" value = "阿努莉斯"/>
        < property name = "gender" value = "女"/>
</bean >
```

编写测试案例,代码如下 :

```java
package com. panther. spring. Test;

    import com. panther. spring. entity. Student;
    import org. springframework. context. ApplicationContext;
    import
    org. springframework. context. support. ClassPathXmlApplicationContext;


    public class TestMultiBean {
```

```
public static void main(String[] args) {
    //1.创建容器 ApplicationContext
    //2.该容器和容器配置文件关联
    ApplicationContext ioc =
            new ClassPathXmlApplicationContext("Application.xml");
    //3.通过 getBean 获取对应的对象
    //根据名称获取 Bean,默认返回的是 Object, 但是运行类型是 Monster
    Student student01 = (Student) ioc.getBean("student");
    //根据类型获取 Bean 会在底层强制转换成对应类型
    Student student02 = (Student) ioc.getBean("student");

    //4.输出
     System.out.println("student01" + student01 + ", 属性 name = " + student01.
getName() + ", studentId = " + student01.getStudentId());
     System.out.println("student02" + student02 + ", 属性 name = " + student02.
getName() + ", studentId = " + student02.getStudentId());
        System.out.println(student01 == student02);
    }
}
```

运行结果如图 2-19 所示。

```
D:\program\jdk8\bin\java.exe ...
student01com.panther.spring.entity.Student@527740a2, 属性name=阿努莉斯, studentId=100001
student02com.panther.spring.entity.Student@13a5fe33, 属性name=阿努莉斯, studentId=100001
false
```

图 2-19　结果图

prototype 翻译成中文为原型,底层采用的就是原型模式,以 Bean 为原型进行浅复制。

Spring 在启动时会先加载所有的 Bean 进行创建并交给 IoC,这样降低了项目的启动时间,Spring 提供了一个参数给我们使用 lazy-init,当项目用到这个 Bean 时才会临时创建,代码如下:

```
< bean class = "com.panther.spring.entity.Student" scope = "prototype"
    name = "student" id = "student" lazy - init = "true">
        < property name = "studentId" value = "100001"/>
        < property name = "name" value = "阿努莉斯"/>
        < property name = "gender" value = "女"/>
    </bean>
```

2.5.3　init-method 和 destroy-method 属性

首先在 Bean 的结构中(Student 类)添加两种方法,方法名称可以随意起,代码如下:

```
//对学生的姓名进行脱敏处理
  public void initMethod(){
    System.out.println(" ============= 初始化开始 ============= ");
    StringBuilder stringBuilder = new StringBuilder(name);
```

```
        stringBuilder.replace(stringBuilder.length() - 1,stringBuilder.length()," * ");
        this.name = stringBuilder.toString();
}

//销毁前将学生信息输出
public void destroyMethod(){
        System.out.println(" =============== 销毁开始 =============== ");
        System.out.println("学号: " + studentId + "\t 姓名 " + name + "\t 性别 " + gender);
}
```

在 XML 配置文件中添加这两个属性,代码如下:

```
< bean class = "com.panther.spring.entity.Student" name = "student"
    id = "student"
        init - method = "initMethod" destroy - method = "destroyMethod">
            < property name = "studentId" value = "100001"/>
            < property name = "name" value = "阿努莉斯"/>
            < property name = "gender" value = "女"/>
        </bean >
```

编写测试案例,代码如下:

```
package com.panther.spring.Test;

    import com.panther.spring.entity.Student;
    import
    org.springframework.beans.factory.config.AutowireCapableBeanFactory;
    import org.springframework.context.ApplicationContext;
    import
    org.springframework.context.support.ClassPathXmlApplicationContext;

    public class TestBeanMethod {

      public static void main(String[] args) throws InterruptedException {
        //1.创建容器 ApplicationContext
        //2.该容器和容器配置文件关联
        ClassPathXmlApplicationContext ioc =
                new ClassPathXmlApplicationContext("Application.xml");
        //3.通过 getBean 获取对应的对象
        //根据名称获取 Bean,默认返回的是 Object, 但是运行类型是 Monster
        Student student = (Student) ioc.getBean("student");
        //4.输出
        System.out.println("student" + student + ", " +
                "属性 name = " + student.getName() + ", studentId = " + student.
getStudentId());
        ioc.close(); //关闭 IOC 上下文,触发 Bean 销毁
    }

}
```

运行结果(scope 不要设置成 Prototype,不会触发销毁)如图 2-20 所示。

图 2-20 结果图

2.5.4 Bean 属性存在集合

给学生类添加一个 Map 集合,表示各门成绩,再创建一个班级类,用于存放多名学生,给 Add 类添加 appears 属性,代码如下:

```java
//学生各门成绩
    private Map < String, Integer > scores;
    //班级类
    public class Grade{
        private String name;

        private List < Student > students;
    }
    //地图类
    public class Address {
        //角色出生地
        private String add;

        //角色出现过的地方
        private Set < String > appears;
//别忘记添加 Get 和 Set 方法
    }
```

开始给 XML 属性赋值,代码如下:

```xml
<?xml version = "1.0" encoding = "UTF - 8"?>
    < beans xmlns = "http://www. springframework. org/schema/beans"
        xmlns:p = "http://www. springframework. org/schema/p"
        xmlns:xsi = "http://www. w3. org/2001/XMLSchema - instance"
        xsi:schemaLocation = " http://www. springframework. org/schema/beans http://www.
springframework. org/schema/beans/spring - beans. xsd">
    < bean class = "com. panther. spring. entity. Student" name = "student01" id = "student01">
        < property name = "studentId" value = "100001"/>
        < property name = "name" value = "阿努莉斯"/>
        < property name = "gender" value = "未来产物"/>
        < property name = "scores">
            < map >
                < entry key = "近战" value = "600" />
                < entry key = "魔法" value = "1200" />
                < entry key = "防御" value = "800" />
                <!-- entry key = "防御" value - ref = "800" / 如果 Value 为引用对象 -->
            </map>
```

```xml
        </property>
        < property name = "address" ref = "address"/>
    </bean>
    < bean class = "com.panther.spring.entity.Address" name = "address" id = "address">
        < property name = "add" value = "未来科技城"/>
        < property name = "appears">
            < set >
                < value >佩克奇拉村</value >
                < value >酒馆</value >
                < value >未来科技城</value >
            </set >
        </property>
    </bean>


    < bean class = "com.panther.spring.entity.Student" name = "student02" id = "student02">
        < property name = "studentId" value = "100011"/>
        < property name = "name" value = "嘉隆"/>
        < property name = "gender" value = "乌鸦"/>
        < property name = "scores">
            < map >
                < entry key = "近战" value = "0" />
                < entry key = "魔法" value = "0" />
                < entry key = "防御" value = "0" />
                <!-- entry key = "防御" value - ref = "800" / 如果 Value 为引用对象 -->
            </map >
        </property>
        < property name = "address" >
            < bean class = "com.panther.spring.entity.Address"
                    p:add = "城镇"
                    p:appears = "城镇"
            />
        </property>
    </bean>
    < bean class = "com.panther.spring.entity.Student" name = "student03" id = "student03">
        < property name = "studentId" value = "999999"/>
        < property name = "name" value = "阿斯特赖亚"/>
        < property name = "gender" value = "战斗女神"/>
        < property name = "scores">
            < map >
                < entry key = "近战" value = "9999" />
                < entry key = "魔法" value = "9999" />
                < entry key = "防御" value = "9999" />
                <!-- entry key = "防御" value - ref = "800" / 如果 Value 为引用对象 -->
            </map >
        </property>
        < property name = "address" >
            < bean class = "com.panther.spring.entity.Address">
                < property name = "add" value = "时间"/>
                < property name = "appears">
```

```xml
                    <set>
                        <value>时空</value>
                        <value>未来科技城</value>
                    </set>
                </property>
            </bean>
        </property>
    </bean>

    <bean class="com.panther.spring.entity.Grade" name="grade" id="grade">
        <property name="name" value="魔法学院"/>
        <property name="students">
            <list>
                <ref bean="student01"/>
                <ref bean="student02"/>
                <ref bean="student02"/>
            </list>
        </property>
    </bean>
</beans>
```

编写测试案例，代码如下：

```java
package com.panther.spring.Test;

    import com.panther.spring.entity.Address;
    import com.panther.spring.entity.Grade;
    import com.panther.spring.entity.Student;
    import
    org.springframework.context.support.ClassPathXmlApplicationContext;
    import java.util.Map;


public class TestBeanCollection {

    public static void main(String[] args) {
        //1.创建容器 ApplicationContext
        //2.该容器和容器配置文件关联
        ClassPathXmlApplicationContext ioc =
                new ClassPathXmlApplicationContext("Application.xml");
        //获得班级
        Grade grade = ioc.getBean(Grade.class);

        //输出数据
        System.out.println("现在公布【" + grade.getName() + "】学员属性");
        for (Student student : grade.getStudents()) {
            System.out.println("name: " + student.getName() + "\t 类别: " + student.getGender());
            for(Map.Entry item : student.getScores().entrySet() ){
                System.out.println("\t" + item.getKey() + " : " + item.getValue());
```

```
            }
            Address address = student.getAddress();
            System.out.print("初始地: " + address.getAdd() + "\t 出没地: ");
            for (String en : address.getAppears()) {
                System.out.print(en + " ");
            }
            System.out.println();
        }
    }
}
```

运行结果如图 2-21 所示。

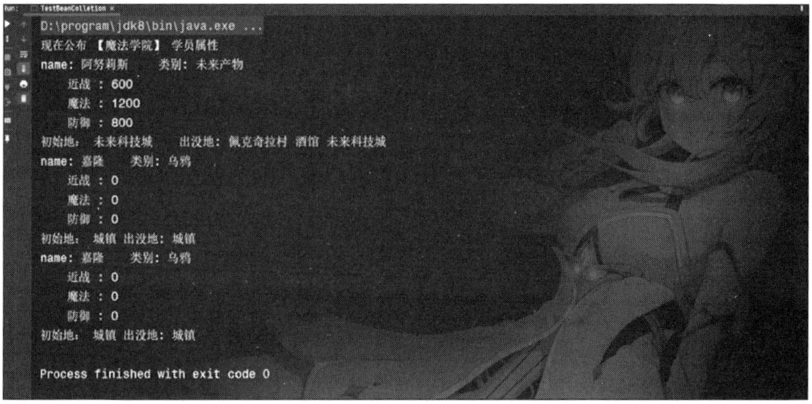

图 2-21　结果图

2.5.5　Bean 的创建顺序

Bean 的创建顺序是按照配置文件的定义顺序来创建的。

先创建两个新的类,代码如下:

```
public class First {
    First(){
        System.out.println("first 构造函数执行");
    }
}
public class Second {
    Second(){
        System.out.println("second 构造函数执行");
    }
}
```

新建一个 XML 文件,代码如下:

```
<?xml version = "1.0" encoding = "UTF - 8"?>
    < beans xmlns = "http://www.springframework.org/schema/beans"
```

```
    xmlns:xsi = "http://www.w3.org/2001/XMLSchema - instance"
        xsi:schemaLocation = " http://www. springframework. org/schema/beans  http://www.
springframework. org/schema/beans/spring - beans. xsd">

    < bean class = "com. panther. spring. entity. First" id = "first" />
    < bean class = "com. panther. spring. entity. Second" id = "second"/>
</beans >
```

编写测试案例,代码如下:

```
public static void main(String[ ] args) {
    ClassPathXmlApplicationContext ioc =
        new ClassPathXmlApplicationContext("Beans.xml");
}
```

运行结果如图 2-22 所示。

图 2-22　结果图

如果换成这样配置构造函数就会反过来,代码如下:

```
<?xml version = "1.0" encoding = "UTF - 8"?>
    < beans xmlns = "http://www.springframework. org/schema/beans"
        xmlns:xsi = "http://www.w3.org/2001/XMLSchema - instance"
        xsi:schemaLocation = " http://www. springframework. org/schema/beans  http://www.
springframework. org/schema/beans/spring - beans. xsd">
    < bean class = "com. panther. spring. entity. Second" id = "second"/>
    < bean class = "com. panther. spring. entity. First" id = "first" />
</beans >
```

2.5.6　通过注解配置 Bean

基于注解的方式配置 Bean,主要用于项目开发中的组件,例如 Controller、Service 和 Dao。组件注解的形式如下:

(1) @Component 表示当前注解标识的是一个组件。

(2) @Controller 表示当前注解标识的是一个控制器,通常用于 Servlet。

(3) @Service 表示当前注解标识的是一个处理业务逻辑的类,通常用于 Service 类。

(4) @Repository 表示当前注解标识的是一个持久化的类,通常用于 Mapper 类。

将 spring-aop-5.3.26.jar 复制到 libs 文件夹下,然后单击 File 的项目结构选项,如图 2-23 所示。

将 AOP 的 JAR 包添加到 libraries 中,如图 2-24 所示。

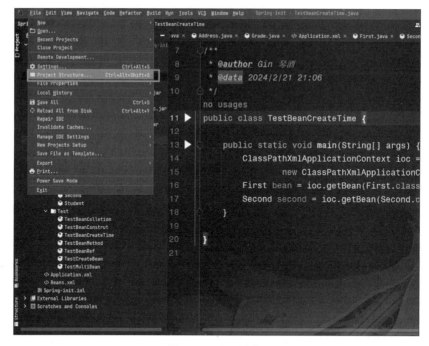

图 2-23 项目结构

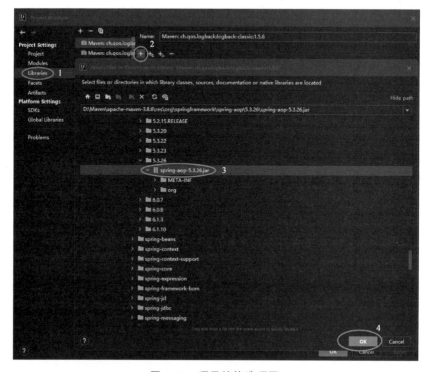

图 2-24 项目结构选项图

2.5.7 快速上手创建一个 Bean

定义一个 Bean 的类结构,代码如下:

```
//加上 Spring 提供的注解
@Component
public class Equip {
    //武器
    private String weapon;

    //防具
    private String Armor;

    //足具
    private String shoes;
}
```

创建一个配置类,代码如下:

```
package com.panther.spring.Anno;

    import org.springframework.context.annotation.Bean;
    import org.springframework.context.annotation.ComponentScan;

    //开启包扫描,只有开启了 IoC 才会自动去配置好的包下进行 Bean 判断注入
    @ComponentScan(basePackages = {"com.panther.spring.Anno"})
    public class SpringConf {

        //给 Bean 属性填充属性,还可以实现很多任务逻辑
        //如果不给 Bean 一个 Name,则默认为方法名(InitEquip)
        @Bean
        public Equip InitEquip(){
            Equip equip = new Equip();
            equip.setWeapon("屠龙剑圣乔治");
            equip.setArmor("恶魔盾");
            equip.setShoes("天马的羽毛靴");
            return equip;
        }
    }
```

编写测试案例,代码如下:

```
public static void main(String[] args) {
    //这次获取的是注解的配置
    AnnotationConfigApplicationContext ioc =
        new AnnotationConfigApplicationContext(SpringConf.class);

    Equip initEquip = (Equip)ioc.getBean("InitEquip");
    System.out.println(initEquip);
}
```

运行结果如图 2-25 所示。

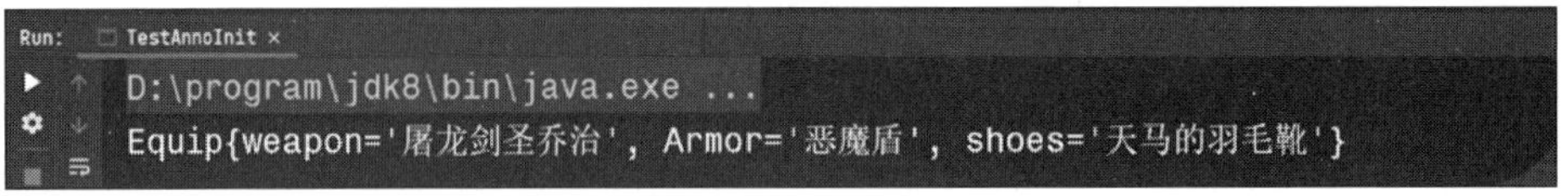

图 2-25　运行结果

配置多个 Bean 也是同理的，需要让 BeanName 不同，代码如下：

```
package com.panther.spring.Anno;

import org.springframework.context.annotation.Bean;
import org.springframework.context.annotation.ComponentScan;


@ComponentScan(basePackages = {"com.panther.spring.Anno"})
public class SpringConf {
    @Bean
    public Equip InitEquip01(){
        Equip equip = new Equip();
        equip.setWeapon("屠龙剑圣乔治");
        equip.setArmor("恶魔盾");
        equip.setShoes("天马的羽毛靴");
        return equip;
    }
    @Bean
    public Equip InitEquip02(){
        Equip equip = new Equip();
        equip.setWeapon("魔剑阿隆戴特");
        equip.setArmor("繁星盔甲");
        equip.setShoes("悠久的高卢申");
        return equip;
    }
}
```

2.5.8　给 Bean 添加初始属性

给 Bean 添加初始属性，在 Spring 框架中，意味着在 Bean 的实例化之后，但在其实际使用之前，为其属性设置初始值。这通常用于配置 Bean 的状态或行为，以确保它们在应用程序中按预期工作。

在 Equip 类使用 Spring 提供的 Value 属性给各字段添加初始值，代码如下：

```
@Component
public class Equip {

    //武器
    @Value("树枝")
```

```
        private String weapon;

        //防具
        @Value("皮衣")
        private String Armor;

        //足具
        @Value("草鞋")
        private String shoes;
    }
```

创建 Bean,代码如下:

```
//在配置类中添加 Bean 创建的信息
    @Bean
    public Equip InitEquip(){
        return new Equip();
    }
//测试类执行
    public static void main(String[] args) {
        AnnotationConfigApplicationContext ioc =
            new AnnotationConfigApplicationContext(SpringConf.class);

        Equip initEquip = (Equip)ioc.getBean("InitEquip");
        System.out.println(initEquip);
    }
```

运行结果如图 2-26 所示。

```
Run:    TestAnnoInit ×
      D:\program\jdk8\bin\java.exe ...
      Equip{weapon='树枝', Armor='皮衣', shoes='草鞋'}
```

图 2-26　运行结果

2.5.9　Bean 中存在引用对象

在 Spring 框架中,Bean 之间经常存在相互引用的情况。这种引用通常是为了实现组件之间的解耦和依赖注入(Dependency Injection,DI)。当一个 Bean 需要依赖另一个 Bean 来完成其工作时,就可以通过 Spring 的依赖注入机制来将依赖的 Bean 注入当前的 Bean 中。

给武器类添加属性加成类,代码如下:

```
//武器属性加成
    private Buffer buffer;
```

创建 Buffer 类,代码如下:

```
public class Buffer {
    //攻击
    private Integer attack;

    //防御
    private Integer defense;

    //移速
    private Integer speed;
}
```

使用 IoC 的 DI，先设置 Buffer 属性，代码如下：

```
@Bean
    public Buffer InitBuffer(){
        Buffer buffer = new Buffer();
        buffer.setAttack(420);
        buffer.setDefense(190);
        buffer.setSpeed(20);
        return buffer;
    }
```

使用注解自动注入 Bean 属性，在武器类 Buffer 属性上添加注解，代码如下：

```
//会先根据类型再根据名称注入
@Autowired
//指定 Bean 的 BeanName
    @Qualifier("InitBuffer")
    private Buffer buffer;
    //或者使用 JDK 提供的@Resource 注解也可以实现依赖注入
@Resource
    private Buffer buffer
```

运行结果如图 2-27 所示。

```
TestAnnoInit ×
D:\program\jdk8\bin\java.exe ...
Equip{weapon='树枝', Armor='皮衣', shoes='草鞋'Buffer{attack=420, defense=190, speed=20}}
```

图 2-27　运行结果

2.6　AOP 的简单使用

面向切面编程（AOP）是一种通过预编译方式和运行期间动态代理实现程序功能统一维护的编程范式。它是 OOP（面向对象编程）的延续，是 GoF 设计模式的延续，旨在提高代码的灵活性和可扩展性。AOP 是 Spring 框架中的一个重要内容，也是函数式编程的一种衍生范型。

2.6.1 什么是 AOP

在 AOP 中,Aspect 的含义可以理解为切面,即程序在运行的过程中的一个横切面,可以对业务逻辑的各部分进行隔离,使业务逻辑各部分之间的耦合度降低,提高程序的可重用性,同时提高开发效率。

AOP 的原理是将业务逻辑组件和切面类都加入容器中,负责在业务逻辑运行时对日志进行打印,切面类负责动态地感知业务逻辑运行到哪里,然后执行。通过 @Aspect 通知注解给切面类的目标方法标注何时何地运行。在程序创建之前会根据切入点表达式对增强器进行匹配,最终获得所有的增强器。在创建代理对象的过程中会先创建一个代理工厂,获取所有的增强器(通知方法),将这些增强器和目标类注入代理工厂,再用代理工厂创建对象。

AOP 的主要应用场景包括记录日志、监控方法运行时间(监控性能)、权限控制、缓存优化和事务管理等。例如,在记录日志的场景中,AOP 可以将日志记录的代码从业务逻辑代码中划分出来,通过对这些行为的分离,可以将它们独立到非指导业务逻辑的方法中,进而在改变这些行为的时候不影响业务逻辑的代码。

与 OOP 相比,AOP 面向的是处理过程中的某个步骤或阶段,即切面,而 OOP 针对的是业务处理过程的实体及其属性和行为进行抽象封装。这两种设计思想在目标上有着本质的差异。AOP 的出现弥补了 OOP 在代码重用和维护方面的不足,通过将重复的业务逻辑抽取到一个独立的模块中,并在运行时动态地将代码逻辑织入目标对象的方法中,实现与业务逻辑解耦和重复代码的消除,提高了代码的可维护性和可扩展性,步骤如下:

(1) 引入核心的 Aspect 包。

(2) 在切面类中声明通知方法。

(3) 配置前置通知(进入切面前执行),使用注解 @Before。

(4) 配置最终通知(切面返回后执行),使用注解 @AfterReturning。

(5) 配置异常通知(切面异常后执行),使用注解 @AfterThrowing。

(6) 配置后置通知(进入切面后执行),使用注解 @After。

(7) 配置环绕通知(包含前置通知和后置通知),使用注解 @Around。

2.6.2 AOP 的简单使用

引入依赖,如图 2-28 所示。

名称	修改日期	类型	大小
com.springsource.net.sf.cglib-2.2.0.jar	2018/12/24 20:59	JAR 文件	320 KB
com.springsource.org.aopalliance-1.0.0.jar	2018/12/24 20:59	JAR 文件	5 KB
com.springsource.org.aspectj.weaver-1.6.8.RELEASE.jar	2018/12/24 20:59	JAR 文件	1,604 KB
spring-aspects-5.2.6.RELEASE.jar	2020/4/28 8:15	JAR 文件	47 KB

图 2-28 依赖包

在配置类开启代理类执行,代码如下:

```
//选择将扫包的路径设置得大一点
@ComponentScan(basePackages = {"com.panther.spring"})
//开启代理功能
@EnableAspectJAutoProxy
    public class SpringConf {}
```

创建好需要代理的类或者方法,代码如下:

```
@Component
//实现一个关卡类
    public class Level {
        public void Monsters(){
            System.out.println("主角闯入 Boss 关");
        }
    }
```

切入点表达式的作用是通过表达式的方式定位一个或多个具体的连接点。

切入点表达式的语法格式如下:

```
execution([权限修饰符] [返回值类型] [简单类名/全类名] [方法名] (参数列表))
```

举例说明,如表 2-1 所示。

表 2-1 语法格式

表 达 式	含 义
execution(* com. panther. spring. Aop. Level. * (..))	指向任何权限的 Level 类下任何参数的方法
execution(* . add(int,..)) ‖ execution (* *. sub(int,..))	任意类中第 1 个参数为 int 类型的 add 方法或 sub 方法

切面表达式 execution(* com. panther. spring. Aop. Level. * (..)) 的解释如下:

(1) 第 1 个 " * " 表示任意修饰符和返回类型。

(2) 第 2 个 " * " 表示任意方法名。

(3) ".." 表示任意形参列表。

创建代理逻辑的代码如下:

```
//表示这是一个切面
@Aspect
//向 IoC 注册
    @Component
    public class LevelBefore {
        @Resource
//获取当前角色的属性
        private Equip equip;

        /**
         * 前置通知
         * execution(public void com. panther. spring. Aop. Level. Monsters()) 精准指向 Monsters 无
参数的方法
```

```
            * execution(public void com.panther.spring.Aop.Level.Monsters(..)) 指向 Monsters
任何参数的方法
            * execution( * com.panther.spring.Aop.Level.Monsters(..)) 指向任何权限的
Monsters 任何参数的方法
            * execution( * com.panther.spring.Aop.Level. * (..)) 指向任何权限的 Level 类下任
何参数的方法
            */
        @Before("execution( * com.panther.spring.Aop.Level. * (..))")
        public void Check(JoinPoint joinPoint) throws Exception {
            //JoinPoint 为被切面类的基本信息类,它可以获取被切面方法的参数等信息
            int attack = equip.getBuffer().getAttack();
            System.out.println("当前攻击: " + attack);
            if(attack < 500){
                throw new Exception("当前攻击太低,不建议进入");
            }
        }
    }
```

编写测试案例,代码如下:

```
public static void main(String[] args) {
    AnnotationConfigApplicationContext ioc =
        new AnnotationConfigApplicationContext(SpringConf.class);

    //Equip initEquip = (Equip)ioc.getBean("InitEquip");
    Level level = (Level)ioc.getBean("level");
    try{
        level.Monsters();
    }catch (Exception e){
        System.out.println("你还不够资格,勇士请打造好装备再来吧!");
    }

}
```

运行结果如图 2-29 所示。

```
Run:    TestAspectBefore ×
    D:\program\jdk8\bin\java.exe ...
    当前攻击: 420
    你还不够资格,勇士请打造好装备再来吧!
```

图 2-29　运行结果

2.6.3　加上后置通知(实现属性打印)

在 AOP(面向切面编程)中,后置通知(Post-advice 或 After Advice)是一种特定的通知(Advice)类型,它在目标方法执行之后执行。具体来讲,后置通知是在目标方法成功执行完毕后执行的,它可以用于执行一些需要在目标方法之后进行的操作,如清理资源、记录日志等。

为主角类添加一个属性,代码如下:

```
//装备类
    @Resource
    private Equip equip;
//2.配置 SpringConf,向 IoC 注册一个主角 Bean
@Bean
    public Student student(){
        Student student = new Student();
        return student;
    }
```

添加切面逻辑,代码如下:

```
//修改前置通知条件,以便让角色成功进入关卡
    //还是在原来的切面类中添加一个后置通知
    @After("execution(public void
    com.panther.spring.Aop.Level.Monsters(..))")
    public void printLog(JoinPoint joinPoint) throws Exception {
        //打印方法执行日志
        System.out.println("当前勇士进入 Boss 关卡,战力值为 " +
    student.getEquip().getBuffer().getAttack());
        System.out.println("勇士当前属性:" + student.getEquip().toString());
    }
```

编写测试案例,代码如下:

```
public static void main(String[] args) {
    AnnotationConfigApplicationContext ioc =
        new AnnotationConfigApplicationContext(SpringConf.class);
    //Equip initEquip = (Equip)ioc.getBean("InitEquip");
    Level level = (Level)ioc.getBean("level");
    try{
        level.Monsters();
    }catch (Exception e){
        System.out.println("你还不够资格,勇士请打造好装备再来吧!");
    }
}
```

运行结果如图 2-30 所示。

图 2-30 运行结果

2.6.4 环绕通知(根据方法的返回值来动态执行)

环绕通知(Around Advice)是 AOP 中的一种通知类型,也是功能最强大的一种。它可

以包围一个连接点(如方法调用),在方法调用前后完成自定义行为。环绕通知不仅可以控制何时执行连接点,还可以决定是否执行连接点,甚至可以在不执行连接点的情况下直接返回它自己的返回值或抛出异常来结束执行。

在环绕通知中,连接点的参数类型必须是 ProceedingJoinPoint,它是 JoinPoint 的子接口,允许控制连接点的执行。在环绕通知中,需要明确调用 ProceedingJoinPoint 的 proceed()方法来执行被代理的方法。如果忘记这样做,就会导致通知被执行了,但目标方法没有被执行。

环绕通知的方法需要返回目标方法执行之后的结果,即调用 joinPoint.proceed()的返回值,否则可能会出现空指针异常。

环绕通知在 Spring AOP 等框架中有广泛的应用,可以用于日志记录、权限验证、事务控制等多种场景。

创建一个新的被代理方法,代码如下:

```
@Resource
    private Student student;
    public boolean multiple(){
        return student.getEquip().getBuffer().getDefense() > 100;
    }
```

书写环绕通知逻辑,代码如下:

```
@Around("execution( * com.panther.spring.Aop.Level.multiple(..))")
    public Object multipleChooes(ProceedingJoinPoint joinPoint) throws
    Throwable {

        System.out.println("当前勇士进入 Boss 关卡,战力值为 " +
        student.getEquip().getBuffer().getAttack() );
        System.out.println("勇士当前属性:" + student.getEquip().toString());


        boolean proceed = (boolean)joinPoint.proceed(); //获取切面函数的返回值
        if(proceed) {
            System.out.println("勇士成功击败猛龙救出女主!");
        }
        return proceed;
    }
```

编写测试案例,代码如下:

```
public static void main(String[] args) {
        AnnotationConfigApplicationContext ioc =
            new AnnotationConfigApplicationContext(SpringConf.class);

        //Equip initEquip = (Equip)ioc.getBean("InitEquip");
        Level level = (Level)ioc.getBean("level");
        try{
```

```
                level.multiple();
            }catch (Exception e){
                System.out.println("你还不够资格,勇士请打造好装备再来吧!");
            }

        }
```

运行结果如图 2-31 所示。

图 2-31　运行结果

2.6.5　简单了解基于 XML 配置 AOP

基于 XML 配置 AOP 主要涉及在 Spring 框架中通过 XML 配置文件来定义和管理 AOP 的各方面。现在的很多开发基本不会去使用 XML 进行一些配置的定义了,所以在这里只需简单了解。

首先创建一个切面类,代码如下:

```
public class AspectObject {

    public void showBeginLog(JoinPoint joinPoint) {
        //通过连接点对象 joinPoint 可以获取方法签名
        Signature signature = joinPoint.getSignature();
        System.out.println("AspectObject[XML 配置]-切面类 showBeginLog()-方法执行前
-日志-方法名-" + signature.getName() + "-参数 "
            + Arrays.asList(joinPoint.getArgs()));
    }

    public void showSuccessEndLog(JoinPoint joinPoint, Object res) {
        Signature signature = joinPoint.getSignature();
        System.out.println("AspectObject[XML 配置]-切面类 showSuccessEndLog()-方法
执行正常结束-日志-方法名-"
            + signature.getName() + " 返回的结果是=" + res);
    }

    public void showExceptionLog(JoinPoint joinPoint, Throwable throwable) {
        Signature signature = joinPoint.getSignature();
        System.out.println("AspectObject[XML 配置]-切面类 showExceptionLog()-方法执
行异常-日志-方法名-"
            + signature.getName() + " 异常信息=" + throwable);
    }

    public void showFinallyEndLog(JoinPoint joinPoint) {
```

```
            Signature signature = joinPoint.getSignature();
            System.out.println("AspectObject[XML 配置] - 切面类 showFinallyEndLog() - 方法
最终执行完毕 - 日志 - 方法名 - "
                + signature.getName());
        }
    }
```

实现一个需要被增强的方法,代码如下:

```
public class process {

    public void test() {
        System.out.println("test is running...");
    }

}
```

XML 配置(需要加上 AOP 的命名属性),代码如下:

```
<?xml version = "1.0" encoding = "UTF - 8"?>
    < beans xmlns = "http://www.springframework.org/schema/beans"
        xmlns:xsi = "http://www.w3.org/2001/XMLSchema - instance"
        xmlns:aop = "http://www.springframework.org/schema/aop"
        xsi:schemaLocation = "http://www.springframework.org/schema/beans
    http://www.springframework.org/schema/beans/spring - beans.xsd
    http://www.springframework.org/schema/context
    https://www.springframework.org/schema/context/spring - context.xsd
    http://www.springframework.org/schema/aop
    https://www.springframework.org/schema/aop/spring - aop.xsd">

        < bean class = "com.panther.spring.XMLAop.AspectObject"
    id = "aspectObject"/>
        < bean class = "com.panther.spring.XMLAop.process" id = "process"/>
        <!-- 配置切面类, 细节: 一定要引入 xmlns:aop -->
        < aop:config >
            <!-- 配置切入点表达式 -->
            < aop:pointcut id = "myPointCut" expression = "execution( *
    com.panther.spring.XMLAop.process.*(..))"/>
            <!-- 配置切面的前置、返回、异常、最终通知 -->
            < aop:aspect ref = "aspectObject" order = "10">
                <!-- 配置前置通知 pointcut,既可以使用 ref,也可以不使用 -->
                < aop:before method = "showBeginLog" pointcut = "execution( *
    com.panther.spring.XMLAop.process.*(..))"/>
                <!-- 配置返回通知 -->
                < aop:after - returning method = "showSuccessEndLog"
    pointcut - ref = "myPointCut" returning = "res"/>
                <!-- 配置异常通知 -->
                < aop:after - throwing method = "showExceptionLog"
    pointcut - ref = "myPointCut" throwing = "throwable"/>
                <!-- 配置最终通知 -->
                < aop:after method = "showFinallyEndLog"
```

```
        pointcut - ref = "myPointCut"/>
                </aop:aspect >
            </aop:config >
    </beans >
```

编写测试案例,代码如下:

```
public static void main(String[] args) {
        ApplicationContext ioc = new
    ClassPathXmlApplicationContext("xmlAop.xml");

        process bean = ioc.getBean(process.class);
        bean.test();
    }
```

运行结果如图 2-32 所示。

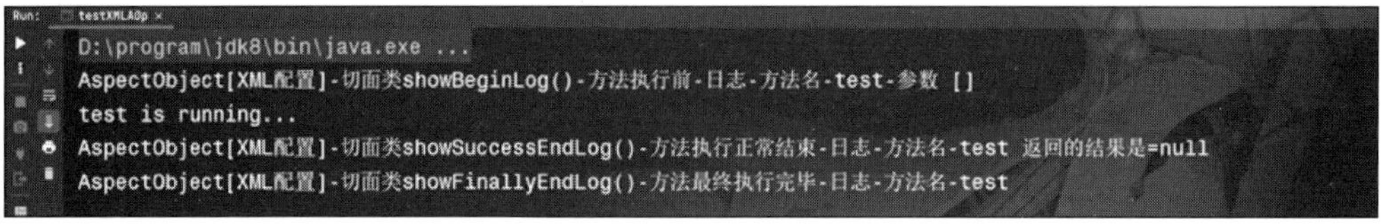

图 2-32 运行结果

AOP 的通知类型,如图 2-33 所示。

名称	标签	说明
前置通知	<aop:before>	用于配置前置通知,指定增强的方法在切入点方法之前执行
后置通知	<aop:after-returning>	用于配置后置通知,指定增强的方法在切入点方法之后执行
环绕通知	<aop:around>	用于配置环绕通知,指定增强的方法在切入点方法之前和之后都执行
异常抛出通知	<aop:throwing>	用于配置异常抛出通知,指定增强的方法在出现异常时执行
最终通知	<aop:after>	用于配置最终通知,无论增强方式执行是否有异常都会执行

图 2-33 通知类型

Spring 对于接口的增强和类的增强是不一样的,在后续源码探究中会解开。

2.7 JdbcTemplate 基本使用

2.7.1 JdbcTemplate 概述

JdbcTemplate 是 Spring 框架中对 JDBC 进行封装的一个核心类,旨在简化数据库操作,使开发者能够更轻松、更高效地进行 JDBC 编程。

它是 Spring 框架中提供的一个对象,是对原始烦琐的 JDBC API 对象的简单封装。

Spring 框架为我们提供了很多操作模板类。例如，操作关系类型数据的 JdbcTemplate 和 HibernateTemplate，操作 NoSQL 数据库的 RedisTemplate，操作消息队列的 JmsTemplate 等。

2.7.2　快速开始 JdbcTemplate 的使用

首先导入 JAR 包，如图 2-34 所示。

druid-1.1.9.jar	2018/7/1 14:34	JAR 文件	2,653 KB
mysql-connector-java-8.0.11.jar	2018/3/25 7:00	JAR 文件	1,989 KB
spring-jdbc-5.2.6.RELEASE.jar	2020/4/28 8:14	JAR 文件	398 KB
spring-orm-5.2.6.RELEASE.jar	2020/4/28 8:15	JAR 文件	197 KB
spring-tx-5.2.6.RELEASE.jar	2020/4/28 8:14	JAR 文件	308 KB

图 2-34　依赖包

导入 JAR 包后，在项目中引入。接着创建数据库表，代码如下：

```sql
CREATE TABLE `account` (
    `id` bigint(0) NOT NULL AUTO_INCREMENT COMMENT '主键 id',
    `name` varchar(255) CHARACTER SET utf8mb4 NOT NULL COMMENT '姓名',
    `money` double(255, 0) NOT NULL COMMENT '账户余额',
    PRIMARY KEY (`id`)
) ENGINE = InnoDB CHARACTER SET = utf8mb4;
```

创建对应表的实体类，代码如下：

```java
public class Account {

    private Long id;

    private String name;

    private Double money;
    //添加 GET 和 SET 方法
}
```

开始使用 JdbcTemplate 来完成简单的增、删、改操作，代码如下：

```java
public static void main(String[] args) {
    //创建数据源对象
    DruidDataSource dataSource = new DruidDataSource();

    dataSource.setUrl("jdbc:mysql://localhost:3306/test?serverTimezone=UTC&useSSL=false");
    dataSource.setUsername("root");
    dataSource.setPassword("root");

    JdbcTemplate jdbcTemplate = new JdbcTemplate();
    //设置数据源对象，知道数据库在哪里
    jdbcTemplate.setDataSource(dataSource);
```

```
        //执行操作
        String sql = "insert into account values (?,?,?)";
        //String sql = "update account set name = ? where id = ?";
        //String sql = "delete from account where id = ?";
        int row = jdbcTemplate.update(sql, 1,"tom", 5000);
        //row 返回影响行数
        System.out.println(row);
    }
```

查找方法既可以直接映射对应的实体类,也可以自行处理返回的 ResultSet,代码如下:

```
public static void main(String[] args) {
        //创建数据源对象
        DruidDataSource dataSource = new DruidDataSource();

    dataSource.setUrl ( " jdbc: mysql://localhost: 3306/test? serverTimezone = UTC&useSSL =
false");
        dataSource.setUsername("root");
        dataSource.setPassword("root");

        JdbcTemplate jdbcTemplate = new JdbcTemplate();
        //设置数据源对象,知道数据库在哪里
        jdbcTemplate.setDataSource(dataSource);
        String sql = "select * from account where id = ?";
        SqlRowSet sqlRowSet = jdbcTemplate.queryForRowSet(sql,1);
        while(sqlRowSet.next()){
            //既可以直接根据列数匹配,也可以直接根据列名匹配
            //System.out.println(sqlRowSet.getObject("id"));
            System.out.println(sqlRowSet.getObject(1) + "\t" +
                    sqlRowSet.getObject(2) + "\t" + sqlRowSet.getObject(3));
        }
    }
```

映射成自定义的类,代码如下:

```
public void SelectCount() {
        String sql = "select count( * ) from user";
        //返回基本类型
        Integer integer = template.queryForObject(sql, Integer.class);
        System.out.println(integer);
    }

    public static void main(String[] args) {
        //创建数据源对象
        DruidDataSource dataSource = new DruidDataSource();

    dataSource.setUrl ( " jdbc: mysql://localhost: 3306/test? serverTimezone = UTC&useSSL =
false");
        dataSource.setUsername("root");
        dataSource.setPassword("root");

        JdbcTemplate jdbcTemplate = new JdbcTemplate();
```

```
        //设置数据源对象,知道数据库在哪里
        jdbcTemplate.setDataSource(dataSource);
        String sql = "select * from account where id = ?";
        Account account = jdbcTemplate.queryForObject(sql,
                new BeanPropertyRowMapper <>(Account.class), 1);
        System.out.println(account);
    }
```

返回类的集合,代码如下:

```
public static void main(String[] args) {
        //创建数据源对象
        DruidDataSource dataSource = new DruidDataSource();

    dataSource.setUrl ("jdbc:mysql://localhost:3306/test?serverTimezone = UTC&useSSL =
false");
        dataSource.setUsername("root");
        dataSource.setPassword("root");

        JdbcTemplate jdbcTemplate = new JdbcTemplate();
        //设置数据源对象,知道数据库在哪里
        jdbcTemplate.setDataSource(dataSource);
        String sql = "select * from account";
        List < Account > accounts = jdbcTemplate.query(sql,
                                                new
BeanPropertyRowMapper <>(Account.class));
        for(Account item : accounts){
            System.out.println(item);
        }
    }
```

2.7.3 将 JdbcTemplate 对象交给 Spring 管理

在 Spring 框架中通常使用 Spring 的 IoC 容器来管理 bean,包括 JdbcTemplate 对象。
这样做的好处是可以轻松地注入依赖、配置事务管理,以及利用 Spring 的各种其他特性。

首先基于 XML 配置 JdbcTemplate 属性,新建一个 XML 文件,代码如下:

```
<?xml version = "1.0" encoding = "UTF-8"?>
    < beans xmlns = "http://www.springframework.org/schema/beans"
        xmlns:xsi = "http://www.w3.org/2001/XMLSchema-instance"
        xsi:schemaLocation = " http://www.springframework.org/schema/beans  http://www.
springframework.org/schema/beans/spring-beans.xsd">

        <!-- 数据源对象 -->
        < bean id = "dataSource"
    class = "com.alibaba.druid.pool.DruidDataSource">
            <!-- &amp; 在.xml 文件中代替 & 符号 -->
            < property name = "url" value = "jdbc:mysql://localhost:3306/test?serverTimezone
= UTC&amp;useSSL = false"/>
```

```
                    < property name = "username" value = "root"/>
                    < property name = "password" value = "panther9985"/>
            </bean >
            <!-- JDBC 模板对象 -->
            < bean id = "jdbcTemplate" class = "org.springframework.jdbc.core.JdbcTemplate">
                    < property name = "dataSource" ref = "dataSource"/>
            </bean >
    </beans >
```

其次当 XML 文件中存在特殊符号需要引入时可以使用,代码如下:

```
< property ><![CDATA["&&&&& <<<<<<"]]></property >
```

然后测试 JdbcTemplate 是否注入成功,代码如下:

```
public static void main(String[] args) {
        ApplicationContext ioc =
            new ClassPathXmlApplicationContext("applicationContext.xml");

        JdbcTemplate jdbcTemplate =
    (JdbcTemplate)ioc.getBean("jdbcTemplate");
        int row = jdbcTemplate.update("insert into account values (?,?,?)", 3,"张三",
5000);
        System.out.println(row);
    }
```

基于注解配置 JdbcTemplate 属性,先配置数据源和 JdbcTemplate 的属性,代码如下:

```
@Configuration
    public class SpringConf {

        @Bean
        public DruidDataSource dataSource(){
            DruidDataSource dataSource = new DruidDataSource();

    dataSource.setUrl("jdbc:mysql://localhost:3306/test?serverTimezone = UTC&useSSL =
false");
            dataSource.setUsername("root");
            dataSource.setPassword("panther9985");
            return dataSource;
        }

        @Bean
        public JdbcTemplate jdbcTemplate(){
            JdbcTemplate jdbcTemplate = new JdbcTemplate();
            jdbcTemplate.setDataSource(dataSource());
            return jdbcTemplate;
        }
    }
```

测试注入是否成功,代码如下:

```
public static void main(String[] args) {
    AnnotationConfigApplicationContext ioc =
        new AnnotationConfigApplicationContext(SpringConf.class);
    JdbcTemplate jdbcTemplate = ioc.getBean(JdbcTemplate.class);
    Long count = jdbcTemplate.queryForObject("select count( * ) from account", Long.class);
        System.out.println(count);
    }
```

运行结果如图 2-35 所示。

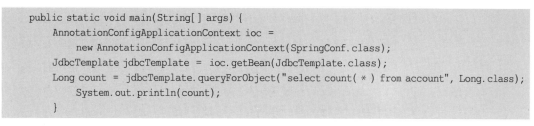

图 2-35 运行结果

2.7.4 JdbcTemplate 实现批量操作

在 Spring 框架中,JdbcTemplate 提供了一种方便的方式来执行数据库操作,包括批量操作。批量操作允许一次性执行多个 SQL 语句,这通常比单独执行每个语句更高效,因为它减少了与数据库的交互次数。

采用 JdbcTemplate 来具体实现批量操作,代码如下:

```
@Component
    public class TestBatch {
        @Autowired
        private JdbcTemplate jdbcTemplate;

        public static void main(String[] args) {
            AnnotationConfigApplicationContext ioc =
                new AnnotationConfigApplicationContext(SpringConf.class);

            TestBatch testBatch = ioc.getBean("testBatch", TestBatch.class);

            List < Object[ ]> batchArgs = new ArrayList <>();
            Object[ ] obj1 = {4,"Gin",5000};
            Object[ ] obj2 = {5,"john",5000};
            Object[ ] obj3 = {6,"lucy",5000};
            batchArgs.add(obj1);
            batchArgs.add(obj2);
            batchArgs.add(obj3);

            testBatch.addBatch(batchArgs);
        }
        //实现批量添加
        public void addBatch(List < Object[ ]> batchArgs ) {
```

```
            String sql = "insert into account values(?,?,?)";
            int[ ] results = jdbcTemplate.batchUpdate(sql,batchArgs);
            System.out.println(results);
        }
//JdbcTemplate 实现批量修改操作
public void UpdateBatch(List < Object[ ]> batchArgs){
            String sql = "update account set name = ? where id = ?";
            int[ ] results = jdbcTemplate.batchUpdate(sql, batchArgs);
System.out.println(Arrays.toString(results));
        }
//JdbcTemplate 实现批量删除操作
public void delUserById(List < Object[ ]> batchArgs){
            String sql = "delete from user where id = ?";
            int[ ] results = jdbcTemplate.batchUpdate(sql, batchArgs);
            System.out.println(Arrays.toString(results));
        }
    }
```

2.7.5　事务操作

事务操作(Transaction)在数据库管理系统(DBMS)中扮演着至关重要的角色,它确保了一组逻辑上相关的 SQL 语句在执行时的完整性和一致性。

事务操作的基本概念如下:

(1) 事务是一组逻辑上相关的 SQL 语句的集合,这些语句被当作一个单独的工作单元来执行。

(2) 事务具有 4 个基本特性,即 ACID 属性:原子性(Atomicity)、一致性(Consistency)、隔离性(Isolation)和持久性(Durability)。

① 原子性:事务是最小的不可分割的工作单位,它确保事务中的操作要么全部完成,要么完全不执行。这意味着,如果事务中的任何一条 SQL 语句执行失败,则整个事务都会回滚(Rollback),即撤销所有已执行的操作,恢复到事务开始前的状态。

② 一致性:事务执行前后,数据库都必须保持一致性状态,即使发生错误或其他问题,数据库也能通过回滚事务来恢复到事务开始前的状态,确保数据的完整性。

③ 隔离性:隔离性保证了并发执行的事务不会互相干扰,每个事务都感觉像是在独立地执行一样。这意味着事务的中间结果对其他事务是不可见的,直到事务完成。这有助于防止多个事务同时修改同一数据造成的冲突。

④ 持久性:一旦事务被提交,它对数据库所做的修改就是永久性的,即使在系统发生故障之后,这些修改也可以得到保持。

事务操作的作用如下:

(1) 通过事务,数据库能将逻辑相关的一组操作绑定在一起,以便服务器保持数据的完整性。例如,在银行转账系统中,从一个账户扣款和向另一个账户存款这两个操作必须作为一个整体来执行,以确保资金的平衡。如果其中的一个操作失败,则整个事务都应该回滚,以避免出现资金不一致的情况。

（2）事务还提供了并发控制的能力，允许多个用户同时访问和修改数据库中的数据，而不会相互干扰或产生错误的结果。

先创建账户增加和减少的方法，代码如下：

```
//账户增加和减少的方法
    public void reduceMoney(double bill, int id) {
        String sql = "update account set money = money - ? where id = ?";
        template.update(sql, bill, id);
    }
    public void addMoney(double bill, int id) {
        String sql = "update account set money = money + ? where id = ?";
        template.update(sql, bill, id);
    }
```

然后定义在调用时产生异常该如何处理，代码如下：

```
//UserService 处理事务
    public void accountMoney(double billMoney, int id1, int id2){
        //id1 减少 300 元
        userDAO.reduceMoney(billMoney,id1);
    //模拟异常
        int a = 1 / 0;
        //id2 增加 300 元
        userDAO.addMoney(billMoney,id2);
    }
```

这时用户 A 白白扣减了 300 元，而 B 用户没有收到钱（300 元凭空消失）。
JdbcTemplate 引出事务来避免该类问题。

1. 声明式事务

声明式事务（Declarative Transaction Management）是 Spring 框架提供的一种事务管理方式，它允许开发者以声明的方式（而非编程的方式）来管理事务，而无须在业务逻辑代码中显式编写事务管理代码。

1）基于 XML 实现事务

注入 DataSourceTransactionManager 事务管理器类，引入名称空间，代码如下：

```
< beans xmlns = "http://www.springframework.org/schema/beans"
        xmlns:xsi = "http://www.w3.org/2001/XMLSchema - instance"
        xmlns:aop = "http://www.springframework.org/schema/aop"
        xmlns:context = "http://www.springframework.org/schema/context"
        xmlns:tx = "http://www.springframework.org/schema/tx"
        xsi:schemaLocation = "
        http://www.springframework.org/schema/context

        http://www.springframework.org/schema/context/spring - context.xsd
```

```
        http://www.springframework.org/schema/aop
        http://www.springframework.org/schema/aop/spring-aop.xsd
        http://www.springframework.org/schema/tx
        http://www.springframework.org/schema/tx/spring-tx.xsd
        http://www.springframework.org/schema/beans
        http://www.springframework.org/schema/beans/spring-beans.xsd">
```

填写配置属性,代码如下:

```
<!-- 配置包扫描 -->
    <context:component-scan base-package="com.panther.spring"/>
    <!-- 创建事务管理器 -->
    <bean id="transactionManager"
    class="org.springframework.jdbc.datasource.DataSourceTransactionManager">
        <!-- 注入数据源 -->
        <property name="dataSource" ref="dataSource" />
    </bean>
```

配置事务增强,代码如下:

```
<!-- 事务增强配置 -->
    <tx:advice id="txAdvice" transaction-manager="transactionManager">
        <tx:attributes>
            <tx:method name="transfer" isolation="REPEATABLE_READ" propagation=
"REQUIRED" timeout="-1" read-only="false"/>
        </tx:attributes>
    </tx:advice>
```

AOP 织入事务增强,代码如下:

```
<!-- 事务的 AOP 增强 -->
    <aop:config>
        <aop:pointcut id="myPointcut" expression="execution( *
com.panther.spring.jdbc.TestJdbcTemplateTX.transfer(..))"/>
        <aop:advisor advice-ref="txAdvice"
pointcut-ref="myPointcut"></aop:advisor>
    </aop:config>
```

编写测试案例,代码如下:

```
@Component
    public class TestJdbcTemplateTX {
        @Autowired
        private JdbcTemplate template;

        public static void main(String[] args) {
            ApplicationContext ioc = new
ClassPathXmlApplicationContext("Transaction.xml");

            TestJdbcTemplateTX templateTX = ioc.getBean(" testJdbcTemplateTX ",
TestJdbcTemplateTX.class);
```

```
        templateTX.transfer(300, 1, 2);
    }

    public void transfer(double money, int outId, int inId) {
        reduceMoney(money, outId);
        int i = 1 / 0;
        addMoney(money, inId);
    }

    //账户余额增加和减少操作
    public void reduceMoney(double bill, int id) {
        String sql = "update account set money = money - ? where id = ?";
        template.update(sql, bill, id);
    }

    public void addMoney(double bill, int id) {
        String sql = "update account set money = money + ? where id = ?";
        template.update(sql, bill, id);
    }
}
```

运行结果如图 2-36 所示。

图 2-36 运行结果

在异常前面的 ReduceMoney 也成功地回滚了。

现在来了解一下 tx 的属性含义,如表 2-2 所示。

表 2-2 tx 的属性含义

属 性	含 义
name	切点方法名称
isolation	事务的隔离级别
propagation	事务的传播行为
timeout	超时时间
read-only	是否只读

事务隔离级别已讲解过,现在讲解事务的传播行为,Spring 事务传播行为是指在一个事务已经存在的情况下,如何处理嵌套事务,提供了 7 种可以挑选的传播属性,如表 2-3 所示。

表 2-3　事务传播属性

属　　性	解　　释
PROPAGATION_REQUIRED	如果当前没有事务,就创建一个新的事务。如果已经存在一个事务,就加入这个事务中。这是最常见的选择,适用于大多数情况
PROPAGATION_SUPPORTS	如果当前没有事务,就以非事务方式执行。如果已经存在一个事务,就加入这个事务中。适用于支持事务的操作,但不需要事务管理
PROPAGATION_MANDATORY	如果当前没有事务,就抛出异常。如果已经存在一个事务,就加入这个事务中。适用于必须在事务中执行的操作
PROPAGATIONREQUIRESNEW	始终创建一个新的事务。如果当前存在事务,就将当前事务挂起,然后创建一个新的事务。适用于需要独立于其他事务执行的操作
PROPAGATIONNOTSUPPORTED	以非事务方式执行。如果当前存在事务,就将当前事务挂起。适用于不支持事务的操作
PROPAGATION_NEVER	如果当前存在事务,就抛出异常。以非事务方式执行。适用于禁止事务的操作
PROPAGATION_NESTED	如果当前没有事务,就创建一个新的事务。如果已经存在一个事务,就创建一个嵌套事务。嵌套事务可以独立于外部事务提交或回滚。适用于需要独立于外部事务执行,但又需要保持与外部事务关联的操作

在选择事务传播行为时,需要根据具体的业务场景和需求来决定。通常情况下,使用默认的 PROPAGATION_REQUIRED 就足够了。在需要更细粒度的控制事务传播时,可以考虑使用其他的传播行为。

2) 基于注解实现事务

书写配置,代码如下:

```
@ComponentScan(basePackages = {"com.panther.spring"})
//开启动态代理
    @EnableAspectJAutoProxy
//开启事务管理
    @EnableTransactionManagement
    @Configuration
public class SpringConf {

    @Bean
    public DataSourceTransactionManager dataSourceTransactionManager(){
        return new DataSourceTransactionManager(dataSource());
    }

    @Bean
    public DruidDataSource dataSource(){
        DruidDataSource dataSource = new DruidDataSource();

    dataSource.setUrl ( " jdbc: mysql://localhost: 3306/test? serverTimezone = UTC&useSSL =
false");
        dataSource.setUsername("root");
        dataSource.setPassword("panther9985");
```

```
        return dataSource;
    }

    @Bean
    public JdbcTemplate jdbcTemplate(){
        JdbcTemplate jdbcTemplate = new JdbcTemplate();
        jdbcTemplate.setDataSource(dataSource());
        return jdbcTemplate;
    }
}
```

在需要事务的方法上添加 Transactional 注解,代码如下:

```
@Transactional(propagation = Propagation.REQUIRED , isolation = Isolation.DEFAULT)
    public void transfer(double money, int outId, int inId) {
        reduceMoney(money, outId);
        int i = 1 / 0;
        addMoney(money, inId);
    }
```

编写测试案例,代码如下:

```
private JdbcTemplate template;

    public static void main(String[] args) {
        AnnotationConfigApplicationContext ioc =
            new AnnotationConfigApplicationContext(SpringConf.class);

        TestJdbcTemplateTX    templateTX    =    ioc. getBean ( " testJdbcTemplateTX ",
TestJdbcTemplateTX.class);
        templateTX.transfer(300, 1, 2);
    }
```

运行结果如图 2-37 所示。

图 2-37　运行结果

实现了和 XML 配置一样的效果,但是基于注解加上 Spring 让我们省去了很多配置,目前注解也是主流。

2. 编程式事务

编程式事务一般有以下好处。

（1）灵活性：编程式事务提供了对事务管理的高度控制，允许开发者在代码中精确地指定事务的开始、提交和回滚点。这种细粒度的控制使开发者可以根据具体的业务逻辑需求来管理事务，特别适用于需要在不同条件下进行复杂事务控制的场合。

（2）适应性：在某些复杂的应用场景中，例如涉及多个数据源或需要特殊事务策略的情况，编程式事务提供了更高的适应性。开发者可以根据需要编写特定的事务管理逻辑，以适应这些特殊情况。

（3）易于调试和测试：由于编程式事务是在代码中明确定义的，因此它们通常更容易进行调试和进行单元测试。开发者可以模拟事务的各种状态，以确保业务逻辑在不同事务场景下的正确性。

（4）在某些情况下，编程式事务可以提供更好的性能。例如，当事务的逻辑非常简单且执行频繁时，通过编程式事务可以减少框架层面的开销。

创建一个默认属性的事务管理定义属性，将它设置到事务管理器即可，用户在多条SQL语句前开启事务，在结束后进行提交或者回滚（也可以是一些补偿机制，不一定非得回滚），代码如下：

```
public static void main(String[] args) {
    AnnotationConfigApplicationContext ioc =
        new AnnotationConfigApplicationContext(SpringConf.class);

    TestJdbcTemplateTX templateTX = ioc.getBean("testJdbcTemplateTX", TestJdbcTemplateTX.class);
    DataSourceTransactionManager manager = ioc.getBean(DataSourceTransactionManager.class);
    //创建一个默认属性的事务管理定义属性(隔离级别和传播机制都是默认的)
    TransactionDefinition definition = new DefaultTransactionDefinition();
    TransactionStatus transaction = manager.getTransaction(definition);
    try{
        templateTX.reduceMoney(300, 1);
        int i = 1 / 0;
        templateTX.addMoney(300, 2);
        System.out.println("一切 OK!提交事务");
//提交事务
        manager.commit(transaction);
    }catch (Exception e){
        //如果存在异常,则进行回滚
        System.out.println("执行出错!进行回滚");
        manager.rollback(transaction);
    }
}
```

如果需要修改事务管理的默认配置，则该怎么办？Spring 只提供了DefaultTransactionDefinition 的实现，代码如下：

```
public class DefaultTransactionDefinition implements TransactionDefinition,
    Serializable {
```

```
    public static final String PREFIX_PROPAGATION = "PROPAGATION_";
    public static final String PREFIX_ISOLATION = "ISOLATION_";
    public static final String PREFIX_TIMEOUT = "timeout_";
    public static final String READ_ONLY_MARKER = "readOnly";
    static final Constants constants = new Constants(TransactionDefinition.class);
    private int propagationBehavior = 0;
    private int isolationLevel = -1;
    private int timeout = -1;
    private boolean readOnly = false;
}
```

原来 Spring 只是去实现了 TransactionDefinition 接口，然后定义属性的值，可以看 TransactionDefinition 提供了哪些值以供给用户使用，代码如下：

```
public interface TransactionDefinition {
    int PROPAGATION_REQUIRED = 0;
    int PROPAGATION_SUPPORTS = 1;
    int PROPAGATION_MANDATORY = 2;
    int PROPAGATION_REQUIRES_NEW = 3;
    int PROPAGATION_NOT_SUPPORTED = 4;
    int PROPAGATION_NEVER = 5;
    int PROPAGATION_NESTED = 6;
    int ISOLATION_DEFAULT = -1;
    int ISOLATION_READ_UNCOMMITTED = 1;
    int ISOLATION_READ_COMMITTED = 2;
    int ISOLATION_REPEATABLE_READ = 4;
    int ISOLATION_SERIALIZABLE = 8;
    int TIMEOUT_DEFAULT = -1;
}
```

只需按同样的方法去实现就可以了，代码如下：

```
public class SelfTransactionDefinition implements TransactionDefinition {

    private int propagationBehavior = 1;
    private int isolationLevel = 4;
    private int timeout = 60;
    private boolean readOnly = true;
    //补充 GET 和 SET 方法
}
```

编写测试案例，代码如下：

```
public static void main(String[] args) {
    AnnotationConfigApplicationContext ioc =
        new AnnotationConfigApplicationContext(SpringConf.class);

    TestJdbcTemplateTX templateTX = ioc.getBean("testJdbcTemplateTX",
    TestJdbcTemplateTX.class);
```

```
        DataSourceTransactionManager manager =
    ioc.getBean(DataSourceTransactionManager.class);
        //创建一个默认属性的事务管理定义属性(隔离级别和传播机制都是默认的)
        TransactionDefinition definition = new SelfTransactionDefinition();
        TransactionStatus transaction = manager.getTransaction(definition);
        try{
            templateTX.reduceMoney(300, 1);
            int i = 1 / 0;
            templateTX.addMoney(300, 2);
            System.out.println("一切 OK!提交事务");
//提交事务
            manager.commit(transaction);
        }catch (Exception e){
            //如果存在异常,则进行回滚
            System.out.println("执行出错!进行回滚");
            manager.rollback(transaction);
        }
    }
```

Spring MVC 详解

3.1 Spring MVC 概述

3.1.1 什么是 MVC

MVC(Model-View-Controller)是一种软件架构模式,旨在将应用程序分成 3 个核心部分:模型(Model)、视图(View)和控制器(Controller)。这种模式的设计目标是实现各部分之间的松耦合,以便更轻松地进行开发、测试和维护。

1. M:Model(模型层)

模型层是应用程序的核心,它包含了应用程序的数据和业务逻辑。在 Java Web 应用中,模型通常是由 JavaBean 表示的。这些 JavaBean 可以是实体类,用于表示业务对象(例如用户、订单等),也可以是用于处理业务逻辑和数据访问的服务类或 DAO(Data Access Object,数据访问对象)。

模型层的主要职责包括以下几种。

(1) 封装应用程序的数据和状态。

(2) 提供访问和操作数据的方法。

(3) 执行业务逻辑。

2. V:View(视图层)

视图层是用户界面的呈现层,负责将模型的数据呈现给用户。在 Web 应用中,视图通常是由 HTML、JSP 或其他模板引擎生成的页面。视图的主要职责是将数据呈现为用户友好的界面,以便用户可以与之交互。

视图层的主要特点包括以下几点。

(1) 显示模型层的数据。

(2) 接收用户的输入。

(3) 提供用户友好的界面。

3. C：Controller（控制层）

控制器是应用程序的主要逻辑处理部分，负责处理用户的请求并根据需要更新模型和视图。在 Java Web 应用中，控制器通常是由 Servlet 或 Spring MVC 控制器表示的。控制器的主要职责包括以下几种。

（1）接收来自用户的请求。

（2）调用模型层处理业务逻辑。

（3）选择合适的视图并将模型的数据传递给视图。

（4）处理与用户交互相关的逻辑。

MVC 架构主要具有以下优势。

（1）分离关注点（Separation of Concerns）：MVC 将应用程序分成 3 个独立的部分，每部分专注于不同的任务，从而使代码更易于理解、测试和维护。

（2）模块化（Modularity）：每部分都是相互独立的模块，可以根据需要进行替换、修改或扩展。

（3）可复用性（Reusability）：通过模型和控制器的复用，可以减少重复代码的编写，提高代码的复用性。

（4）灵活性（Flexibility）：MVC 架构使应用程序的各部分可以独立开发、测试和部署，从而提高了系统的灵活性和可扩展性。

（5）易于维护（Ease of Maintenance）：由于各部分之间的松耦合，使系统更容易进行修改、调试和优化。

3.1.2 MVC 大概流程

当用户将请求发送至 DispatcherServlet 时，DispatcherServlet 首先会根据请求信息调用 HandlerMapping 来确定处理该请求的 Controller。Controller 接受请求后，可能会进行一系列的业务逻辑处理，包括调用服务层、数据访问层等，最终将处理结果封装为 ModelAndView 对象。接着，DispatcherServlet 根据视图解析器将视图名称解析为实际的 View 对象，View 对象负责渲染模型数据以生成最终的 HTML 响应。最后，DispatcherServlet 将响应返回给用户，完成一次请求处理流程。在这个流程中，各个组件相互配合，协同工作，使请求能够得到有效处理，并生成最终的响应，如图 3-1 所示。

3.1.3 MVC 的功能概述

Spring MVC 围绕 DispatcherServlet 设计。DispatcherServlet 的作用是将请求分发到不同的处理器。从 Spring 2.5 开始，使用 Java 5 或者以上版本的用户可以采用基于注解的 Controller 声明方式。Spring 的 Web 模块提供了大量独特的功能。

（1）清晰的角色划分：控制器（Controller）、验证器（Validator）、命令对象（Command Object）、表单对象（Form Object）、模型对象（Model Object）、Servlet 分发器（Dispatcher

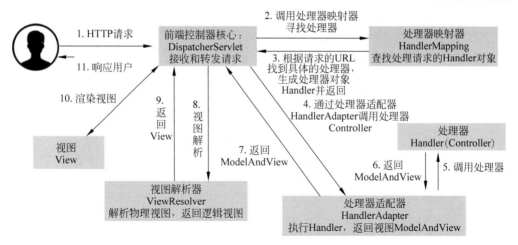

图 3-1 请求处理流程

Servlet)、处理器映射器(Handler Mapping)、视图解析器(View Resolver)等。每个角色都可以由一个专门的对象来实现。

（2）强大而直接的配置方式：将框架类和应用程序类都作为 JavaBean 配置,支持跨多个 context 的引用,例如,在 Web 控制器中对业务对象和验证器进行引用。

（3）可适配、非侵入：可以根据不同的应用场景,选择合适的控制器子类（simple 型、command 型、form 型、wizard 型、multi-action 型或者自定义）,而不是从单一控制器（例如 Action/ActionForm）继承。

（4）可重用的业务代码：可以使用现有的业务对象作为命令或表单对象,而不需要去扩展某个特定框架的基类。

（5）可定制的绑定(Binding)和验证(Validation)：例如将类型不匹配作为应用级的验证错误,这可以保存错误的值。再例如本地化的日期和数字绑定等。在其他某些框架中,只能使用字符串表单对象,需要手动解析它并转换到业务对象。

（6）可定制的 Handler Mapping 和 View Resolution：Spring 提供了从最简单的 URL 映射到复杂的、专用的定制策略。与某些 Web MVC 框架强制开发人员使用单一特定技术相比,Spring 显得更加灵活。

（7）灵活的 Model 转换：在 Spring Web 框架中,使用基于 Map 的键-值对来达到轻易地与各种视图技术的集成。

（8）可定制的本地化和主题(Theme)解析：支持在 JSP 中可选择地使用 Spring 标签库、支持 JSTL、支持 Velocity(不需要额外的中间层)等。

（9）简单而强大的 JSP 标签库(Spring Tag Library)：支持包括诸如数据绑定和主题 (Theme)之类的许多功能。它提供在标记方面的最大灵活性。

3.1.4 快速上手

创建 Maven 工程,JDK 1.8 项目选择 webapp,如图 3-2 所示。

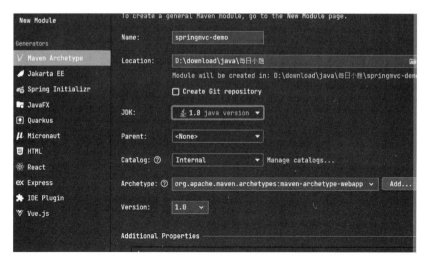

图 3-2　创建项目

引入依赖配置,代码如下:

```
//第 3 章 pom.xml
< dependencies >
    <!-- SpringMVC -->
    < dependency >
        < groupId > org. springframework </groupId >
        < artifactId > spring - webmvc </artifactId >
        < version > 5. 3. 1 </version >
    </dependency >
    <!-- 日志 -->
    < dependency >
        < groupId > ch. qos. logback </groupId >
        < artifactId > logback - classic </artifactId >
        < version > 1. 2. 3 </version >
    </dependency >
    <!-- ServletAPI -->
    < dependency >
        < groupId > javax. servlet </groupId >
        < artifactId > javax. servlet - api </artifactId >
        < version > 3. 1. 0 </version >
        < scope > provided </scope >
    </dependency >
</dependencies >
```

在 webapp 中的 WEB-INF 文件夹下配置 web. xml,代码如下:

```
//第 3 章 web.xml
<?xml version = "1.0" encoding = "UTF - 8"?>
< web - app xmlns:xsi = "http://www.w3.org/2001/XMLSchema - instance"
            xmlns = "http://java.sun.com/xml/ns/javaee"
```

```
        xsi:schemaLocation = "http://java.sun.com/xml/ns/javaee http://java.sun.com/
xml/ns/javaee/web-app_2_5.xsd"
        version = "2.5">

    <!-- 配置核心控制器 -->
    <servlet>
        <servlet-name>dispatcherServlet</servlet-name>
        <servlet-class>org.springframework.web.servlet.DispatcherServlet</servlet-
class>
        <!-- SPRING MVC 配置文件加载路径
            (1)在默认情况下,读取 WEB-INF 下面的文件
            (2)可以改为加载类路径下(resources 目录),加上 classpath:
        -->
    <init-param>
        <param-name>contextConfigLocation</param-name>
        <param-value>classpath:springmvc.xml</param-value>
    </init-param>
    <!--
        DispatcherServlet 对象创建时间问题
            (1)在默认情况下,第 1 次访问该 Servlet 的创建对象,意味着在这段时间才去加载
springMVC.xml
            (2)可以改变为在项目启动的时候就创建该 Servlet,提高用户访问体验。
                <load-on-startup>1</load-on-startup>
                数值越大,对象创建的优先级越低!(数值越小,越先创建)
        -->
        <load-on-startup>1</load-on-startup>
    </servlet>
    <servlet-mapping>
        <servlet-name>dispatcherServlet</servlet-name>
<url-pattern>*.do</url-pattern>
<!-- 标签中使用/和/*的区别:
/所匹配的请求可以是/login、.html、.js 或.css 方式的请求路径
但是/不能匹配.jsp 请求路径的请求
因此就可以避免在访问 jsp 页面时,该请求被 DispatcherServlet 处理
从而找不到相应的页面
/*则能够匹配所有请求,例如在使用过滤器时,若需要对所有请求进行过滤
就需要使用\* 的写法
-->
    </servlet-mapping>

</web-app>
```

在 src/main/resource 目录下创建 springmvc.xml 文件,写入配置,代码如下:

```
//第 3 章 springmvc.xml
<?xml version = "1.0" encoding = "UTF-8"?>
<beans xmlns = "http://www.springframework.org/schema/beans"
        xmlns:xsi = "http://www.w3.org/2001/XMLSchema-instance"
    xmlns:mvc = "http://www.springframework.org/schema/mvc"
```

```
            xmlns:context = "http://www.springframework.org/schema/context"
            xsi:schemaLocation = "http://www.springframework.org/schema/beans
            http://www.springframework.org/schema/beans/spring - beans.xsd
            http://www.springframework.org/schema/mvc
            http://www.springframework.org/schema/mvc/spring - mvc.xsd
            http://www.springframework.org/schema/context
            http://www.springframework.org/schema/context/spring - context.xsd">

        <!-- 1.扫描 Controller 的包 -->
        < context:component - scan base - package = "com.panther.controller"/>

        <!-- 2.配置视图解析器 -->
        < bean
        class = "org.springframework.web.servlet.view.InternalResourceViewResolver">
                <!-- 2.1 页面前缀 -->
                < property name = "prefix" value = "/WEB - INF/templates/"/>
                <!-- 2.2 页面后缀 -->
                < property name = "suffix" value = ".html"/>
            < property name = "templateMode" value = "HTML5"/>
            < property name = "characterEncoding" value = "UTF - 8" />
        </bean>
        <!-- 3.开启 MVC 注解驱动 -->
        < mvc:annotation - driven/>
</beans>
```

Controller 需要和上面配置文件配置的地址相同,代码如下:

```
//第 3 章 HelloController.java
@Controller
public class HelloController {

    //@RequestMapping 注解:处理请求和控制器方法之间的映射关系
    //http://localhost:8088/springmvc_war/
        @RequestMapping("/hello.do")
@ResponseBody
    public String index() {
        return "< p style = color: red;> hello world </p >";
    }
}
```

由于项目需要运行在 Tomcat 服务器上,因此需要下载 Tomcat 服务器,如图 3-3 所示。

在弹出界面后先选择左上角的加号添加 Tomcat Server,然后选择 Local,如图 3-4 所示。

然后单击 Deployment 部署构建好的 Artifacts,如图 3-5 所示。

如果没有 Artifacts,则需要在项目结构生成,如图 3-6 所示。

创建对应的 Artifacts 步骤,选择创建的模块进行生成即可,如图 3-7 所示。

在浏览器地址栏输入 localhost:8088/springmvc/hello.do,这样就可以看到输出的信息,结果如图 3-8 所示。

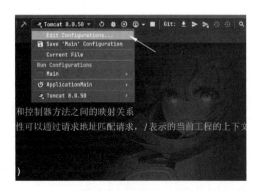

图 3-3 配置 Tomcat

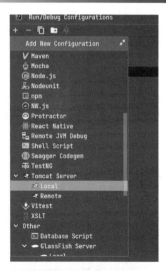

图 3-4 选择 Local

图 3-5 选择对应的 Artifacts

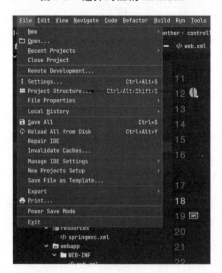

图 3-6 生成项目的 Artifacts(1)

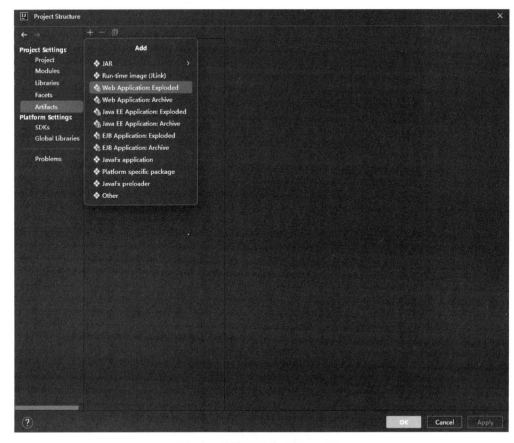

图 3-7　生成项目的 Artifacts（2）

图 3-8　页面请求后的结果

3.2　Spring MVC 核心组件

本节介绍 Spring MVC 的三大组件，分别是处理器映射器（HandlerMapper）、处理器适配器（HandlerAdapter）、视图解析器（ViewResolver）。这些组件在 Spring MVC 框架中扮演着至关重要的角色，它们负责协调请求的处理、调度适当的处理器及解析视图，为开发者提供了强大而灵活的工具，使开发 Web 应用程序变得更加简单和高效。

1. HandlerMapper 的作用

处理器映射可以将 Web 请求映射到正确的处理器 Controller 上。当接收到请求时，DispatcherServlet 将请求交给 HandlerMapping 处理器映射，让它检查请求并找到一个合适的 HandlerExecutionChain，这个 HandlerExecutionChain 包含一个能处理该请求的处理器 Controller，然后 DispatcherServlet 执行在 HandlerExecutionChain 中的处理器 Controller。

Spring 内置了许多处理器映射策略，目前主要由 3 个实现：SimpleUrlHandlerMapping、BeanNameUrlHandlerMapping 和 RequestMappingHandlerMapping，所有实现类如图 3-9 所示。

图 3-9　handlerMapper 实现类

（1）SimpleUrlHandlerMapper：在应用上下文中可以进行配置，并且有 Ant 风格的路径匹配功能。例如在 springmvc. xml 中配置一个 SimpleUrlHandlerMapping 处理器映射。

在 springmvc. xml 文件中添加以下信息，代码如下：

```
//第 3 章 springmv. xml
< bean
    class = "org. springframework. web. servlet. handler. SimpleUrlHandlerMapping">
                < property name = "mappings">
                    < props >
                        < prop key = "/hello. do"> helloController </prop >
                    </props >
                </property >
            </bean >
        < bean id = "helloController" class = "com. panther. controller. HelloController"/>
```

对应的 Controller 代码如下：

```
//第 3 章 HelloController. java
public class HelloController implements Controller {

        @Override
        public ModelAndView handleRequest(HttpServletRequest
    httpServletRequest,HttpServletResponse httpServletResponse) throws
    Exception {
```

```
        ModelAndView mv = new ModelAndView("success");
        return mv;
    }
}
```

（2）BeanNameUrlHandlerMapping。

spring.xml 的配置，代码如下：

```
//第 3 章 spring.xml
<!-- 1.创建 BeanNameUrlHandlerMapping -->
<bean
    class = "org.springframework.web.servlet.handler.BeanNameUrlHandlerMapping"/>

<!-- 2.创建 Controller 对象,这里的 id 必须是页面访问的路径(以斜杠开头) -->
<bean id = "/hello.do" class = "com.panther.controller.HelloController"/>
```

（3）RequestMappingHandlerMapping：这是 3 个中最常用的 HandlerMapping，因为注解方式比较通俗易懂，代码清晰，只需在代码前加上@RequestMapping（）的相关注解就可以了。

代码如下：

```
//第 3 章 HelloController.java
@Controller
public class HelloController {
//如果没加 ResponseBody,则返回就是视图
@RequestMapping("/hello.do")
    public String index() {
        return "/hello";
    }
}
```

2. 处理适配器

HandlerAdapter 字面上的意思就是处理适配器，它的作用用一句话概括就是调用具体的方法对用户发来的请求进行处理。当 HandlerMapping 获取执行请求的 Controller 时，DispatcherServlet 会根据 Controller 对应的类型来调用相应的 HandlerAdapter 进行处理。

HandlerAdapter 的 实 现 有 HttpRequestHandlerAdapter、SimpleServletHandlerAdapter、SimpleControllerHandlerAdapter、AnnotationMethodHandlerAdapter（Spring MVC 3.1 后已废弃）和 RequestMappingHandlerAdapter。实现类图如图 3-10 所示。

图 3-10 HandlerAdapter 实现类

（1）HttpRequestHandlerAdapter：处理类型为 HttpRequestHandler 的 handler，对 handler 的处理是调用 HttpRequestHandler 的 handleRequest()方法。

Controller 类实现的代码如下：

```
//第 3 章 HelloController.java
public class HelloController implements HttpRequestHandler {
    @Override
    public void handleRequest(HttpServletRequest request,
    HttpServletResponse response) throws ServletException, IOException {
        response.getWriter().write("<p> hello Spring MVC!</p>");
    }
}
```

还需要在 Spring MVC 中写入 HttpRequestHandlerAdapter 才会使用当前的 Adapter，代码如下：

```
//第 3 章 springmvc.xml
<!-- 1.创建 BeanNameUrlHandlerMapping -->
< bean
    class = "org.springframework.web.servlet.handler.BeanNameUrlHandlerMapping"/>
<!-- 2.创建 HttpRequestHandlerAdapter -->
< bean
    class = "org.springframework.web.servlet.mvc.HttpRequestHandlerAdapter"/>

<!-- 3.创建 Controller 对象,这里的 id 必须是页面访问的路径(以斜杠开头) -->
< bean id = "/hello.do" class = "com.panther.controller.HelloController"/>
```

（2）SimpleServletHandlerAdapter：处理类型为 Servlet，也就是把 Servlet 当作 Controller 来处理，使用 Servlet 的 service 方法处理用户请求。

Controller 类在 Spring MVC 中还是需要注入 SimpleServletHandlerAdapter 才能使用当前的适配器，代码如下：

```
//第 3 章 HelloController.java
public class HelloServlet extends HttpServlet {
    @Override
    protected void doGet ( HttpServletRequest req, HttpServletResponse resp ) throws
ServletException, IOException {
        resp.getWriter().write("<p style = color: red;> hello Spring MVC!</p>");
    }

    @Override
    protected void doPost ( HttpServletRequest req, HttpServletResponse resp ) throws
ServletException, IOException {
        super.doGet(req,resp);
    }
}
```

（3）SimpleControllerHandlerAdapter：处理类型为 Controller 的控制器，使用

Controller 的 handlerRequest 方法处理用户请求。

Controller 实现的代码如下：

```java
//第 3 章 HelloController.java
public class hellocontroller implements Controller {

    @Override
     public ModelAndView handleRequest (HttpServletRequest request, HttpServletResponse
response) throws Exception {
        response.getWriter().write("Hello - www.yiidian.com");
        return null;
    }
}
```

（4）RequestMappingHandlerAdapter：处理类型为 HandlerMethod 的控制器，通过 Java 反射调用 HandlerMethod 的方法来处理用户请求。

Controller 实现的代码如下：

```java
//第 3 章 HelloController.java
@Controller
public class HelloController {
    @RequestMapping("/hello.do")
    public String index() {
        return "< p style = color: red;> hello Spring MVC!</p>";
    }
}
```

3. 视图解析器

Spring MVC 中的视图解析器的主要作用就是将逻辑视图转换成用户可以看到的物理视图。

当用户对 Spring MVC 应用程序发起请求时，这些请求都会被 Spring MVC 的 DispatcherServlet 处理，通过处理器找到最合适的 HandlerMapping 定义的请求映射中最合适的映射，然后通过 HandlerMapping 找到相对应的 Handler，再通过相对应的 HandlerAdapter 处理该 Handler。返回结果是一个 ModelAndView 对象，当该 ModelAndView 对象中不包含真正的视图而是一个逻辑视图路径时，ViewResolver 就会把该逻辑视图路径解析为真正的 View 视图对象，然后通过 View 的渲染，将最终结果返给用户。

Spring MVC 中处理视图最终要的两个接口就是 ViewResolver 和 View，ViewResolver 的作用是将逻辑视图解析成物理视图，View 的主要作用是调用其 render()方法对物理视图进行渲染。

Spring MVC 提供常见视图解析器，如表 3-1 所示。

表 3-1　视图解析器

视 图 类 型	说　明
BeanNameViewResolver	将逻辑视图名称解析为一个 Bean，Bean 的 ID 等于逻辑视图名
InternalResourceViewResolver	将视图名解析为一个 URL 文件，一般使用该解析器将视图名映射为一个保存在 WEB-INF 目录下的程序文件，如 JSP
JaperReportsViewResolver	JaperReports 是基于 Java 的开源报表工具，该解析器解析为报表文件对应的 URL
FreeMarkerViewResolver	解析为基于 FreeMarker 模板的模板文件
VelocityViewResolver	解析为 Velocity 模板技术的模板文件
VelocityLayoutViewResolver	解析为 Velocity 模板技术的模板文件

3.3　Spring MVC 的注解和配置

在 Spring MVC 的世界里，注解和配置是构建现代 Web 应用程序的核心元素。它们为开发者提供了简洁、灵活的方式来定义和处理 Web 请求，从而大大地提升了开发效率。在数字化浪潮的涌动下，Web 应用程序成为连接世界的桥梁。在这个桥梁的搭建过程中，Spring MVC 以其强大的注解和配置能力成为众多开发者的首选。

3.3.1　@RequestionMapping

从注解名称上可以看到，@RequestMapping 注解的作用就是将请求和处理请求的控制器方法关联起来，建立映射关系。Spring MVC 接收到指定的请求，就会在映射关系中找到对应的控制器方法来处理这个请求。

（1）只要 value 是一个数组，就可以匹配多个值，代码如下：

```
//别名 path 和 value 是一样的
@AliasFor("path")
String[] value() default {};
```

请求/testRequestMapping 和/test 都是由 valueDemo 进行处理，代码如下：

```
@RequestMapping(value = {"/testRequestMapping", "/test"})
public String valueDemo(){
    return "success";
}
```

（2）Method：@RequestMapping 注解的 method 属性通过请求的请求方式（GET 或 POST）匹配请求映射；@RequestMapping 注解的 method 属性是一个 RequestMethod 类型的数组，表示该请求映射能够匹配多种请求方式的请求。

若当前请求的请求地址满足请求映射的 value 属性，但是请求方式不满足 method 属性，则浏览器报错 405：Request method 'POST' not supported。

底层结构是数组，元素是 requestionMethod 枚举，代码如下：

```
RequestMethod[] method() default {};
//RequestMethod
public enum RequestMethod {
    GET,
    HEAD,
    POST,
    PUT,
    PATCH,
    DELETE,
    OPTIONS,
    TRACE;
    private RequestMethod() {
}
}
```

默认为 GET 请求，如果想改变请求方式，则有两种方式，实现代码如下：

```
//第 3 章 HelloController.java
//1. 在 RequestMapping 上指定 Method
@RequestMapping(value = "/test1" , method = RequestMethod.POST)
public String method1(){
    return "success";
}
//直接使用 MVC 提供的注解写法
@PostMapping( "/test2" )
public String method2(){
    return "success";
}
```

（3）Params：@RequestMapping 注解的 params 属性通过请求的请求参数匹配请求映射；@RequestMapping 注解的 params 属性是一个字符串类型的数组，可以通过 4 种表达式设置请求参数和请求映射的匹配关系。

"param"：要求请求映射所匹配的请求必须携带 param 请求参数。

"!param"：要求请求映射所匹配的请求必须不能携带 param 请求参数。

"param＝value"：要求请求映射所匹配的请求必须携带 param 请求参数且 param＝value。

"param!＝value"：要求请求映射所匹配的请求必须携带 param 请求参数，但是param!＝value。

例如一个接口只允许超级管理员访问，代码如下：

```
//第 3 章 HelloController.java
@DeleteMapping(
        value = {"/test3"}
        ,params = {"username","role == 'super'"}
)
```

```
public String test3(){
    return "success";
}
```

（4）Head：@RequestMapping 注解的 headers 属性通过请求的请求头信息匹配请求映射；@RequestMapping 注解的 headers 属性是一个字符串类型的数组，可以通过 4 种表达式设置请求头信息和请求映射的匹配关系。使用方式和 params 一样。例如，当前接口必须经用户认证完才能访问，代码如下：

```
//第 3 章 HelloController.java
@PutMapping(
        value = {"/test3"}
        ,headers = {"auth"})
public String test4(){
    return "success";
}
```

3.3.2　@PathVariable

Spring MVC 路径中的占位符常用于 RESTful 风格中，当在请求路径中将某些数据通过路径的方式传输到服务器中时，就可以在相应的@RequestMapping 注解的 value 属性中通过占位符{xxx}表示传输的数据，再通过@PathVariable 注解将占位符所表示的数据赋值给控制器方法的形参。

获取 URL 的部分信息充当参数传递，代码如下：

```
//第 3 章 HelloController.java
@GetMapping("/testRest/{id}")
public String testRest(@PathVariable("id") String page){
    return "success";
}
```

3.3.3　@RequestParam

@RequestParam 可以为请求参数和控制器方法的形参创建映射关系。@RequestParam 注解一共有 3 个属性。

（1）value：指定为形参赋值的请求参数的参数名。

（2）required：设置是否必须传输此请求参数，默认值为 true。

若设置为 true，则当前请求必须传输 value 所指定的请求参数，若没有传输该请求参数，并且没有设置 defaultValue 属性，则页面报错 400：Required String parameter 'xxx' is not present；若设置为 false，则当前请求不是必须传输 value 所指定的请求参数的，若没有传输，则注解所标识的形参的值为 null。

（3）defaultValue：不管 required 属性值为 true 还是 false，当 value 所指定的请求参数

没有传输或传输的值为""时,则使用默认值为形参赋值。

代码如下:

```java
//第 3 章 HelloController.java
@GetMapping("/test5")
public String test5(@RequestParam(value = "name",required =
    false,defaultValue = "admin") String name){
    return "success";
}
```

3.3.4 @CookieValue

Spring MVC 提供 @CookieValue 方便我们获取指定 Cookie 数据,代码如下:

```java
//第 3 章 HelloController.java
@RequestMapping("/test7")
public String save(@CookieValue(value = "sessionId",required = false) String sessionId){
        return "success";
}
```

3.3.5 @RequestBody

@RequestBody 可以获取请求体,需要在控制器方法中设置一个形参,使用@RequestBody
进行标识,当前请求的请求体就会为当前注解所标识的形参赋值。当引用类型作为参数传
递时,任何对该参数对象的修改都会直接反映到原始对象上,无须额外步骤"填充"或同步这
些更改,代码如下:

```java
//第 3 章 HelloController.java
@RequestMapping("/test8")
public String test8(@RequestBody User user){
    return "success";
}
```

3.3.6 @ResponseBody

@ResponseBody 用于标识一个控制器方法,可以将该方法的返回值直接作为响应报文
的响应体响应到浏览器,代码如下:

```java
//第 3 章 HelloController.java
@RequestMapping("/test8")
@ResponseBody
public String test8(@RequestBody User user){
    return "success";
}
```

3.3.7　修复浏览器中文乱码问题

可以在 web.xml 文件中注册字符编码,MVC 配置代码如下:

```
//第 3 章 springmvc.xml
<!-- 配置 Spring MVC 的编码过滤器,需要配置在所有过滤器的前面,否则会失效 -->
  <filter>
    <filter-name>CharacterEncodingFilter</filter-name>

    <filter-class>org.springframework.web.filter.CharacterEncodingFilter</filter-class>
    <init-param>
      <param-name>encoding</param-name>
      <param-value>UTF-8</param-value>
    </init-param>
    <init-param>
      <param-name>forceResponseEncoding</param-name>
      <param-value>true</param-value>
    </init-param>
  </filter>
<filter-mapping>
    <filter-name>CharacterEncodingFilter</filter-name>
    <url-pattern>/*</url-pattern>
</filter-mapping>
```

3.4　域共享数据

在一个请求中需要存储一些信息,供同一批连接的请求共享。例如,用户登录,可以先将用户脱敏后的信息存在 Session 中,再请求就可以获得登录用户信息。

3.4.1　使用 ServletAPI 向 request 域对象共享数据

在 Java Web 应用中,ServletAPI 提供了一系列用于处理 HTTP 请求和响应的类和接口,其中,HttpServletRequest 对象是一个重要的组成部分,它代表了客户端发送给服务器的 HTTP 请求。这个对象包含了请求的所有信息,如请求头、请求参数、请求方法(GET、POST 等)等。

HttpServletRequest 对象同时也作为一个域对象(Scope Object)使用,这意味着它可以用来存储和共享数据。这些数据可以在同一个请求的生命周期内被多个组件(如 Servlet、JSP 等)访问。这种机制使在不同组件之间传递数据变得非常方便。

实现数据共享,代码如下:

```
//第 3 章 HelloController.java
@RequestMapping("/testServletAPI")
public String testServletAPI(HttpServletRequest request){
```

```
        request.setAttribute("auth", "admin");
        return "success";
}
//相同连接的下次请求接口
@RequestMapping("/test8")
public String testServletAPI(HttpServletRequest request){
//返回值为 Object,可以先取出上次接口存入的值,然后进行操作
String role = (String)request.getAttribute("auth");
If(role.length == 0 || !"admin".equals(role))
        return "404"
    return "success";
}
```

3.4.2　使用 ServletAPI 向 session 域对象共享数据

在 Java Web 应用程序中,session 是一个用于存储与特定用户会话相关联的数据的对象。当用户首次访问 Web 应用程序时,服务器会为该用户创建一个新的会话(如果尚未存在),并分配一个唯一的会话 ID,这个 ID 通常通过 Cookie 或 URL 重写的方式发送到客户端。之后,用户的后续请求将包含这个会话 ID,以便服务器能够识别并加载与该用户会话相关联的数据。

ServletAPI 提供了与 session 对象进行交互的接口。HttpSession 是 javax.servlet.http 包中的一个接口,它表示一个与某个用户会话相关联的会话。通过 HttpSession 对象,可以在不同的 Servlet 或 JSP 页面之间共享数据。

实现数据共享,代码如下:

```
//第 3 章 HelloController.java
@RequestMapping("/testSession")
public String testSession(HttpServletRequest request){
    request.getSession().setAttribute("testScope", "hello,servletAPI");
return "success";
}
```

3.4.3　使用 ModelAndView 向 request 域对象共享数据

在 Spring MVC 框架中,ModelAndView 是一个非常重要的类,它用于封装模型数据(业务数据)和视图名称(要渲染的页面)。通过 ModelAndView,可以将数据从控制器(Controller)传递到视图(View),以便在视图页面中展示这些数据。

当使用 ModelAndView 来共享数据时,实际上是将数据添加到 Model 中,而 Model 本质上是一个 Map,它存储了键-值对形式的数据。这些数据在请求处理过程中会被存储在 HttpServletRequest 的属性(attribute)中,因此它们可以在视图中被访问。

实现数据共享,代码如下:

```
//第 3 章 HelloController.java
@RequestMapping("/testModelAndView")
public ModelAndView testModelAndView(){
        /**
         * ModelAndView 有 Model 和 View 的功能
         * Model 主要用于向请求域共享数据
         * View 主要用于设置视图,实现页面跳转
         */
        ModelAndView mav = new ModelAndView();
        //向请求域共享数据
        mav.addObject("testScope", "hello,ModelAndView");
        //设置视图,实现页面跳转
        mav.setViewName("index");
        return mav;
}
```

3.4.4　使用 Model 向 request 域对象共享数据

在 Java Web 开发中,特别是使用 Servlet 和 JSP 技术时,我们经常需要在多个组件之间共享数据。一种常见的场景是将数据从后端(如 Servlet)传递到前端(如 JSP 页面)。request 域对象是一个用于存储和共享数据的机制,它允许我们在处理 HTTP 请求的不同阶段(如从 Servlet 到 JSP)之间传递数据。

当使用 Model 向 request 域对象共享数据时,我们实际上是在利用某种框架(如 Spring MVC)提供的功能来简化这个过程。在 Spring MVC 中,Model 是一个接口,它通常被实现为 ModelMap 或 ModelAndView 中的一个组件,用于存储要在视图中显示的数据。

实现数据共享,代码如下:

```
//第 3 章 HelloController.java
@RequestMapping("/testModel")
public String testModel(Model model){
    model.addAttribute("testScope", "hello,Model");
    return "success";
}
```

3.4.5　使用 ModelMap 向 request 域对象共享数据

在 Spring MVC 中,ModelMap 是一个接口,它继承自 Map < String,Object >,通常用于在 Controller 和 View(通常是 JSP 页面)之间传递数据。当 Controller 处理一个 HTTP 请求时,它可以创建一个 ModelMap 实例,并将需要的数据作为属性添加到这个 Map 中。这些数据随后会被自动添加到 HTTP 请求的 request 域对象中,并可以在 View 层(如 JSP 页面)中通过 EL 表达式或其他方式访问。

实现数据共享,代码如下:

```
//第 3 章 HelloController.java
@RequestMapping("/testModelMap")
public String testModelMap(ModelMap modelMap){
    modelMap.addAttribute("testScope", "hello,ModelMap");
    return "success";
}
```

3.4.6　使用 Map 向 request 域对象共享数据

在 Java Web 开发中,使用 Map 向 request 域对象共享数据通常发生在不使用高级框架(如 Spring MVC)的情况下,而是直接使用 Servlet 和 JSP。request 域对象是一个存储与当前 HTTP 请求相关联的属性的对象,这些属性可以在处理请求的过程中被访问。

当在 Servlet 中处理数据并在随后的 JSP 页面中显示这些数据时,可以将数据放入 request 对象中。由于 request 对象实现了 javax.servlet.http.HttpServletRequest 接口,所以它提供了 setAttribute(String name,Object value)方法,允许将数据以键-值对的形式存储在 request 域对象中。

Map 是一个接口,它定义了存储键-值对的数据结构。在 Servlet 中,可以使用 Map 来收集和准备数据,然后使用 setAttribute()方法将这些数据添加到 request 对象中。

实现数据共享,代码如下:

```
//第 3 章 HelloController.java
private static Map<String, Object> map =
        new ConcurrentHashMap<>(16,0.75f,16);
@RequestMapping("/testMap")
public String testMap(){
    map.put("testScope", "hello,Map");
    return "success";
}
```

3.4.7　Model、ModelMap、Map 的关系

Model、ModelMap、Map 类型的参数其实本质上都是 BindingAwareModelMap 类型,具体如下:

(1) Model 是 Model 接口的顶级父接口。

(2) ModelMap 实现了 LikedMap,从而间接地实现了 Map。

(3) Map 是 Map 的顶级接口。

(4) BindingAwareModelMap 继承了 ExtendedModelMap,而 ExtendedModelMap 继承了 ModelMap 和实现了 Model 的接口,所以联系在一起。

3.4.8　向 application 域共享数据

在 Java Web 应用中,application 域是一个特殊的域对象,它用于在整个 Web 应用程序

的生命周期内存储和共享数据。与 request、session 和 page 域相比，application 域的数据在 Web 应用程序启动时被加载，并且会一直存在直到 Web 应用程序停止或重启。

实现数据共享的代码如下：

```java
//第 3 章 HelloController.java
@RequestMapping("/testApplication")
public String testApplication(){
        RequestAttributes requestAttributes =
    RequestContextHolder.currentRequestAttributes();
        HttpServletRequest    httpServletRequest    =    (( ServletRequestAttributes )
requestAttributes).getRequest();
        ServletContext application = httpServletRequest.getServletContext();
        application.setAttribute("testApplicationScope",
    "hello,application");
        return "success";
}
```

3.5 Spring MVC 的参数绑定和数据转换

在 Spring MVC 的广阔世界中，参数绑定和数据转换是构建高效、灵活的 Web 应用程序的关键环节。想象一下，设计一个在线购物网站，当用户需要完成浏览商品、将商品添加到购物车、提交订单等操作时，这些操作的背后都需要一系列参数与后端代码的精准绑定和转换。这就是 Spring MVC 参数绑定和数据转换的魔力所在。

3.5.1 基本参数类型封装

1. 设计请求表单

后面的演示将不再展示 HTML 的代码，请求表单的代码如下：

```html
//第 3 章 index.html
< h2 >基本类型参数封装</h2 >
< form action = "http://localhost:8080/param.do">
    用户名:< input type = "text" name = "username"> < br >
    年龄:< input type = "text" name = "age"> < br >
    < input type = "submit" value = "提交">
</form >
```

2. 编写 Controller 接受参数

这里需要注意的是，控制器接收参数的形参名称必须和表单的 name 属性保持一致，否则会接收失败。接收的参数会被自动地映射到对应的字段中，代码如下：

```java
//第 3 章 HelloController.java
@Controller
public class ParamController {
```

```
@RequestMapping("/param.do")
public String save(String username,Integer age){
    System.out.println("用户名:" + username);
    System.out.println("年龄:" + age);
    return "success";
}
}
```

3. 运行测试

打开 HTML 页面,如图 3-11 所示。

单击"提交"按钮后控制台输出 username 和 age,如图 3-12 所示。

图 3-11　表单页面　　　　　　　　　　　　　　图 3-12　控制台输出

3.5.2　实体类型封装

将 username 和 age 封装成一个实体类,代码如下:

```
//第 3 章 User.java
public class User {
    private String username;
private Integer age;
//省略 get 和 set 方法
}
```

将 controller 的参数类型替换成 user,代码如下:

```
//第 3 章 HelloController.java
@Controller
public class ParamController {
    @RequestMapping("/param.do")
    public String save(User user){
        System.out.println("用户名:" + user.getUsername());
        System.out.println("年龄:" + user.getAge());
        return "success";
    }
}
```

运行测试,表单数据如图 3-13 所示。

控制台输出对应的数据,如图 3-14 所示。

图 3-13 表单页面

图 3-14 控制台输出

3.5.3 存在引用参数封装

在 Spring MVC 的应用过程中,在后端根据需要将表单数据封装在一个包装 Pojo 类型中,所谓包装 Pojo 类型,就是 Pojo 对象中包含另一个 Pojo 对象,代码如下:

```java
//第 3 章 User.java
public class User {
    private String username;
    private Integer age;
private Address address;
//省略 set 和 get 方法
}
//address 类
public class Address {
    private String province;
    private String city;
}
```

这里封装用户的地址信息,name 为 address.province 这种写法,这代表把数据封装到 User 对象→Address 对象的 province 属性中,代码如下:

```html
//第 3 章 index.html
<h2>基本类型参数封装</h2>
<form action = "http://localhost:8080/param.do" method = "post">
    用户名:<input type = "text" name = "username"><br>
    年龄:<input type = "text" name = "age"><br>
    省份:<input type = "text" name = "address.province"><br>
    城市:<input type = "text" name = "address.city"><br>
    <input type = "submit" value = "提交">
</form>
```

运行测试,表单数据如图 3-15 所示。

控制台输出数据,如图 3-16 所示。

3.5.4 List 集合封装

一个 Address 对象接收一个地址信息,如果有多个地址信息,则该怎么办呢? 可以使用 List 集合来封装。

基本类型参数封装

用户名：来福
年龄：12
省份：广西
城市：柳州
提交

图 3-15　表单页面

图 3-16　控制台输出

重新设计表单，代码如下：

```
//第 3 章 index.
< form action = "http://localhost:8080/param.do" method = "post">
    用户名:< input type = "text" name = "username">< br >
    年龄:< input type = "text" name = "age">< br >
    省份 1:< input type = "text" name = "address[0].province">< br >
    城市 1:< input type = "text" name = "address[0].city">< br >
    省份 2:< input type = "text" name = "address[1].province">< br >
    城市 2:< input type = "text" name = "address[1].city">< br >
    < input type = "submit" value = 提交">
</form>
```

将 user 实体类下的 address 改为 List，代码如下：

```
//第 3 章 User.java
public class User {
    private String username;
    private Integer age;
    private List < Address > address;
}
```

Controller 类中的输出也需要使用 for 循环来输出地址，代码如下：

```
//第 3 章 HelloController.java
@RequestMapping("/param.do")
@ResponseBody
public String save(User user){
    System.out.println("用户名:" + user.getUsername());
    System.out.println("年龄:" + user.getAge());
    //遍历所有地址信息
    for(Address addr:user.getAddress()){
        System.out.println(addr);
    }
    return "success";
}
```

测试运行，先填写表单数据，如图 3-17 所示。

控制台输出对应的数据，如图 3-18 所示。

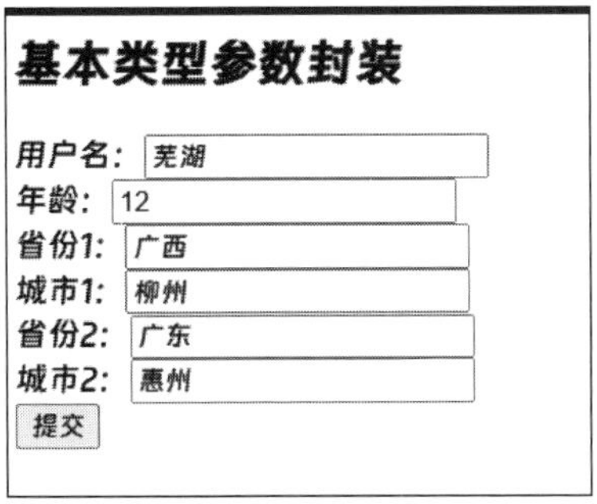

基本类型参数封装

用户名: 芜湖
年龄: 12
省份1: 广西
城市1: 柳州
省份2: 广东
城市2: 惠州
[提交]

图 3-17　表单页面

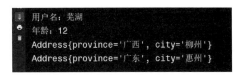

图 3-18　控制台输出

3.5.5　Map 集合封装

3.5.4 节利用 List 集合封装了多个地址信息,其实把 List 集合换成 Map 集合也是可以的。Spring MVC 如何使用 Map 集合类型封装表单参数呢?

重新改写表单,代码如下:

```
//第 3 章 index.html
<h2>基本类型参数封装</h2>
< form action = "http://localhost:8080/param.do" method = "post">
    用户名:< input type = "text" name = "username"><br >
    年龄:< input type = "text" name = "age"><br >
    省份 1:< input type = "text" name = "address['a1'].province"><br >
    城市 1:< input type = "text" name = "address['a1'].city"><br >
    省份 2:< input type = "text" name = "address['a2'].province"><br >
    城市 2:< input type = "text" name = "address['a2'].city"><br >
    < input type = "submit" value = "提交">
</form >
```

对于这里的 address['a1'].city,a1 是赋值给 Map 的 key,city 是赋值给 Address 的 city 属性,User 类中的 Address 字段需要转换成 Map 类型,代码如下:

```
//第 3 章 User.java
public class User {
    private String username;
    private Integer age;
private Map < String,Address > address;
//省略 get 和 set 方法
}
```

Controller 层遍历地址集合的方法需要修改成遍历 map 的方式,代码如下:

```
//第 3 章 HelloController.java
@RequestMapping("/param.do")
@ResponseBody
```

```
public String save(User user){
    System.out.println("用户名:" + user.getUsername());
    System.out.println("年龄:" + user.getAge());
    //遍历所有地址信息
    Map<String, Address> address = user.getAddress();
    for(Map.Entry<String,Address> entry : address.entrySet()){
        System.out.println(entry.getKey() + " -- " + entry.getValue());
    }
    return "success";
}
```

运行测试,在表单中输入对应的数据,数据如图 3-19 所示。

控制台输出对应的数据,如图 3-20 所示。

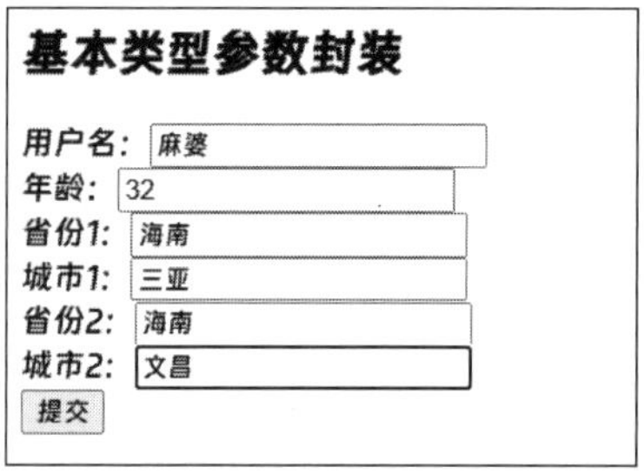

基本类型参数封装

用户名: 麻婆
年龄: 32
省份1: 海南
城市1: 三亚
省份2: 海南
城市2: 文昌
提交

图 3-19　表单页面

图 3-20　控制台输出

3.5.6　自定义类型转换器

在 Spring MVC 中,自定义类型转换器(Type Converter)或格式化器(Formatter)可以帮助开发者将请求中的参数转换为控制器方法中所需的特定类型。这在需要处理非标准的字符串,在对象的转换时特别有用。

Spring MVC 在默认情况下可以对基本类型进行类型转换,例如可以将 String 转换为 Integer、Double、Float 等,但是 Spring MVC 并不能转换日期类型(java.util.Date),如果希望把字符串参数转换为日期类型,则必须自定义类型转换器。接下来讲解如何自定义类型转换器。

先将表单重新设计为两个字段,代码如下:

```
//第 3 章 index.html
<form action = "http://localhost:8080/param.do" method = "post">
    用户名:<input type = "text" name = "username"><br>
    生日:<input type = "text" name = "birthday"><br>
    <input type = "submit" value = "提交">
</form>
```

重新编写一个实体类来接受这两个字段,代码如下:

```
//第 3 章 master.java
public class master {
private String username;
//这里接收的是 java.util.Date 类型
private Date birthday;
//get 和 set
}
```

Spring MVC 的自定义类型转换器必须实现 Converter 接口，自己编写一个 String 参数转化成 Date 类型的转换器，代码如下：

```
//第 3 章 StringToDateConverter.java
public class StringToDateConverter implements Converter < String, Date > {
    @Override
    public Date convert(String source) {
        Date date = null;
        try {
            //使用 SimpleDateFormat 将页面字符串日期转换为 java.util.Date 类型
            date = new SimpleDateFormat("yyyy - MM - dd").parse(source);
        } catch (ParseException e) {
            e.printStackTrace();
        }
        return date;
    }
}
```

编写完自定义 Converter 后需要将它设置进 ConversionServiceFactoryBean 中才能生效，具体的代码如下：

```
//第 3 章 WebMvcConfig.java
@Configuration
public class WebMvcConfig {
    @Bean
    public WebMvcConfigurer webMvcConfigurer() {
        return new WebMvcConfigurer() {
            @Override
            public void addFormatters(FormatterRegistry registry) {
                registry.addConverter(new StringToDateConverter());
            }
        };
    }
}
```

修改 Controller，将接受参数类型改成 Master，代码如下：

```
//第 3 章 HelloController.java
@RequestMapping("/param.do")
@ResponseBody
public String save(master master){
    System.out.println("用户名:" + master.getUsername());
```

```
        System.out.println("生日:" + master.getBirthday());
        return "success";
}
```

运行测试,输入表单数据,如图 3-21 所示。

控制台输出的数据如图 3-22 所示。

图 3-21　表单数据

图 3-22　控制台数据

3.6　拦截器

Spring MVC 拦截器(Interceptor)是 Spring 框架提供的一种机制,用于在请求处理之前、之后或请求处理发生异常时执行一些操作。这些操作包括日志记录、身份验证、授权、性能监控、数据转换等。拦截器对于 AOP 的实现非常有用,因为它允许在不修改现有代码的情况下添加额外的功能。

系统中除了登录方法,其他所有方法都需要先验证用户是否登录了,若未登录,则让用户先跳转到登录页面,最笨的方法是在所有需要验证的方法内部都加上验证的代码,那么有没有更好的方法呢?

Spring MVC 确实为我们考虑到了这种需求,Spring MVC 在处理流程中提供了 3 个扩展点可以对整个处理流程进行干预,这个就是 Spring MVC 中拦截器提供的功能,代码如下:

```java
//第 3 章 HandlerInterceptor.java
public interface HandlerInterceptor {
    default boolean preHandle(HttpServletRequest request, HttpServletResponse response,
Object handler){
//在调用自定义的 controller 之前会调用这种方法,若返回值为 false,则跳过 controller 方法的调
//用,否则将进入 controller 的方法中
        return true;
    }
default void postHandle(HttpServletRequest request, HttpServletResponse response, Object
handler, @Nullable ModelAndView modelAndView) {
//调用自定义 controller 中的方法之后会调用这种方法,此时还没有渲染视图,也就是还没有将结
//果输出到客户端
    }
```

```
default void afterCompletion(HttpServletRequest request, HttpServletResponse response, Object
handler,@Nullable Exception ex) {
//整个请求处理完毕后,在将结果输出到客户端之后调用这种方法,此时可以做一些清理的工作,注意
//这种方法的最后一个参数是Exception类型的,说明这种方法不管整个过程是否有异常都会被调用
    }
}
```

书写拦截器的拦截处理逻辑,代码如下:

```java
//第3章 LoginInterceptor.java
@Component
public class LoginInterceptor implements HandlerInterceptor {
    @Override
     public boolean preHandle (HttpServletRequest request, HttpServletResponse response,
Object handler) throws Exception {
        System.out.println(this.getClass().getSimpleName() + ".preHandle");
        return true;
    }

    @Override
    public void postHandle(HttpServletRequest request, HttpServletResponse response, Object
handler, ModelAndView modelAndView) throws Exception {
        System.out.println(this.getClass().getSimpleName() + ".postHandle");
    }

    @Override
     public void afterCompletion (HttpServletRequest request, HttpServletResponse response,
Object handler, Exception ex) throws Exception {
        System.out.println(this.getClass().getSimpleName() + ".afterCompletion");
    }
}
```

在MVCConfig配置类中注册拦截器,然后配置拦截规则,具体的代码如下:

```java
//第3章 WebMvcConfig.java
@Configuration
public class WebMvcConfig implements WebMvcConfigurer {
    @Override
    public void addInterceptors(InterceptorRegistry registry) {
        //拦截所有请求,决定是否需要登录

    registry.addInterceptor(LoginInterceptor()).addPathPatterns("/**");
    }
    @Bean
    public LoginInterceptor LoginInterceptor() {
        return new LoginInterceptor();
    }
}
```

运行测试,测试结果如图3-23所示。

声明一个注解,代码如下:

```
LoginInterceptor.preHandle
test
LoginInterceptor.postHandle
LoginInterceptor.afterCompletion
```

图 3-23 控制台数据

```
//第 3 章 LoginCheck.java
@Target({ElementType.METHOD})                    //可用在方法名上
@Retention(RetentionPolicy.RUNTIME)              //运行时有效
public @interface LoginCheck {
}
```

获取注解并实现拦截逻辑,代码如下:

```
//第 3 章 AuthorityInterceptor.java
public class AuthorityInterceptor implements HandlerInterceptor {
    @Override
    public boolean preHandle (HttpServletRequest request, HttpServletResponse response,
Object handler) throws Exception {
        //如果不是映射到方法,则直接通过
        if (!(handler instanceof HandlerMethod)) {
            return true;
        }
        HandlerMethod handlerMethod = (HandlerMethod) handler;
        Method method = handlerMethod.getMethod();
        //判断接口是否需要登录
        LoginCheck LoginCheck = method.getAnnotation(LoginCheck.class);
        //有 @LoginRequired 注解,需要认证
        if (LoginCheck != null) {
            //这里写拦截后需要做什么,例如取缓存、Session、权限判断等
            System.out.println("LoginCheck...");
            return true;
        }
        return true;
    }
}
```

在 MVCConfig 配置类中注册拦截器,然后配置拦截规则,代码如下:

```
//第 3 章 WebMvcConfig.java
@Configuration
public class WebMvcConfig implements WebMvcConfigurer {
    @Override
    public void addInterceptors(InterceptorRegistry registry) {
        //拦截所有请求,通过判断是否有 @LoginRequired 注解来决定是否需要登录

        registry.addInterceptor(AuthorityInterceptor()).addPathPatterns("/**");
    }
    @Bean
    public AuthorityInterceptor AuthorityInterceptor() {
        return new AuthorityInterceptor();
    }
}
```

运行测试,测试结果如图 3-24 所示。

图 3-24　控制台数据

3.7　文件上传和下载

在 Web 开发中,文件上传和下载是常见的功能需求。使用 Spring MVC 框架可以轻松地实现这些功能,为用户提供灵活的文件操作体验。本节将引入 Spring MVC 文件上传和下载的主题。

3.7.1　文件上传

文件上传是表现层常见的需求,在 Spring MVC 中底层使用 Apache 的 Commons FileUpload 工具来完成文件上传,对其进行封装,让开发者使用起来更加方便。接下来讲解如何开发。

引入依赖,代码如下:

```
//第 3 章 pom.xml
<!-- commons-fileUpload -->
<dependency>
    <groupId>commons-fileupload</groupId>
    <artifactId>commons-fileupload</artifactId>
    <version>1.3.1</version>
</dependency>
```

接下来将文件解析器配置到 IoC 容器中,该解析器的 id 必须为 multipartResolver,否则无法成功接收文件,代码如下:

```
//第 3 章 WebMvcConfig.java
@Configuration
public class WebMvcConfig {
    @Bean
    public MultipartConfigElement multipartConfigElement() {
        MultipartConfigFactory factory = new MultipartConfigFactory();
        //单个文件最大
        factory.setMaxFileSize(DataSize.ofMegabytes(10)); //MB
        //设置上传数据总大小
        factory.setMaxRequestSize(DataSize.ofMegabytes(10)); //MB
        return factory.createMultipartConfig();
    }
}
```

将表单设置为 multipart/form-data 结束参数,并且表单的请求方式只能是 POST,代码如下：

```
//第 3 章 idnex. html
< h3 >以 Spring MVC 方式上传文件</h3 >
< form action = "http://localhost:8080/upload" method = "post" enctype = "multipart/form -
data">
    选择文件:< input type = "file" name = "imgFile"> < br/>
    文件描述:< input type = "text" name = "memo"> < br/>
    < input type = "submit" value = "上传">
</form >
```

接下来就是 Controller 层代码 Spring MVC 提供了 MultipartFile 类来接受文件,代码如下:

```java
//第 3 章 HelloController. java
@RequestMapping("/upload")
@ResponseBody
public String upload(MultipartFile imgFile, String memo){
    String upload = "D:\\download\\java\\file";
    //判断该目录是否存在,如果不存在,则自动创建
    File uploadFile = new File(upload);
    if(!uploadFile. exists()){
        uploadFile. mkdir();
    }
    //原来的文件名
    String oldName = imgFile. getOriginalFilename();
    //时间为文件名
    LocalDate currentDate = LocalDate. now();
    DateTimeFormatter formatter = DateTimeFormatter. ofPattern("yyyy - MM - dd");
    //格式化当前日期
    String formattedDate = currentDate. format(formatter);
    //获取文件后缀
    String extName = oldName. substring(oldName. lastIndexOf(".")); //.jpg
    String fileName = formattedDate + extName;
    //保存
    try {
        imgFile. transferTo(new File(upload + "\\" + fileName));
    } catch (IOException e) {
        e. printStackTrace();
    }
    return "< script > alert('文件上传成功 文件描述:" + memo + "')</script >";
}
```

运行测试,前端数据如图 3-25 所示。

单击"上传"按钮查看返回信息,页面数据如图 3-26 所示。

图 3-25　表单数据　　　　　　　　　　　　　图 3-26　页面数据

进入目标文件夹查看文件是否存在,如图 3-27 所示。

| 🖹 2024-05-11.png | 2024/5/11 0:36 | PNG 文件 | 147 KB |

图 3-27 查看文件

3.7.2 文件下载

在 Spring MVC 中,文件下载是一个常见的功能,它允许用户从服务器获取文件并保存到本地计算机。

设计下载链接,代码如下:

```
//第 3 章 index.html
<h3>Spring MVC 文件下载</h3>
<a href = "http://localhost:8080/down">下载</a>
```

编写 Controller 代码,代码如下:

```
//第 3 章 HelloController.java
@RequestMapping("/down")
public void upload(HttpServletResponse response) throws Exception {
    InputStream inputStream = null;
    OutputStream outputStream = null;
    try {
        inputStream = new FileInputStream("D:\\download\\java\\file\\404.png");
        response.setHeader("Content-Disposition", "attachment;filename = 404.png");
        outputStream = response.getOutputStream();
        byte[] buf = new byte[1024];
        int len = 0;
        while ((len = inputStream.read(buf)) != -1) {
            outputStream.write(buf, 0, len);
        }
    } finally {
        //关闭资源
        if(outputStream != null)
            outputStream.close();
        if(inputStream != null)
            inputStream.close();
    }
}
```

运行测试,下载链接如图 3-28 所示。

单击"下载"按钮,页面会弹出如图 3-29 所示的下载界面。

图 3-28 下载链接

图 3-29 下载界面

3.8 MVC 一次请求的详细过程分析

了解一个请求是如何被 Spring MVC 处理的,由于整个流程涉及的代码非常多,所以本文的重点在于解析整体的流程,主要讲解 DispatcherServlet 这个核心类,弄懂这个流程,才能更好地理解具体的源码,回过头再来看则会豁然开朗。

MVC 的请求流程,如图 3-30 所示。

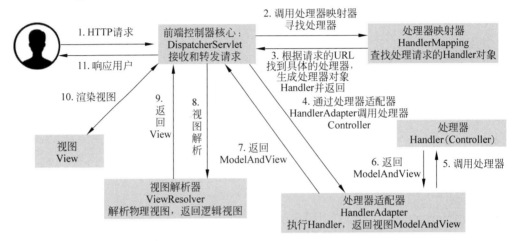

图 3-30　MVC 的请求流程

最后返给用户。

3.8.1　认识组件

Spring MVC 的关键组件包括 DispatcherServlet、MultipartResolver、HandlerMapping、HandlerAdapter、HandlerExceptionResolver、RequestToViewNameTranslator 、LocaleResolver、ThemeResolver、ViewResolver 和 FlashMapManager。它们协作处理 Web 请求、异常、视图解析和国际化,构建了一个灵活、可扩展的 MVC 框架,如表 3-2 所示。

表 3-2　MVC 常用组件介绍

组　　件	说　　明
DispatcherServlet	Spring MVC 的核心组件是请求的入口,负责协调各个组件工作
MultipartResolver	内容类型(Content-Type)为 multipart/ * 的请求的解析器,例如解析处理文件上传的请求,便于获取参数信息及上传的文件
HandlerMapping	请求的处理器匹配器,负责为请求找到合适的 HandlerExecutionChain 处理器执行链,包含处理器(handler)和拦截器(interceptors)

续表

组　　件	说　　明
HandlerAdapter	处理器的适配器。因为处理器 handler 的类型是 Object 类型,需要有一个调用者来实现 handler 是怎么被执行的。Spring 中的处理器的实现多变,例如用户处理器可以实现 Controller 接口、HttpRequestHandler 接口,也可以用@RequestMapping 注解将方法作为一个处理器等,这就导致 Spring MVC 无法直接执行这个处理器,所以这里需要一个处理器适配器,由它去执行处理器
HandlerExceptionResolver	处理器异常解析器,将处理器(handler)执行时发生的异常解析(转换)成对应的 ModelAndView 结果
RequestToViewNameTranslator	视图名称转换器,用于解析出请求的默认视图名
LocaleResolver	本地化(国际化)解析器,提供国际化支持
ThemeResolver	主题解析器,提供可设置应用整体样式风格的支持
ViewResolver	视图解析器,根据视图名和国际化,获得最终的视图 View 对象
FlashMapManager	FlashMap 管理器,负责在重定向时将参数保存至临时存储(默认 Session)

3.8.2　DispatcherServlet

通过观察 DispatcherServlet 的继承关系,就能发现它最终继承的是 JavaWeb 的 Servlet。DispatcherServlet 的继承类如图 3-31 所示。

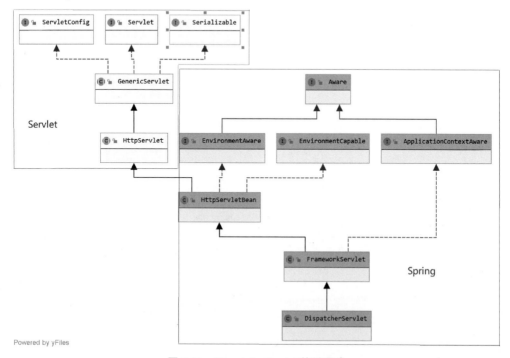

图 3-31　DispatcherServlet 的继承类

学习 Java Web 的时候可以了解到 Servlet 最终会实现两种方法 doGet 和 doPost,而这两种方法最终又会调用 processRequest()这种方法。

在 FrameworkServlet 类中有一段集合,代码如下:

```
private static final Set < String > HTTP_SERVLET_METHODS = Set.of("DELETE", "HEAD", "GET",
"OPTIONS","POST", "PUT", "TRACE");
```

表示可以处理的请求和剩下的请求方式直接由 processRequest()处理,如图 3-32 所示。

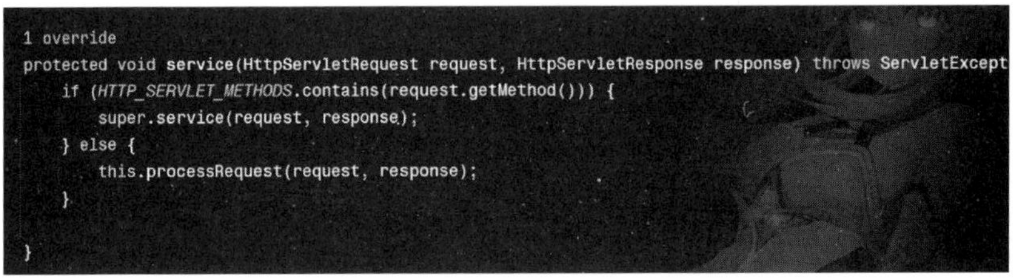

```
1 override
protected void service(HttpServletRequest request, HttpServletResponse response) throws ServletExcept
    if (HTTP_SERVLET_METHODS.contains(request.getMethod())) {
        super.service(request, response);
    } else {
        this.processRequest(request, response);
    }
}
```

图 3-32　processRequest()处理结果

对于 OPTIONS 和 TRACE 方法 Servlet 采取了不同的处理方式,Optional 处理代码如下:

```java
//第 3 章 FrameworkServlet.java
@Override
protected void doOptions(HttpServletRequest request, HttpServletResponse response)
        throws ServletException, IOException {

    //如果 dispatchOptionsRequest 为 true,则处理该请求,默认为 true
    if (this.dispatchOptionsRequest || CorsUtils.isPreFlightRequest(request)) {
        //处理请求
        processRequest(request, response);
        //如果响应 Header 包含 "Allow",则不需要交给父方法处理
        if (response.containsHeader("Allow")) {
            return;
        }
    }
    //调用父方法,并在响应 Header 的 Allow 增加 PATCH 的值
    super.doOptions(request, new HttpServletResponseWrapper(response) {
        @Override
        public void setHeader(String name, String value) {
            if ("Allow".equals(name)) {
                value = (StringUtils.hasLength(value) ? value + ", " : "") + HttpMethod.
PATCH.name();
            }
            super.setHeader(name, value);
        }
    });
}
```

OPTIONS 请求通常会在发送 POST 请求前进行发送,以此来判断当前服务器能否处理当前请求。Trace 的代码如下:

```
//第 3 章 FrameworkServlet.java
protected void doTrace(HttpServletRequest request, HttpServletResponse response)
        throws ServletException, IOException {

    //如果 dispatchTraceRequest 为 true,则处理该请求,默认值为 false
    if (this.dispatchTraceRequest) {
        //处理请求
        processRequest(request, response);
        //如果响应的内容类型为 message/http,则不需要交给父方法处理
        if ("message/http".equals(response.getContentType())) {
            //Proper TRACE response coming from a handler - we're done
            return;
        }
    }
    //调用父方法
    super.doTrace(request, response);
}
```

Trace 请求方法主要用于在请求的路径上追踪客户端与服务器端之间的通信,用于调试和诊断网络问题,但出于安全性考虑,它通常在生产环境中被禁用,因此使用场景相对较少。

3.8.3　DoDispatch

在 Spring MVC 中,DispatcherServlet 是前端控制器的核心组件,负责接收所有的 HTTP 请求,并根据配置和逻辑来决定如何处理这些请求,而 doDispatch 方法是 DispatcherServlet 中的一个关键方法,它实现了请求的分发和处理逻辑。

分发请求的核心方法就是 DoDispatch 方法,感兴趣的读者可以自行阅读详细源码,这里以伪代码写出核心实现流程,代码如下:

```
//第 3 章 DoDispatch.java
protected void doDispatch(HttpServletRequest request, HttpServletResponse response) throws
Exception {
    //获取异步管理器
    WebAsyncManager asyncManager = WebAsyncUtils.getAsyncManager(request);
    try {
        ModelAndView mv = null;
        try {
            //检测请求是否为上传请求,如果是,则通过 multipartResolver 将其封装成
// MultipartHttpServletRequest 对象
            processedRequest = checkMultipart(request);
            multipartRequestParsed = (processedRequest != request);
```

```
                    //获得请求对应的 HandlerExecutionChain 对象(HandlerMethod 和
                    //HandlerInterceptor 拦截器)
                    mappedHandler = getHandler(processedRequest);
                    if (mappedHandler == null) {
        //如果无法获取,则根据配置抛出异常或返回 404 错误
                        noHandlerFound(processedRequest, response);
                        return;
                    }
                    //获得当前 handler 对应的 HandlerAdapter 对象
                    HandlerAdapter ha = getHandlerAdapter(mappedHandler.getHandler());
                    //处理有 Last‑Modified 请求头的场景
                    String method = request.getMethod();
                    boolean isGet = "GET".equals(method);
                    if (isGet || "HEAD".equals(method)) {
                        //获取请求中服务器端最后被修改的时间
                        long lastModified = ha.getLastModified(request, mappedHandler.getHandler());
                        if (new   ServletWebRequest ( request,   response ).   checkNotModified
(lastModified) && isGet) {
                            return;
                        }
                    }
                    //前置处理拦截器
                    //注意:该方法如果有一个拦截器的前置处理返回值 false,则开始倒序触发所有的
                    //拦截器已完成处理
                    if (!mappedHandler.applyPreHandle(processedRequest, response)) {
                        return;
                    }
                    //真正地调用 handler 方法,也就执行对应的方法,并返回视图
                    mv = ha.handle(processedRequest, response, mappedHandler.getHandler());
                    //异步
                    if (asyncManager.isConcurrentHandlingStarted()) {
                        return;
                    }
                    //无视图的情况下设置默认视图名称
                    applyDefaultViewName(processedRequest, mv);
                    //后置处理拦截器
                    mappedHandler.applyPostHandle(processedRequest, response, mv);
                }
                //处理正常和异常的请求调用结果
                processDispatchResult(processedRequest, response, mappedHandler, mv, dispatchException);
            }
        }
```

　　DispatcherServlet 的 getHandler 方法是 Spring MVC 框架中的一个关键方法,它用于获取处理请求的处理器(Handler)。在这种方法中,DispatcherServlet 首先会从已注册的处理器映射器(HandlerMapper)中获取处理当前请求的处理器对象。处理器映射器会根据请求的 URL、请求方法等信息,匹配到相应的处理器。如果找到了匹配的处理器,则 getHandler 方法将返回该处理器对象;如果未找到匹配的处理器,则返回 null,表示没有找

到适合处理该请求的处理器。这种方法是 Spring MVC 请求处理流程中的关键步骤之一，通过它，DispatcherServlet 能够根据请求信息选择合适的处理器进行处理，源码如图 3-33 所示。

```java
@Nullable
protected HandlerExecutionChain getHandler(HttpServletRequest request) throws Exception {
    if (this.handlerMappings != null) {
        for (HandlerMapping mapping : this.handlerMappings) {
            HandlerExecutionChain handler = mapping.getHandler(request);
            if (handler != null) {
                return handler;
            }
        }
    }
    return null;
}
```

图 3-33　getHandler 源码

DispatcherServlet 的 getHandlerAdapter 方法是 Spring MVC 框架中的重要方法之一，它用于获取适配当前请求的处理器适配器（HandlerAdapter）。在这种方法中，DispatcherServlet 首先会从已注册的处理器适配器列表中选择适合当前请求处理器的适配器。处理器适配器负责调用处理器并执行请求处理逻辑，它会根据处理器的类型和执行方式来选择最合适的适配器。如果找到了匹配的适配器，则 getHandlerAdapter 方法将返回该适配器对象；如果未找到匹配的适配器，则返回 null。通过这种方法，DispatcherServlet 能够动态地选择合适的适配器来执行请求处理，实现了处理器和处理器适配器的解耦和灵活配置，源码如图 3-34 所示。

```java
protected HandlerAdapter getHandlerAdapter(Object handler) throws ServletException {
    if (this.handlerAdapters != null) {
        for (HandlerAdapter adapter : this.handlerAdapters) {
            if (adapter.supports(handler)) {
                return adapter;
            }
        }
    }
    throw new ServletException("No adapter for handler [" + handler +
        "]: The DispatcherServlet configuration needs to include a HandlerAdapter that supports
}
```

图 3-34　getHandlerAdapter 源码

3.8.4　processRequest

本节将详细地讲解核心代码的处理过程。在处理 HTTP 请求时，大多数请求会通过 processRequest 方法进行处理，这是 Spring MVC 框架中的一个核心方法。

在 processRequest 方法中，DispatcherServlet 首先会调用 getHandler 方法来获取与当前请求匹配的处理器（Handler）。一旦找到处理器，DispatcherServlet 会接着调用 getHandlerAdapter 方法以获取与处理器兼容的适配器。随后，使用此适配器来执行处理器中的请求处理逻辑。

在处理器处理请求的过程中,可能涉及一系列操作,如调用服务层、数据访问层等。最终,处理器会将处理结果封装成一个 ModelAndView 对象。

之后,DispatcherServlet 会根据 ViewResolver(视图解析器)来解析 ModelAndView 中的视图名称,并将模型数据传递给相应的视图以进行渲染。

最后,DispatcherServlet 会将渲染后的视图作为响应发送给客户端,从而完成整个请求处理流程。

这种方法不仅是 Spring MVC 框架中请求处理的核心流程,而且通过它,DispatcherServlet 能够智能地将请求分发给合适的处理器,并将处理结果呈现给用户。它实现了 MVC 模式中的控制器(Controller)角色,负责接收用户请求并返回响应,是整个框架的关键组成部分。对于想要深入了解其实现细节的读者,可以自行阅读框架的详细源码,代码如下:

```java
//第 3 章 FrameworkServlet.java
protected final void processRequest(HttpServletRequest request, HttpServletResponse response)
        throws ServletException, IOException {

    //记录当前时间,用于计算处理请求花费的时间
    long startTime = System.currentTimeMillis();
    //记录异常,用于保存处理请求过程中发送的异常
    Throwable failureCause = null;

    //获取上下文信息,进行本地化和国际化处理
    LocaleContext previousLocaleContext = LocaleContextHolder.getLocaleContext();
    LocaleContext localeContext = buildLocaleContext(request);

    //获取当前线程的 Request 参数信息,构建 ServletRequestAttributes
    RequestAttributes previousAttributes = RequestContextHolder.getRequestAttributes();
    ServletRequestAttributes requestAttributes = buildRequestAttributes(request, response,
previousAttributes);

    //注册拦截器
    WebAsyncManager asyncManager = WebAsyncUtils.getAsyncManager(request);

    asyncManager. registerCallableInterceptor ( FrameworkServlet. class. getName ( ),  new
RequestBindingInterceptor());

    //将 localeContext 和 requestAttributes 放入当前线程中
    initContextHolders(request, localeContext, requestAttributes);

    try {
        //执行真正的逻辑,用户自己实现的逻辑
        doService(request, response);
    }
catch (ServletException | IOException ex) {
    //记录抛出的异常
```

```
        failureCause = ex;
        throw ex;
    }

    finally {
        //如果日志级别为 Debug,则打印请求日志
        logResult(request, response, failureCause, asyncManager);
        //发布 ServletRequestHandledEvent 请求处理完成事件
        publishRequestHandledEvent(request, response, startTime, failureCause);
    }
}
```

第 4 章

CHAPTER 4

MyBatis 详解

4.1　MyBatis 概述

iBatis(后来更名为 MyBatis)是一个基于 Java 的持久层框架,它允许开发者以面向对象的方式与数据库进行交互,而无须编写大量的 JDBC 代码。

4.1.1　MyBatis 历史

这个框架最初是作为 Apache 的一个开源项目 iBatis 出现的,但在 2010 年 6 月,由于其开发团队的变动,该项目从 Apache Software Foundation 迁移到了 Google Code。

在迁移到 Google Code 之后,iBatis 继续得到了开发和维护,并且随着版本的更新,功能得到了进一步增强和优化。在 iBatis 3. x 版本发布时,为了与新的开发环境和团队保持一致,该项目正式更名为 MyBatis。

MyBatis 的名称来源于 My 和 Batis 的组合,My 代表开发者可以根据自己的需求进行定制和扩展,Batis 则来源于原来的 iBatis 项目名。这个名称不仅表明了 MyBatis 与原始 iBatis 项目的联系,也强调了它的灵活性和可定制性。

MyBatis 的核心思想是将 SQL 语句与 Java 代码进行分离,使开发者可以更加专注于业务逻辑的实现,而无须过多地关注数据库访问的细节。通过 XML 配置文件或注解的方式,MyBatis 可以方便地映射 Java 对象与数据库表之间的关系,实现数据的增、删、改、查等操作。

MyBatis 提供的持久层框架主要包括两个核心组件:SQL Maps 和 Data Access Objects(DAO)。SQL Maps 是一组映射文件,用于定义 Java 对象与数据库表之间的映射关系,以及 SQL 语句的执行逻辑。DAO 则是与数据库进行交互的接口,通过调用 DAO 的方法,开发者可以执行相应的数据库操作。

在 MyBatis 中,SQL Maps 的配置文件通常以 XML 格式编写,其中包含各种 SQL 语句的映射信息。开发者可以通过 XML 标签定义 SQL 语句的输入参数、输出结果及执行逻辑等。同时,MyBatis 还支持动态 SQL 的功能,可以根据不同的条件生成不同的 SQL 语句,实现更加灵活的数据库操作。

DAO 则是 MyBatis 中与数据库进行交互的接口,它封装了与数据库相关的操作逻辑。开发者可以通过调用 DAO 的方法来执行相应的数据库操作,而无须关心底层 JDBC 的实现细节。MyBatis 会自动将 Java 对象与数据库表进行映射,并将执行结果封装为 Java 对象返给调用者。

随着 MyBatis 的不断发展和完善,它已经成为 Java 领域中最受欢迎的持久层框架之一。由于其简单易用、功能强大及灵活性高等特点,MyBatis 被广泛地应用于各种 Java 项目中,帮助开发者高效地实现数据的持久化操作。在 2013 年 11 月,MyBatis 的代码被迁移到了 GitHub 上,进一步促进了其开源社区的发展和壮大。

4.1.2 MyBatis 特性

MyBatis 具有以下特性:

(1) MyBatis 是支持定制化 SQL、存储过程及高级映射的优秀的持久层框架。

(2) MyBatis 避免了绝大多数的 JDBC 代码和手动设置参数及获取结果集。

(3) MyBatis 可以使用简单的 XML 或注解进行配置和原始映射,将接口和普通的 Java 对象(Plain Old Java Objects,POJO)映射成数据库中的记录。

(4) MyBatis 是一个半自动的 ORM 框架。

4.1.3 MyBatis 下载

1. 下载 MyBatis 依赖

解压后的核心 JAR 包对应如下:

(1) asm-3.3.1.jar 字节码解析包,被 cglib 依赖。

(2) cglib-2.2.2.jar 动态代理的实现。

(3) commons-logging-1.1.1.jar 日志包。

(4) javassist-.3.17.1-GA.jar 字节码解析包。

(5) l0g4-1.2.17.jar 日志包。

(6) log4j-api-2.0-rc1.jar 日志。

(7) log4-core-2.0-rc1.jar 日志。

(8) slf4j-api-1.7.5.jar 日志。

(9) slf4-og412-1.7.5.jar 日志。

2. 下载 MySQL 驱动

下载 MySQL 驱动,如图 4-1 所示。

将 JAR 包引入项目就可以使用 MyBatis 实现与数据库的操作了。

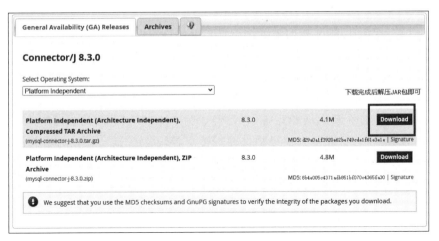

图 4-1　下载 MySQL 驱动

4.2　快速开始

MyBatis 是一个优秀的持久层框架,它内部封装了 JDBC,使开发者可以直接使用 SQL 语句对数据库进行操作,同时提供了映射配置文件,可以将 SQL 语句与 Java 对象进行映射,从而避免了绝大多数的 JDBC 代码和手动设置参数及获取结果集。以下是一个 MyBatis 的快速开始教程,解释如何快速集成并使用 MyBatis。

4.2.1　创建数据库

首先创建一个数据库,代码如下:

```
CREATE TABLE `user` (
  `id` bigint NOT NULL,
  `userName` varchar(255) CHARACTER SET armscii8 COLLATE armscii8_general_ci NULL DEFAULT
NULL,
  `email` varchar(255) CHARACTER SET armscii8 COLLATE armscii8_general_ci NULL DEFAULT NULL,
  `password` varchar(255) CHARACTER SET armscii8 COLLATE armscii8_general_ci NULL DEFAULT
NULL,
  PRIMARY KEY (`id`) USING BTREE
) ENGINE = InnoDB CHARACTER SET = armscii8 COLLATE = armscii8_general_ci ROW_FORMAT = Dynamic;
```

4.2.2　创建 Web 工程

(1) 创建核心配置文件 MyBatis-config.xml,代码如下:

```
<?xml version = "1.0" encoding = "UTF-8" ?>
<! DOCTYPE configuration
```

```
        PUBLIC " - mybatis.orgDTD Config 3.0EN"
        "https://mybatis.org/dtd/mybatis - 3 - config.dtd">
<configuration>
    <!-- 配置连接数据库的环境 -->
    <environments default = "development">
        <environment id = "development">
            <transactionManager type = "JDBC"/>
            <dataSource type = "POOLED">
                <property name = "driver" value = "com.mysql.cj.jdbc.Driver"/>
                <property name = " url " value = " jdbc: mysql://localhost: 3306/mybatis?
serverTimezone = UTC"/>
                <property name = "username" value = "root"/>
                <property name = "password" value = "123456"/>
            </dataSource>
        </environment>
    </environments>

    <mappers>
        <!-- 配置 Mapper 文件所在文件夹 -->
        <mapper resource = "resources/mapper/UserMapper.xml"/>
    </mappers>

</configuration>
```

（2）创建 Mapper 接口，代码如下：

```
public interface UserMapper {
    /**
     * 插入用户
     */
    int insertUser();
}
```

（3）编写配置文件进行 Mapper 映射，代码如下：

```
<?xml version = "1.0" encoding = "UTF - 8" ?>
<! DOCTYPE mapper
        PUBLIC " - //mybatis.org//DTD Mapper 3.0//EN"
        "http://mybatis.org/dtd/mybatis - 3 - mapper.dtd">

<mapper namespace = "com.panther.Tutorial.mapper.UserMapper">

    <!--
    mapper 接口和映射文件要保持一致：
        1.mapper 接口的全类名和映射文件的 namespace 一致
        2.mapper 接口中的方法名要和映射文件中的 SQL 的 id 保持一致
    -->
    <insert id = "insertUser">
        insert into User
        values (10001, 'admin', '123456@qq.com', '123456')
    </insert>

</mapper>
```

（4）测试，代码如下：

```java
public class Main {

    public static void main(String[] args) {
        try {
            //获取核心配置文件的输入流
            InputStream stream = new FileInputStream("src/resources/mybatis-config.xml");
            //获取 SqlSessionFactoryBuilder 对象
            SqlSessionFactoryBuilder sqlSessionFactoryBuilder = new SqlSessionFactoryBuilder();
            //获取 SqlSessionFactory 对象
            SqlSessionFactory sqlSessionFactory = sqlSessionFactoryBuilder.build(stream);
            //获取 SQL 的会话对象 SqlSession(不会自动提交事务),是 MyBatis 提供的操作数据
//的对象
            //SqlSession sqlSession = sqlSessionFactory.openSession();
            //获取 SQL 的会话对象 SqlSession(会自动提交事务)
            SqlSession sqlSession = sqlSessionFactory.openSession(true);
            //获取 UserMapper 的代理实现类
            //通过 getMapper 方法重写接口方法:通过 UserMapper 的全类名找到当前对象的映射
//文件,再通过要调用的方法找到要调用的 SQL 语句

            /**
             * mapper 接口和映射文件要保持一致:
             * 1.mapper 接口的全类名和映射文件的 namespace 一致
             * 2.mapper 接口中的方法名要和映射文件中的 SQL 的 id 保持一致
             * */

            UserMapper mapper = sqlSession.getMapper(UserMapper.class);
            //执行 SQL 方法
            int result = mapper.insertUser();

            //接口重写的底层实现:通过唯一标识找到 SQL 并执行,唯一标识是 namespace.sqlId
            //int result = sqlSession.insert("com.panther.Tutorial.mapper.UserMapper.
//insertUser");

            System.out.println("结果:" + result);
            //需要手动提交事务
            //sqlSession.commit();
            //关闭会话
            sqlSession.close();
        } catch (IOException e) {
            throw new RuntimeException(e);
        }
    }

}
```

查看数据库，可以发现数据库多了一条数据，如图 4-2 所示。

图 4-2 数据显示

4.2.3 配置 Log4j 日志

在 MyBatis 中配置 Log4j 日志是为了监控和调试 MyBatis 的 SQL 语句的执行过程,以及任何在 MyBatis 运行期间产生的日志信息。

在 resources 下创建 Log4j.xml 或者 Log4j.properties 文件,这些配置文件是不能自定义名字的,代码如下:

```xml
<?xml version = "1.0" encoding = "UTF－8" ?>
<!DOCTYPE log4j:configuration SYSTEM "log4j.dtd">
< log4j:configuration xmlns:log4j = "http://jakarta.apache.org/log4j/">
    < appender name = "STDOUT" class = "org.apache.log4j.ConsoleAppender">
        < param name = "Encoding" value = "UTF－8"/>
        < layout class = "org.apache.log4j.PatternLayout">
            < param name = "ConversionPattern" value = "％－5p ％d{MM－dd HH:mm:ss,SSS}
％m(％F:％L)\n"/>
        </layout>
    </appender>
    < logger name = "java.sql">
        < level value = "debug"/>
    </logger>
    < logger name = "org.apache.ibatis">
        < level value = "info"/>
    </logger>
    < root >
        < level value = "debug"/>
        < appender－ref ref = "STDOUT"/>
    </root>
</log4j:configuration>
```

创建完日志的配置文件后,在配置类开启日志类型,在 MyBatis-config.xml 文件下添加 Settings 标签,代码如下:

```xml
< settings >
        < setting name = "logImpl" value = "LOG4J"/>
</settings >
```

继续运行快速开始的测试代码,就可以看到运行的 SQL 语句,如图 4-3 所示。

```
C:\Users\Administrator\.jdks\openjdk-21.0.2\bin\java.exe "-javaagent:C:\Program Files\JetBrains\IntelliJ IDEA 2023.3.5\lib\idea_rt.jar=60903
DEBUG 03-18 16:33:07,311 ==> Preparing: insert into User values (10808, 'admin8','123456@qq.com', '123456') (BaseJdbcLogger.java:137)
DEBUG 03-18 16:33:07,349 ==> Parameters: (BaseJdbcLogger.java:137)
DEBUG 03-18 16:33:07,354 <== Updates: 1 (BaseJdbcLogger.java:137)
结果: 1
```

图 4-3 测试运行

Log4j 可以配置很多彩色主题,在百度上可找到很多配置。

4.3　MyBatis 的核心组件

在数据驱动的现代应用程序中,数据库交互是至关重要的一环。MyBatis 作为一款优秀的持久层框架,通过其独特的映射机制和核心组件,简化了数据库与 Java 对象之间的转换过程,使开发者能够更专注于业务逻辑的实现。接下来,我们将一起探索 MyBatis 的核心组件,了解它们如何协同工作,为应用程序提供强大的数据访问能力。

MyBatis 的配置文件的标签需要按照特定的顺序引入,否则会报错:

```
"(properties?, settings?, typeAliases?, typeHandlers?, objectFactory?, objectWrapperFactory?,
reflectorFactory?, plugins?, environments?, databaseIdProvider?, mappers?)".
```

(1) properties 引入属性文件,配置一些常见变量,一般可以用来引入数据库配置,代码如下:

```
< properties resource = "db. properties"/>
```

(2) settings 用于 MyBatis 的一些全局属性配置,非常重要,可能会改变 MyBatis 的行为,代码如下:

```
        <!-- 参数设置 - 重要,settings 用于 MyBatis 的一些全局属性配置,非常重要,可能会改变
MyBatis 的行为 -->
        < settings >
            <!-- 这个配置使全局的映射器启用或禁用缓存 - 重要 -->
            < setting name = "cacheEnabled" value = "true" />
            <!-- 全局启用或禁用延迟加载。当禁用时,所有关联对象都会即时加载 - 重要 -->
            < setting name = "lazyLoadingEnabled" value = "true" />
            <!-- 当启用时,有延迟加载属性的对象在被调用时将会完全加载任意属性,否则每种
属性将会按需加载 -->
            < setting name = "aggressiveLazyLoading" value = "true" />
            <!-- 允许或不允许多种结果集从一个单独的语句中返回(需要适合的驱动) -->
            < setting name = "multipleResultSetsEnabled" value = "true" />
            <!-- 使用列标签代替列名。不同的驱动表现不同。参考驱动文档或充分测试两种方
法来决定所使用的驱动 -->
            < setting name = "useColumnLabel" value = "true" />
            <!-- 允许 JDBC 支持生成的键。需要适合的驱动。如果设置为 true,则这个设置强制
生成的键被使用,尽管一些驱动拒绝兼容但仍然有效(例如 Derby) -->
            < setting name = "useGeneratedKeys" value = "true" />
            <!-- 指定 MyBatis 如何自动将列映射到字段/属性。PARTIAL 只会自动映射简单且没
有嵌套的结果。FULL 会自动映射任意复杂的结果(嵌套的或其他情况) -->
            < setting name = "autoMappingBehavior" value = "PARTIAL" />
            <!-- 当检测出未知列(或未知属性)时,如何处理,在默认情况下没有任何提示,这在测
试时很不方便,不容易找到错误。NONE : 不做任何处理(默认值); WARNING : 警告日志形式的详细信
息; FAILING : 映射失败,抛出异常和详细信息 -->
            < setting name = "autoMappingUnknownColumnBehavior" value = "WARNING" />
```

```
            <!-- 配置默认的执行器。SIMPLE 执行器没有什么特别之处;REUSE 执行器重用预处理
语句;BATCH 执行器重用语句和批量更新 -->
            < setting name = "defaultExecutorType" value = "SIMPLE" />
            <!-- 设置超时时间,它决定驱动等待一个数据库响应的时间 -->
            < setting name = "defaultStatementTimeout" value = "25000" />
            <!-- 设置查询返回值数量,可以被查询数值覆盖 -->
            < setting name = "defaultFetchSize" value = "100" />
            <!-- 允许在嵌套语句中使用分页 -->
            < setting name = "safeRowBoundsEnabled" value = "false" />
            <!-- 是否开启自动驼峰命名规则(Camel Case)映射,即从经典数据库列名 A_COLUMN 到
经典 Java 属性名 aColumn 的类似映射 -->
            < setting name = "mapUnderscoreToCamelCase" value = "false" />
            <!-- MyBatis 利用本地缓存机制(Local Cache)防止循环引用(Circular References)和
加速重复嵌套查询。默认值为 SESSION,在这种情况下会缓存一个会话中执行的所有查询。若将值
设置为 STATEMENT,则本地会话仅用在语句执行上,对相同 SqlSession 的不同调用将不会共享数据
-->
            < setting name = "localCacheScope" value = "SESSION" />
            <!-- 当没有为参数提供特定的 JDBC 类型时,如果为空值,则指定 JDBC 类型。某些驱
动需要指定列的 JDBC 类型,多数情况直接用一般类型即可,例如 NULL、VARCHAR OTHER -->
            < setting name = "jdbcTypeForNull" value = "OTHER" />
            <!-- 指定哪个对象的方法触发一次延迟加载 -->
                < setting name = " lazyLoadTriggerMethods" value = " equals, clone, hashCode,
toString" />
        </settings >
```

（3）TypeAliases 为 Java 类型设置一个短的名字。它只和 XML 配置有关,存在的意义
仅在于用来减少类完全限定名的冗余,代码如下：

```
< typeAliases >
    < package name = "com. intellif. mozping. entity"/>
    < typeAlias type = "com. intellif. mozping. entity. User" alias = "user"/>
</typeAliases >
```

（4）TypeHandlers 称作类型处理器,也就是实现 Java 类型和数据库类型之间转换的。
除了系统提供的类型转换器之外,开发者也可以自定义类型转换,例如 List <—>
VARCHAR 之间的类型转换,当然使用的频率不高,在大部分情况下系统提供的已经足够
使用了。注意,在主配置文件中,TypeHandlers 的配置位置不能随意放,要放在
environments 的前面。

实现一个 varchar 类型转 List 的转换器,varchar 以字符 “;” 分隔,代码如下：

```
//映射器对应的数据库类型
@MappedJdbcTypes(JdbcType. VARCHAR)
//映射器对应的 Java 类型
@MappedTypes(List.class)
public class MyTypeHandler extends BaseTypeHandler < List < String >> {

    / **
     * 设置非空参数,执行 SQL 语句时对占位符进行设置
```

```
     *  例如 sql = "insert into user (name,email,password) values(?,?,?)"
     */
    @Override
    public void setNonNullParameter(PreparedStatement ps, int i, List < String > parameter,
JdbcType jdbcType) throws SQLException {
        System.out.println("setNonNullParameter#setNonNullParameter execute..." + jdbcType);
        StringBuilder sb = new StringBuilder();
        for (String str : parameter) {
            sb.append(str).append(";");
        }
        //将 list 拼装成的 String 设置进去
        ps.setString(i, sb.toString());
    }


    /**
     * 下面的 3 种方法都用于从数据库中获取记录,我们将获取的记录从 VARCHAR 转换为 List
类型
     * 以";"进行分隔,然后转换成 List 集合
     */
    @Override
    public List < String > getNullableResult (ResultSet rs, String columnName) throws
SQLException {
        String[] StrArr = rs.getString(columnName).split(";");
        return Arrays.asList(StrArr);
    }

    @Override
    public List < String > getNullableResult (ResultSet rs, int columnIndex) throws
SQLException {
        String[] StrArr = rs.getString(columnIndex).split(";");
        return Arrays.asList(StrArr);
    }

    @Override
    public List < String > getNullableResult(CallableStatement cs, int columnIndex) throws
SQLException {
        String[] StrArr = cs.getString(columnIndex).split(";");
        return Arrays.asList(StrArr);
    }
}
```

(5) Plugins 用于开发插件,例如分页插件,代码如下:

```
< plugins >
    < plugin interceptor = "com.xhm.util.PageInterceptor"></plugin >
</plugins >
```

(6) Environments 用于配置多个环境,可以配置多个数据源,根据不同需要选择不同
的环境配置,代码如下:

```xml
<!-- 配置 environment 环境 - 重要,多数据源下使用,指定默认环境 -->
<environments default = "development">
    <!-- 环境配置 1,每个 SqlSessionFactory 对应一个环境 -->
    <environment id = "development1">
        <!-- 事务配置 type = JDBC、MANAGED 1.JDBC:这个配置直接简单地使用了 JDBC 的
        提交和回滚设置。它依赖于从数据源得到的连接来管理事务范围。2.MANAGED:这个配置几乎没做什
        么。它从来不提交或回滚一个连接,而它会让容器来管理事务的整个生命周期(例如 Spring 或 JEE
        应用服务器的上下文)。在默认情况下它会关闭连接,然而一些容器并不希望这样,因此如果需要从
        连接中停止它,则需要将 closeConnection 属性设置为 false -->
        <transactionManager type = "JDBC" />
        <!-- <transactionManager type = "MANAGED"> <property name = "closeConnection"
            value = "false"/> </transactionManager > -->
        <!-- 数据源类型:type = UNPOOLED、POOLED、JNDI 1.UNPOOLED:这个数据源的实现
        是每次被请求时简单地打开和关闭连接。它有一点慢,这是对简单应用程序的一个很好的选择,因
        为它不需要及时的可用连接。不同的数据库对这个的表现也是不一样的,所以对某些数据库来讲配
        置数据源并不重要,这个配置也是闲置的。2.POOLED:这是 JDBC 连接对象的数据源连接池的实现,用
        来避免创建新的连接实例时必要的初始连接和认证时间。这是一种当前 Web 应用程序用来快速响应
        请求很流行的方法。3.JNDI:这个数据源的实现是为了使用如 Spring 或应用服务器这类的容器,容
        器可以集中或在外部配置数据源,然后放置一个 JNDI 上下文的引用 -->
        <dataSource type = "UNPOOLED">
            <property name = "driver" value = "com.mysql.jdbc.Driver" />
            <property name = "url" value = "jdbc:mysql://localhost:3306/mybatis" />
            <property name = "username" value = "root" />
            <property name = "password" value = "root" />
            <!-- 默认连接事务隔离级别 <property name =
"defaultTransactionIsolationLevel" value = ""/> -->
        </dataSource>
    </environment>

    <!-- 环境配置 2 -->
    <environment id = "development2">
        <transactionManager type = "JDBC" />
        <dataSource type = "POOLED">
            <property name = "driver" value = "com.mysql.jdbc.Driver" />
            <property name = "url" value = "jdbc:mysql://localhost:3306/mybatis" />
            <property name = "username" value = "root" />
            <property name = "password" value = "root" />
            <!-- 在任意时间存在的活动(也就是正在使用)连接的数量 -->
            <property name = "poolMaximumActiveConnections" value = "10" />
            <!-- 任意时间存在的空闲连接数 -->
            <property name = "poolMaximumIdleConnections" value = "5" />
            <!-- 在被强制返回之前,池中连接被检查的时间 -->
            <property name = "poolMaximumCheckoutTime" value = "20000" />
            <!-- 这是给连接池一个打印日志状态机会的低层次设置,还有重新尝试获
        得连接,这些情况下往往需要很长时间(为了避免连接池没有配置时静默失败) -->
            <property name = "poolTimeToWait" value = "20000" />
            <!-- 发送到数据的侦测查询,用来验证连接是否正常工作,并且准备接受请
求 -->
```

```
                < property name = "poolPingQuery" value = "NO PING QUERY SET" />
                <!-- 开启或禁用侦测查询。如果开启,则必须用一个合法的 SQL 语句(最好
是很快速的)设置 poolPingQuery 属性 -->
                < property name = "poolPingEnabled" value = "false" />
                <!-- 这是用来配置 poolPingQuery 多长时间被用一次。这可以被设置匹配
标准的数据库连接超时时间,来避免不必要的侦测 -->
                < property name = "poolPingConnectionsNotUsedFor" value = "0" />
            </dataSource >
        </environment >

        <!-- 环境配置 3 -->
        < environment id = "development3">
            < transactionManager type = "JDBC" />
            < dataSource type = "JNDI">
                < property name = "data_source" value = "java:comp/env/jndi/mybatis" />
                < property name = "env.encoding" value = "UTF8" />
            </dataSource >
        </environment >
    </environments >
```

4.4 MyBatis 的映射文件和 SQL 语句

在 MyBatis 中,映射文件(Mapper XML 文件)是连接应用程序与数据库的关键桥梁。
这些映射文件不仅定义了 SQL 语句与 Java 方法之间的映射关系,还允许通过 XML 标签和
动态 SQL 元素来灵活地编写和执行 SQL 语句。通过这种方式,MyBatis 使数据库操作变
得直观而富有表现力,大大地简化了数据访问层的开发过程。

4.4.1 MyBatis 映射 Bean

MyBatis 的查询 SQL 和参数结果集映射的配置都是在映射文件中配置的。可以在
Mapper.xml 文件中使用 ResultMap 进行结果映射,将 SQL 查询出的数据映射到我们创建
的一个 Java 类中,代码如下:

```java
public class User {

    private Long Id;

    private String UserName;

    private String Email;

    private String PassWord;

//GET、SET 方法
}
```

Mapper. xml 配置文件的代码如下：

```
< resultMap id = "DBUser" type = "com. panther. entity. User">
        <!-- column 数据库对应的列名,property javaBean 对应的字段名 -->
        < id column = "id" property = "Id"/><!-- 主键映射 -->
        < result column = "userName" property = "UserName"/><!-- 数据库表字段到实体类属性的
映射 -->
        < result column = "email" property = "Email"/>
        < result column = "password" property = "PassWord"/>
    </resultMap>

    < select id = "findAll" resultMap = "DBUser">
        select *
        from user
    </select>
```

测试一下,在 Mapper 接口中新建一个查询全部用户的接口,执行结果如图 4-4 所示。

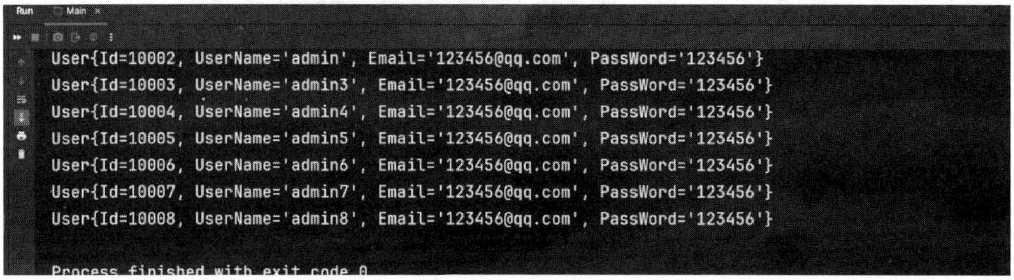

图 4-4　测试运行

当数据库查询出来的数据是基本类型时,可以直接使用 ResultType 来映射,代码如下：

```
< select id = "countAll" resultType = "java. lang. Integer" >
        SELECT count( * ) FROM tb_people
    </select>
```

4.4.2　主键回写

主键回写也被称为主键回填,指的是在数据库操作中,当插入一条新记录时,如果主键是自增的,则数据库会自动为新记录生成一个主键值。在某些情况下,希望在插入数据后立即获取这个自动生成的主键值,以便后续操作使用。

为了实现这个功能,可以使用 JDBC 中的 Statement 对象的 getGeneratedKeys 方法,或者在某些 ORM 框架（如 MyBatis）中,通过在插入语句的映射配置中设置 useGeneratedKeys = "true"和 keyProperty 属性,使插入操作完成后,新记录的主键值能够自动地回填到相应的 Java 对象属性中。

具体来讲,在 MyBatis 中,当在< insert >标签中设置了 useGeneratedKeys = "true"和 keyProperty = "id",执行插入操作后,新插入记录的主键值会自动赋值给 Java 对象的 id 属性,从而实现主键的回写。

一般情况下,主键有两种生成方式:主键自增长或者自定义主键(一般可以使用 UUID),如果是自增长,Java 则可能需要知道数据添加成功后的主键。在 MyBatis 中,可以通过主键回填来解决这个问题(推荐)。如果是第 2 种,则主键一般是在 Java 代码中生成,然后传入数据库执行。

当将数据库主键设置为自增长时,可以不用设置 id 的值,代码如下:

```
< insert id = "insertUser">
        insert into User(username, email, password)
        values ('admin8', '123456@qq.com', '123456')
</insert>
```

执行结果如图 4-5 所示。

```
C:\Users\Administrator\.jdks\openjdk-21.0.2\bin\java.exe *-javaagent:C:\Program Files\JetBrains\IntelliJ IDEA 2023.3.5\lib\idea_rt.jar=52925:C:\Program Files
DEBUG 03-18 17:23:46,805 ==> Preparing: insert into User(userName, email, password) values ('admin9', '123456@qq.com', '123456') (BaseJdbcLogger.java:137)
DEBUG 03-18 17:23:46,844 ==> Parameters:  (BaseJdbcLogger.java:137)
DEBUG 03-18 17:23:46,847 <==      Updates: 1 (BaseJdbcLogger.java:137)
```

图 4-5   测试运行

4.5   MyBatis 的动态 SQL 和条件构造器

在数据驱动的现代 Web 应用中,数据库交互通常是核心功能之一。当面对复杂的数据查询需求时,静态的 SQL 语句往往无法满足灵活多变的业务场景。为了解决这个问题,MyBatis 框架引入了动态 SQL 和条件构造器,使我们能够在不编写大量冗余 SQL 的情况下,根据业务逻辑动态地生成 SQL 语句。

MyBatis 的强大特性之一是它的动态 SQL。使用 JDBC 或其他类似框架,根据不同条件拼接 SQL 语句是痛苦的。例如拼接时要确保不能忘记添加必要的空格,还要注意去掉列表最后一个列名的逗号等诸多语法细节。利用动态 SQL 这一特性可以彻底摆脱这种痛苦,让我们更加关注 SQL 本身的逻辑语义。虽然在以前使用动态 SQL 并非一件易事,但正是 MyBatis 提供了可以被用在任意 SQL 映射语句中的强大的动态 SQL 语言得以改进这种情形。动态 SQL 元素和 JSTL 或基于类似 XML 的文本处理器相似。在 MyBatis 之前的版本中,有很多元素需要花时间了解。MyBatis 3 大大地精简了元素种类,现在只需学习原来一半的元素。MyBatis 采用功能强大的基于 OGNL 的表达式来淘汰其他大部分元素。

(1) if 标签用于新增语句中对入参进行判断。当插入的属性没有赋值时,就会使用默认值,默认为空的,数据库中不会有记录,代码如下:

```
<!-- if 动态标签 -->
    < insert id = "IFInsertUser" parameterType = "com. panther. entity. User">
        insert into user(
        < if test = "id != null">
```

```
                    id,
            </if>
            <if test = "userName != null">
                    userName,
            </if>

            <if test = "email != null">
                    email,
            </if>
            <if test = "password != null">
                    password
            </if>
            )
            values(
            <if test = "id != null">
                    #{id, jdbcType = INTEGER},
            </if>
            <if test = "name != null">
                    #{userName, jdbcType = VARCHAR},
            </if>
            <if test = "email != null">
                    #{email, jdbcType = INTEGER},
            </if>
            <if test = "password != null">
                    #{password, jdbcType = VARCHAR},
            </if>
            )
    </insert>
```

（2）where 标签的代码如下：

```
<select id = "findByNameAndPasswordIf" resultType = "com.panther.entity.User">
        select *
        from user
        <where>
            <if test = "userName != null and userName != ''">
                and userName = #{UserName}
            </if>
            <if test = "password != null and password != ''">
                and password = #{password}
            </if>
        </where>
    </select>
```

（3）当 choose 没被选中时就会使用 otherwise 标签，代码如下：

```
<select id = "findByNameAndAddressChooseWhenOtherwise" resultType = "com.intellif.mozping.
entity.People">
        select *
```

```
        from user where
        < choose >
            < when test = "userName != null and userName != ''">
                userName = #{UserName}
            </when >
            < when test = "password != null and password != ''">
                password = #{password}
            </when >
            < otherwise >
                1 = 1
            </otherwise >
        </choose >
    </select >
```

（4）set 标签主要用于插入数据时使用，当不清楚有哪些字段需要插入时可以使用，代码如下：

```
< update id = "updateWithSet" parameterType = "com.panther.entity.User">
        update user
        < set >
            < if test = "userName!= null"> userName = #{userName},</if >
            < if test = "email!= null"> email = #{email},</if >
            < if test = "password!= null"> password = #{password},</if >
        </set >
        where id = #{id};
    </update >
```

（5）trim 标签的属性和功能如表 4-1 所示。

表 4-1　trim 标签的属性和功能

属　　性	功　　能
Perfix	前缀
PerfixOverrides	去掉第 1 个指定内容
Suffix	后缀
SuffixOverride	去掉最后一个指定内容

trim 标签去除前缀或后缀的代码如下：

```
< select id = "findByNameAndAddressTrim" resultType = "com.panther.entity.User">
        select *
        from user
        < trim prefix = "where" prefixOverrides = "AND|OR">
            < if test = "userName != null and userName != ''">
                and userName = #{userName}
            </if >
            < if test = "password != null and password != ''">
                and password = #{password}
```

```
        </if>
      </trim>
  </select>
```

prefix="where"会自动加上where前缀。

prefixOverrides="AND|OR"的作用是去除第1个AND或者OR,因为在这个测试中传了两个条件,如果不去除,则where and name = "Parker" and address = "tianjing",SQL语法是错误的。

假如这里有连续多个条件,那么每个条件都有可能不传,不传的那个会被忽略,因此其实并不知道哪一个if里面的and是第1个and,无法确定哪一个if里面的and不写,所以只能都写,让框架去除第1个and。

(6) foreach标签的属性和功能如表4-2所示。

表4-2 foreach标签的属性和功能

属　　性	功　　能
collection	集合
open	开始符号
close	结束符号
separator	分隔符
item	迭代过程中的元素
index	索引位置

代码如下:

```
<insert id="insertPeopleList">
      insert into user(userName, password) values
      <foreach collection="users" item="user" separator=",">
        (#{user.userName}, #{user.password})
      </foreach>
  </insert>
```

(7) sql标签是可以重复使用的SQL语句块,代码如下:

```
<sql id="baseSql">
      userName, password
  </sql>

<select id="findBySql" resultType="com.panther.entity.User">
    select
    <include refid="baseSql"/>
    from user
  </select>
```

4.6 处理和获取参数的方式

在Spring MVC中,处理请求并将请求参数绑定到控制器方法中的相关参数的方式有多种。这些方式不仅提高了代码的灵活性和可维护性,还使开发者能够根据不同的场景和需求选择最适合的方法。以下将介绍 Spring MVC 中处理请求参数的 3 种常见方式。

4.6.1　注解方式

使用@Param 或者@Arg 来将当前变量声明为参数，代码如下：

```
//Mapper 接口
List < User > findUser(@Param("team") String team, @Param("height") Float height);
//@Param 注解 xml 配置使用方式
< select id = "findUser" resultType = "User">
            select *
            from user u
            where u.team = #{team} and
            u.height = #{height}
        </select>
//@Arg 注解 xml 配置使用方式,下标从 0 开始
< select id = "findUser" resultType = "User">
            select *
            from user u
            where u.team = #{arg[0]} and
            u.height = #{arg[1]}
        </select>
```

4.6.2　Map 方式

用 Map 方式进行传参，代码如下：

```
//Mapper 接口
List < User > findUser(@Param("team") String team, @Param("height") Float height);
//xml 配置使用方式,配置好参数类型,不配置也能推导出来,但是为了可读性,所以加上
< select id = "findUser" resultType = "User" parameterType = "map">
            select *
            from user u
            where u.team = #{team} and
            u.height = #{height}
        </select>
```

4.6.3　Bean 方式

用 Bean 方式进行传参，代码如下：

```
//Mapper 接口
List < User > findUser(@Param("team") String team, @Param("height") Float height);
//xml 配置使用方式
< select id = "findUser" resultType = "User" parameterType = "com.panther.entity.User">
            select *
```

```
                from user u
                where u.team = #{team} and
                u.height = #{height}
        </select>
```

4.6.4 获取参数的两种方式

MyBatis 获取参数值的两种方式：${}和#{}。

这两种参数的区别如下。

(1) ${}的本质就是字符串拼接,#{}的本质就是占位符赋值,代码如下：

```
Select * from user where username = ${name}
//就会被解析成
Select * from user where username = admin
```

这样就存在 SQL 注入的风险,代码如下：

```
Select * from user where username = ${name}
//例如,如果用户传入的 name 等于 admin or 1 = 1,则 SQL 语句就会拼接成
//Select * from user where username = admin or 1 = 1 这条 sql 语句是恒成立的
```

(2) ${}使用字符串拼接的方式拼接 SQL,若为字符串类型或日期类型的字段赋值,则需要手动加单引号,但是#{}使用占位符赋值的方式拼接 SQL,此时为字符串类型或日期类型的字段进行赋值时,可以自动添加单引号,代码如下：

```
Select * from user where username = #{name}
//就会被解析成
Select * from user where username = 'admin'
```

虽然#{}可以一定程度地避免 SQL 注入,但是#{}会让 SQL 的分组及排序等功能失效,代码如下：

```
Select * from user where username = #{name} order by #{age}
//就会被解析成
Select * from user where username = 'admin' order by 'age'
//这时 SQL 是不能定位到 age 字段的,也就无法用 age 进行排序
```

4.7 MyBatis 的级联操作

在数据库操作中,当面对一对多(例如员工与他们的任务)或多对一(例如员工与他们的部门)的关系时,经常会遇到需要将多张表的数据整合到一个实体类中的情况。在面向对象编程的实践中,通常每张数据库表对应一个实体类(Entity Class),但在处理关联数据时,可能需要构建一个更复杂的类来封装这些相关的数据。

以员工和部门为例,当我们想要查询员工信息及他们所在部门的信息时,简单的员工类

（Emp）可能不足以包含所有的数据。此时，需要构建一个包含员工和部门信息的完整类，以便在应用程序中能够方便地访问这些数据。

为了实现这种关联数据的映射，我们通常会使用 ORM（对象关系映射）框架，如MyBatis。在 MyBatis 中，ResultMap 是一个强大的工具，它允许我们自定义如何将数据库的结果集映射到 Java 对象。通过 ResultMap，可以轻松地将多表查询的结果映射到具有嵌套或关联关系的 Java 对象中。

因此，当需要在 MyBatis 中查询员工及其所在部门的信息时会在 XML 映射文件中定义一个 ResultMap，该 ResultMap 会指定如何将查询结果中的列映射到 Emp 类（或类似的封装类）的属性中，包括员工的基本信息和与之关联的部门信息，代码如下：

```
public class Emp {
    private Integer eid;
    private String empName;
    private Integer age;
    private String sex;
    private String email;
    private Dept dept;
    //...构造器、GET、SET 方法等
}
```

（1）在 ResultMap 设置映射关系，代码如下：

```
< resultMap id = "empAndDeptResultMapOne" type = "Emp">
    < id property = "eid" column = "eid"></id>
    < result property = "empName" column = "emp_name"></result>
    < result property = "age" column = "age"></result>
    < result property = "sex" column = "sex"></result>
    < result property = "email" column = "email"></result>
    < result property = "dept.did" column = "did"></result>
    < result property = "dept.deptName" column = "dept_name"></result>
</resultMap>
```

（2）使用 association 处理映射关系，代码如下：

```
< resultMap id = "empAndDeptResultMapTwo" type = "Emp">
    < id property = "eid" column = "eid"></id>
    < result property = "empName" column = "emp_name"></result>
    < result property = "age" column = "age"></result>
    < result property = "sex" column = "sex"></result>
    < result property = "email" column = "email"></result>
    < association property = "dept" javaType = "Dept">
        < id property = "did" column = "did"></id>
        < result property = "deptName" column = "dept_name"></result>
    </association>
</resultMap>
```

（3）在 Emp.xml 文件中引入 Dep.xml 的查询，代码如下：

```
< resultMap id = "empAndDeptByStepResultMap" type = "Emp">
    < id property = "eid" column = "eid"></id>
    < result property = "empName" column = "emp_name"></result >
    < result property = "age" column = "age"></result >
    < result property = "sex" column = "sex"></result >
    < result property = "email" column = "email"></result >
    < association property = "dept"

    select = "com. panther. mybatis. mapper. DeptMapper. getEmpAndDeptByStepTwo"
                    column = "did"></association >
</resultMap>
```

在 Dep. xml 文件中查询对应的信息,代码如下:

```
< resultMap id = "EmpAndDeptByStepTwoResultMap" type = "Dept">
    < id property = "did" column = "did"></id>
    < result property = "deptName" column = "dept_name"></result>
</resultMap>
```

4.8　特殊 SQL 查询

在数据库的世界中,SQL 是核心的交流工具,它使我们能够高效、准确地与数据库进行交互,然而,并非所有的查询都是简单直接的。有时需要编写一些特殊的 SQL 查询来满足特定的业务需求或解决复杂的数据问题。

4.8.1　模糊查询

MyBatis 支持自定义 SQL、存储过程及高级映射。在 MyBatis 中进行模糊查询通常涉及使用 SQL 的 LIKE 关键字来匹配部分字符串。

模糊查询允许用户通过提供部分信息来检索数据。在 SQL 中,这通常通过 LIKE 运算符与通配符(如 % 和 _)来实现。

(1) %:代表 0 个、一个或多个字符。

(2) _:代表一个单一的字符。

在 MyBatis 中进行模糊查询,需要编写一个包含 LIKE 运算符的 SQL 语句,并在 MyBatis 的映射文件或注解中引用这个 SQL 语句。

例如根据用户名进行模糊查询,代码如下:

```
/ **
 *  根据用户名进行模糊查询
 *  @param username
 *  @return java. util. List < com. atguigu. mybatis. pojo. User >
 * /
List < User > getUserByLike(@Param("username") String username);
```

以下列举 SQL 常见的 3 种实现方式。

（1）使用 \${} 进行字符串拼接，代码如下：

```
<!-- List<User> getUserByLike(@Param("username") String username); -->
<select id="getUserByLike" resultType="User">
    select * from t_user where username like '% ${mohu} %'
</select>
```

（2）使用 Concat 函数进行拼接，代码如下：

```
<!-- List<User> getUserByLike(@Param("username") String username); -->
<select id="getUserByLike" resultType="User">
    select * from t_user where username like concat('%',#{mohu},'%')
</select>
```

（3）使用 #{} 进行字符填充（这是最常用的方式），代码如下：

```
<!-- List<User> getUserByLike(@Param("username") String username); -->
<select id="getUserByLike" resultType="User">
    select * from t_user where username like "%"#{mohu}"%"
</select>
```

4.8.2 批量删除

MyBatis 允许直接使用 SQL 语句与数据库进行交互，同时也支持自定义 SQL、存储过程及高级映射。在 MyBatis 中进行批量删除操作通常涉及执行多个 DELETE 语句，或者在某些情况下，可能需要使用更复杂的 SQL 语句来一次性删除多行数据。

只能使用 \${}，如果使用 #{}，则解析后的 SQL 语句为 `delete from t_user where id in ('1,2,3')`，这样是将 `1,2,3` 看作一个整体，只有 id 为 `1,2,3` 的数据会被删除。正确的语句应该是 `delete from t_user where id in (1,2,3)`，或者 `delete from t_user where id in ('1','2','3')`，代码如下：

```
<delete id="deleteMore">
    delete from t_user where id in ( ${ids})
</delete>
```

不仅 in 关键字，group by 和 order by 等一些关键字也不能使用 #{}，因为会被当成字符串进行计算而不会当成列看待。

4.8.3 自定义 SQL

自定义 SQL 意味着编写或修改 SQL（结构化查询语言）语句以满足特定的数据库查询、更新、删除或插入需求。SQL 是用于管理（如检索、插入、更新和删除）关系数据库中的数据的标准编程语言。

一种自定义的 SQL 方式，就是在代码层面确定好 SQL 语句，然后直接使用 \${}，优点

就是灵活,这是最灵活的方式,代码如下:

```
< select id = "SelfSQL" resultType = "User">
    $ {selfSQL}
</select >
```

4.8.4 基于 RowBounds 实现分页

MyBatis 在处理数据库查询时,分页是一个常见的需求,特别是在处理大量数据时。MyBatis 提供了 RowBounds 类来支持物理分页。

RowBounds 是 MyBatis 提供的一个用于分页的类。它包含两个属性:offset 和 limit。offset 表示要返回的第 1 行的索引,基于 0 的索引(第 1 行的索引是 0,第 2 行的索引是 1,以此类推);limit 表示要返回的最大行数。

RowBounds 是 MyBatis 提供的分页查询工具,代码如下:

```
int offset = 10;                    //偏移量
int limit = 5;                      //每页数据条数
RowBounds rowBounds = new RowBounds(offset, limit);
List < User > userList = sqlSession.selectList("getUsers", null, rowBounds);
```

4.9 MyBatis 的二级缓存

MyBatis 的二级缓存,也称为应用级缓存,与一级缓存(也称为 SqlSession 级缓存)不同,它的作用范围是整个应用,并且可以跨线程使用。这意味着,多个 SqlSession 之间可以共享二级缓存中的数据。

一级缓存是 SqlSession 级别的,通过同一个 SqlSession 查询的数据会被缓存,下次只要查询相同的数据,就会从缓存中直接获取,不会从数据库重新访问。

二级缓存是 SqlSessionFactory 级别的,通过同一个 SqlSessionFactory 创建的 SqlSession 查询的结果会被缓存;此后若再次执行相同的查询语句,结果就会从缓存中获取。二级缓存默认是开启的,如果不需要二级缓存,则需要在配置文件中将 CacheEnable 设置成 false。

4.9.1 缓存失效

1. 一级缓存失效的原因

(1) 不同的 SqlSession 对应不同的一级缓存:MyBatis 中的一级缓存是 SqlSession 级别的,即每个 SqlSession 都有自己独立的一级缓存,因此,当使用不同的 SqlSession 对象查询数据时,它们不会共享缓存,即使查询相同的数据,也会重新访问数据库。

(2) 同一个 SqlSession 但是查询条件不同:即使在同一个 SqlSession 中,如果查询的条件不同,则 MyBatis 也会认为这些查询是不同的,因此不会从缓存中获取结果,而会重新访问数据库。

(3) 同一个 SqlSession 两次查询期间执行了任何一次增、删、改操作:当在同一个 SqlSession 中执行了增、删、改操作后,一级缓存中的数据可能会变得不再准确或过时,因此,为了避免返回错误或不一致的数据,MyBatis 会选择使一级缓存失效,并在下次查询时重新访问数据库。

(4) 同一个 SqlSession 两次查询期间手动清空了缓存:MyBatis 提供了一些方法,允许用户手动清空 SqlSession 的一级缓存。例如,可以调用 SqlSession 对象的 clearCache()方法来清空缓存。当这种方法被调用后,一级缓存中的所有数据都会被清除,下次查询时需要重新访问数据库。

2. 二级缓存失效的原因

两次查询之间执行了任意的增、删、改操作会使一级和二级缓存同时失效。

4.9.2　二级缓存的相关配置

在 MyBatis 的 mapper 配置文件中,< cache >标签允许配置 SQL 查询结果的缓存策略。以下是关于< cache >标签中的一些重要属性的解释和说明。

(1) eviction 属性:这是缓存的回收策略,用于确定当缓存空间不足时,哪些对象应该被移除。

① LRU(Least Recently Used):移除最近最少使用的对象。这是最常见的缓存回收策略之一,因为它假设最近最少使用的数据在未来不太可能被再次使用。

② FIFO(First In First Out):按照对象进入缓存的顺序来移除它们。这种策略不考虑对象的使用频率,而是基于它们在缓存中存在的时间长短。

③ SOFT:使用软引用存储对象。这意味着对象只有在内存不足时才会被垃圾回收器回收。这种策略允许缓存对象在内存不足时自动释放,但可能会导致某些缓存数据在需要时不可用。

④ WEAK:使用弱引用存储对象。弱引用比软引用更弱,因此对象更容易被垃圾回收器回收。这种策略适用于那些对缓存数据一致性要求不高的场景。

在默认情况下,如果不指定 eviction 属性,则 MyBatis 将使用 LRU 策略。

(2) flushInterval 属性:这个属性定义了缓存的刷新间隔,以毫秒为单位。如果在指定的间隔内缓存没有发生任何变更(如没有执行增、删、改操作),则缓存将被清空。在默认情况下,这个属性不被设置,即没有固定的刷新间隔。在这种情况下,缓存仅在执行增、删、改操作时被刷新。

(3) size 属性:这是一个正整数,代表缓存中最多可以存储多少个对象。合理设置这个值可以避免内存溢出。如果缓存中的对象数量超过了这个值,则将根据 eviction 策略移除一些对象。

（4）readOnly 属性：这个属性用于指定缓存是否只读。

当属性值为 true 时，只读缓存。所有调用者将接收到缓存对象的相同实例。这意味着缓存中的对象不能被修改，因为修改会影响所有调用者。这种设置提供了性能优势，因为不需要为每个调用者创建新的对象实例。

当属性值为 false 时，读写缓存。每次从缓存中获取对象时都会返回该对象的一个副本（通常是通过序列化实现的）。这保证了数据的安全性，因为每个调用者都可以修改自己的对象实例，而不会影响到其他调用者，但是，由于需要创建副本，所以可能会稍微降低性能。在默认情况下，readOnly 属性被设置为 false。

4.10　MyBatis 的原理

MyBatis 不仅简化了传统 JDBC 的复杂操作，还提供了强大的映射功能，从而可以以更加直观和面向对象的方式与数据库进行交互。

4.10.1　字段映射的过程和原理

MyBatis 实现字段映射的代码主要保存在 ResultSetHandler 类中。该类是 MyBatis 查询结果集处理的核心类，负责将 JDBC ResultSet 对象转换为 Java 对象，并进行字段映射。核心代码就在 ResultSethandler 下的 DefaultResultSetHandler 默认实现，如图 4-6 所示。

```
String[] resultSets = this.mappedStatement.getResultSets();
if (resultSets != null) {
    while(rsw != null && resultSetCount < resultSets.length) {
        ResultMapping parentMapping = (ResultMapping)this.nextResultMaps.get(resultSets[resultSetCo
        if (parentMapping != null) {
            String nestedResultMapId = parentMapping.getNestedResultMapId();
            ResultMap resultMap = this.configuration.getResultMap(nestedResultMapId);
            this.handleResultSet(rsw, resultMap, (List)null, parentMapping);
        }

        rsw = this.getNextResultSet(stmt);
        this.cleanUpAfterHandlingResultSet();
        ++resultSetCount;
    }
}
```

图 4-6　字段映射

MyBatis 实现字段映射的过程可以简单地描述为以下几个步骤：

（1）MyBatis 通过 JDBC API 向数据库发送 SQL 查询语句，并获得查询结果集。

（2）查询结果集中的每行数据都被封装成一个 ResultSet 对象，MyBatis 遍历 ResultSet 对象中的数据。

（3）对于每行数据，MyBatis 根据 Java 对象属性名和查询结果集中的列名进行匹配。如果匹配成功，则将查询结果集中的该列数据映射到 Java 对象的相应属性中。

（4）如果 Java 对象属性名和查询结果集中的列名不完全一致，MyBatis 则可以通过在 SQL 语句中使用 AS 关键字或使用别名来修改列名，或者使用 ResultMap 来定义 Java 对象属性和列的映射关系。

（5）对于一些复杂的映射关系，例如日期格式的转换、枚举类型的转换等，可以通过自定义 TypeHandler 来实现。MyBatis 将自定义 TypeHandler 注册到映射配置中，根据 Java 对象属性类型和查询结果集中的列类型进行转换。

（6）MyBatis 将所有映射成功的 Java 对象封装成一个 List 集合，返给用户使用。

总之，MyBatis 通过查询结果集中的列名和 Java 对象属性名之间的映射关系，将查询结果集中的数据映射到 Java 对象中。MyBatis 提供了多种灵活的映射方式，可以满足不同场景下的需求。

4.10.2 Mapper 映射的解析过程

首先取得所有 mappers 标签下 package 标签的 name 属性，调用 configuration.addMappers(mapperPackage) 方法进行 Mapper 的注册。通过源码可以看到和 SpringBean 的注册类似，都是先代理再注册到 Map 集合中进行管理，如图 4-7 所示。

```java
public <T> void addMapper(Class<T> type) {
    if (type.isInterface()) {
        if (this.hasMapper(type)) {
            throw new BindingException("Type ' + type + ' is already known to the MapperRegistry.");
        }

        boolean loadCompleted = false;

        try {
            this.knownMappers.put(type, new MapperProxyFactory(type));
            MapperAnnotationBuilder parser = new MapperAnnotationBuilder(this.config, type);
            parser.parse();
            loadCompleted = true;
        } finally {
            if (!loadCompleted) {
                this.knownMappers.remove(type);
            }
        }
```

图 4-7　Mapper 映射

如果对 MapperProxyFactory 感兴趣，则可以自己研究源码，也就是常见的 Mapper 接口的代理类，还是没有对应的 SQL 语句，SQL 语句的解析在 parser.parse() 方法内部，如图 4-8 所示。

```java
public void parse() {
    String resource = this.type.toString();
    if (!this.configuration.isResourceLoaded(resource)) {
        this.loadXmlResource();
        this.configuration.addLoadedResource(resource);
        this.assistant.setCurrentNamespace(this.type.getName());
        this.parseCache();
        this.parseCacheRef();
        Method[] var2 = this.type.getMethods();
        int var3 = var2.length;

        for(int var4 = 0; var4 < var3; ++var4) {
            Method method = var2[var4];
            if (this.canHaveStatement(method)) {
                if (this.getAnnotationWrapper(method, errorIfNoMatch: false, Select.class, SelectProvi
                    this.parseResultMap(method);
                }

                try {
                    this.parseStatement(method);
```

图 4-8　SQL 语句的解析

Mapper 映射的解析过程如下：

（1）加载配置文件，解析 XML 文件。

（2）获取所有的 Element，然后设置配置字段，例如 cache 等配置。

（3）在 resultMapElement 方法中将 ResultMapper 保存到一个 List 集合中。

（4）调用 sqlElement 方法，将对应的 SQL 语句存入一个集合中。

（5）通过 XMLScriptBuilder 将 node 节点转换为 SqlSource。

（6）调用 bindMapperForNamespace。

4.10.3　插件运行原理

MyBatis 允许在已映射语句的执行过程中的某一点进行拦截调用。在默认情况下，MyBatis 允许使用插件来拦截的方法调用包括以下几种。

（1）Executor（update，query，flushStatements，commit，rollback，getTransaction，close，isClosed）。

（2）ParameterHandler（getParameterObject，setParameters）。

（3）ResultSetHandler（handleResultSets，handleOutputParameters）。

（4）StatementHandler（prepare，parameterize，batch，update，query）。

MyBatis 提供的强大机制，使用插件是非常简单的，只需实现 Interceptor 接口，并指定想要拦截的方法签名。

MyBatis 插件的运行主要涉及 3 个关键接口：Interceptor、Invocation 和 Plugin。

（1）Interceptor：拦截器接口，定义了 MyBatis 插件的基本功能，包括插件的初始化、插件的拦截方法及插件的销毁方法。

（2）Invocation：调用接口，表示 MyBatis 在执行 SQL 语句时的状态，包括 SQL 语句、参数、返回值等信息。

（3）Plugin：插件接口，MyBatis 框架在执行 SQL 语句时会将所有注册的插件封装成 Plugin 对象，通过 Plugin 对象实现对 SQL 语句的拦截和修改。

插件的运行流程如下：

（1）当 MyBatis 框架运行时会对所有实现了 Interceptor 接口的插件进行初始化。

（2）初始化后，MyBatis 框架会将所有插件和原始的 Executor 对象封装成一个 InvocationChain 对象，这里使用的是责任链模式。

（3）每次执行 SQL 语句时，MyBatis 框架都会通过 InvocationChain 对象依次调用所有插件的 intercept 方法，实现对 SQL 语句的拦截和修改。

（4）MyBatis 框架会将修改后的 SQL 语句交给原始的 Executor 对象执行，并将执行结果返给调用方。

通过这种方式，MyBatis 插件可以对 SQL 语句进行拦截和修改，实现各种功能，例如查询缓存、分页、分库分表等，代码如下：

```
@Intercepts({@Signature(
        type = Executor.class,
        method = "update",
        args = {MappedStatement.class,Object.class})})
public class selfInterceptor implements Interceptor {
    @Override
    public Object intercept(Invocation invocation) throws Throwable {
        System.out.println("拦截成功");
        return invocation.proceed();
    }
}
```

4.10.4　MyBatis 内置连接池

在使用 MyBatis 时可以不注入连接池是因为 MyBatis 内置了连接池。

一般情况下，我们不会使用 MyBatis 默认的 PooledDataSource，而是会用 Hikari。如果要增加 SQL 监控功能，则可以使用 Druid，这是因为自带的数据库连接池主要有 3 个缺点。

（1）空闲连接占用资源：连接池维护一定数量的空闲连接，这些连接会占用系统资源。如果连接池设置得过大，则会浪费系统资源；如果设置得过小，则会导致系统并发请求时连接不够用，影响系统性能。

（2）连接池大小调优困难：连接池的大小设置需要根据系统的并发请求量、数据库的性能和系统的硬件配置等因素综合考虑，而这些因素都是难以预测和调整的。

（3）连接泄漏：如果应用程序没有正确关闭连接，则连接池中的连接就会泄漏，从而导致连接池中的连接数量不断增加，最终导致系统崩溃。

4.11　SqlSession 详解

SqlSession 是 MyBatis 提供的核心接口，它表示和数据库的一次会话。通过 SqlSession，用户可以执行命令（如增、删、改、查），获取映射器（Mapper）实例，以及管理事务。由于它是线程不安全的，因此通常不建议在多个线程之间共享 SqlSession 实例。

4.11.1　SqlSessionFactor 的创建过程

使用 MyBatis 操作数据库都是通过 SqlSession 的 API 调用实现的，而创建 SqlSession 是通过 SqlSessionFactory 实现的。下面通过一个例子查看 SqlSessionFactory 的创建过程。

SqlSessionFactory 是通过 SqlSessionFactoryBuilder 的 build 方法创建的，build 方法内部是通过一个 XMLConfigBuilder 对象解析 mybatis-config.xml 文件生成一个 Configuration 对象实现的。XMLConfigBuilder 从名字可以看出是解析 MyBatis 配置文件的，其实它继承了一个父类 BaseBuilder，其子类多是以 XMLXXXXXBuilder 命名的，也就是其子类都对应解

析一种 XML 文件或 XML 文件中的一种元素，builder 的继承关系如图 4-9 所示。

图 4-9 builder 子类

阅读源码，找到 SqlSessionFactoryBuilder 的 build 方法，其具体的实现代码如下：

```java
public SqlSessionFactory build (InputStream inputStream, String environment, Properties
properties) {
    try {
    //解析 XML 文件
        XMLConfigBuilder parser = new XMLConfigBuilder (inputStream, environment,
properties);
        return build(parser.parse());
    } catch (Exception e) {
        throw ExceptionFactory.wrapException("Error building SqlSession.", e);
    } finally {
        ErrorContext.instance().reset();
        try {
            inputStream.close();
        } catch (IOException e) {
            //忽视 IO 异常
        }
    }
}
```

在 build 方法之前，先来看 XMLConfigBuilder 填充 Configuration 的 parse 方法，代码
如下：

```java
public Configuration parse() {
    if (parsed) {
        throw new BuilderException("Each XMLConfigBuilder can only be used once.");
    }
    parsed = true;
    parseConfiguration(parser.evalNode("/configuration"));
    return configuration;
}
private void parseConfiguration(XNode root) {
    try {
    //解析< properties >标签
        propertiesElement(root.evalNode("properties"));
        Properties settings = settingsAsProperties(root.evalNode("settings"));
        loadCustomVfs(settings);
        typeAliasesElement(root.evalNode("typeAliases"));
        pluginElement(root.evalNode("plugins"));
        objectFactoryElement(root.evalNode("objectFactory"));

objectWrapperFactoryElement(root.evalNode("objectWrapperFactory"));
        reflectorFactoryElement(root.evalNode("reflectorFactory"));
```

```
                settingsElement(settings);
                environmentsElement(root.evalNode("environments"));
                databaseIdProviderElement(root.evalNode("databaseIdProvider"));
                typeHandlerElement(root.evalNode("typeHandlers"));
                mapperElement(root.evalNode("mappers"));
            } catch (Exception e) {
                throw new BuilderException("Error parsing SQL Mapper Configuration. Cause: " + e, e);
            }
        }
    }
```

propertiesElement 方法负责解析 MyBatis 配置文件的标签，将属性放入内存对象 configuration 中，通过 Properties 的 putAll 方法可以看出属性优先级，XMLConfigBuilder 构造函数中传入的属性 ＞ resource 或 url 指定的属性 ＞ 子标签的属性，代码如下：

```
private void propertiesElement(XNode context) throws Exception {
    if (context != null) {
        Properties defaults = context.getChildrenAsProperties();
        String resource = context.getStringAttribute("resource");
        String url = context.getStringAttribute("url");
        if (resource != null && url != null) {
            throw new BuilderException("The properties element cannot specify both a URL and a
resource based property file reference. Please specify one or the other.");
        }
        if (resource != null) {
            defaults.putAll(Resources.getResourceAsProperties(resource));
        } else if (url != null) {
            defaults.putAll(Resources.getUrlAsProperties(url));
        }
        Properties vars = configuration.getVariables();
        if (vars != null) {
            defaults.putAll(vars);
        }
        parser.setVariables(defaults);
        configuration.setVariables(defaults);
    }
}
```

接下来解析 settingsAsProperties，将 Properties 的属性填充到 Configuration 中，然后是 environmentsElement、typeAliasesElement、pluginElement、objectFactoryElement、typeHandlerElement、mapperElement。它们的代码实现都是往 Configuration 类中填充参数，这里就不过多展开了。到此为止，XMLConfigBuilder 的 parse 方法中的重要步骤都介绍了，然后返回的就是一个完整的 Configuration 对象，最后通过 SqlSessionFactoryBuilder 的 build 的重载方法创建一个 SqlSessionFactory 实例 DefaultSqlSessionFactory，代码如下：

```
public SqlSessionFactory build(Configuration config) {
    return new DefaultSqlSessionFactory(config);
}
```

4.11.2　SqlSession 的创建过程

SqlSession 是操作数据库的主要客户端 API，是由 SqlSessionFactory 的 openSession 方法所创建的。openSession 有多种重载方法，代码如下：

```java
public interface SqlSessionFactory {
    SqlSession openSession();
    SqlSession openSession(boolean autoCommit);
    SqlSession openSession(Connection connection);
    SqlSession openSession(TransactionIsolationLevel level);
    SqlSession openSession(ExecutorType execType);
    SqlSession openSession(ExecutorType execType, boolean autoCommit);
    SqlSession openSession(ExecutorType execType, TransactionIsolationLevel level);
    SqlSession openSession(ExecutorType execType, Connection connection);
    Configuration getConfiguration();
}
```

DefaultSqlSessionFactory 实现所有的 openSession 方法，最终都是调用了内部的 openSessionFromDataSource 方法创建并返回 SqlSession 实例，代码如下：

```java
private SqlSession openSessionFromDataSource (ExecutorType execType, TransactionIsolationLevel
level, boolean autoCommit) {
    Transaction tx = null;
    try {
        final Environment environment = configuration.getEnvironment();
        final TransactionFactory transactionFactory = getTransactionFactoryFromEnvironment
(environment);
        tx = transactionFactory.newTransaction (environment.getDataSource (), level,
autoCommit);
        final Executor executor = configuration.newExecutor(tx, execType);
        return new DefaultSqlSession(configuration, executor, autoCommit);
    } catch (Exception e) {
        closeTransaction(tx); //may have fetched a connection so lets call close()
        throw ExceptionFactory.wrapException("Error opening session. Cause: " + e, e);
    } finally {
        ErrorContext.instance().reset();
    }
}
```

（1）从 configuration 获取 Environment 对象，里面主要包含 DataSource 和 TransactionFactory 对象。

（2）创建 TransactionFactory，创建 Transaction。newTransaction 的代码如下：

```java
public Transaction newTransaction(DataSource ds, TransactionIsolationLevel level, boolean
autoCommit) {
    return new JdbcTransaction(ds, level, autoCommit);
}
```

JdbcTransaction 主要维护了一个默认 autoCommit 为 false 的 Connection 对象，对事务的提交、回滚、关闭等都是间接通过 Connection 完成的。

（3）从 configuration 获取 Executor。由于 executor 包含刚刚创建的 Transaction，所以 Transaction 关联了 Connection 和 Executor。如果 Transaction 为指定 executorType，则使用默认的 SimpleExecutor；如果开启了二级缓存（默认开启），则 CachingExecutor 会包装 SimpleExecutor，然后依次调用拦截器的 plugin 方法并返回一个被代理过的 Executor 对象，代码如下：

```
public Executor newExecutor(Transaction transaction, ExecutorType executorType) {
    executorType = executorType == null ? defaultExecutorType : executorType;
    executorType = executorType == null ? ExecutorType.SIMPLE : executorType;
    Executor executor;
    if (ExecutorType.BATCH == executorType) {
        executor = new BatchExecutor(this, transaction);
    } else if (ExecutorType.REUSE == executorType) {
        executor = new ReuseExecutor(this, transaction);
    } else {
        executor = new SimpleExecutor(this, transaction);
    }
    if (cacheEnabled) {
        executor = new CachingExecutor(executor);
    }
    executor = (Executor) interceptorChain.pluginAll(executor);
    return executor;
}
```

（4）构造 DefaultSqlSession 对象。

在构建 SqlSession 的对象时，如果没有自定义实现 SqlSession 就会直接通过 new 以默认的方式实现，代码如下：

```
new DefaultSqlSession(configuration, executor, autoCommit);
```

（5）如果上述一步出现异常，则会调用 Transaction 的 close 方法，间接调用 DataSource （PooledDataSource）的方法回收或释放连接。以上创建 DefaultSqlSession 的过程主要是为了得到 Configuration 和一个 Executor。

4.11.3　SqlSession 在执行过程中获取 Mapper 的代理对象

通过 DefaultSqlSession 的 Mapper 方式去获取注册到 Map 集合中的代理 Mapper 对象，代码如下：

```
<T> T getMapper(Class<T> type);
```

此方法返回一个实现了 type 接口的实现类的实现，分析一下此方法的创建过程。

首先通过 Configuration 获取实现类，代码如下：

```
public < T > T getMapper(Class < T > type) {
    return configuration.< T > getMapper(type, this);
}
```

然后从 MapRegistry 中获取对象,代码如下:

```
public < T > T getMapper(Class < T > type, SqlSession sqlSession) {
    return mapperRegistry.getMapper(type, sqlSession);
}
```

最后从 MapperProxyFactor 中获取代理对象,代码如下:

```
public < T > T getMapper(Class < T > type, SqlSession sqlSession) {
    final MapperProxyFactory < T > mapperProxyFactory = ( MapperProxyFactory < T > )
knownMappers.get(type);
    if (mapperProxyFactory == null) {
        throw new BindingException("Type " + type + " is not known to the MapperRegistry.");
    }
    try {
        return mapperProxyFactory.newInstance(sqlSession);
    } catch (Exception e) {
        throw new BindingException("Error getting mapper instance. Cause: " + e, e);
    }
}
```

可以看到,getMapper 方法实际上是调用 MapperRegistry 的 getMapper 方法,MapperRegistry 在前面已经分析过,它保存了 Mapper 接口与 MapperProxyFactory 的映射。通过 Mapper 接口取得对应的 MapperProxyFactory,此类的目的是创建 Mapper 接口的代理对象 MapperProxy,对代理对象的调用委托给了 MapperMethod 对象的 execute 方法。接下来分析 MapperMethod 的具体实现。

通过 MapperMethod 的构造方法传入 Mapper 的接口类,所有执行的 Mapper 方法和 MyBatis 配置中心通过 MapperMethod 的构造方法传入 Mapper 的接口类。构造方法中会新创建两个对象 SqlCommand 和 MethodSignature。

(1) SqlCommand:保存两个成员变量,一个是 MappedStatement 的 id 属性;另一个是执行 SQL 的类型。

(2) MethodSignature:包含了执行 Mapper 方法的参数类型和返回类型。

其中包括方法的返回类型,返回类型是否为 void,以及返回类型是否为 Collection、数组或游标,如果参数中含有 RowBounds 类型,则保存其在参数列表的索引值,ResultHandler 同理,最后还新创建了一个 ParamNameResolver 对象。MethodSignature 通过此对象可以对外提供获取参数索引值或参数名的方法,因为此对象内部缓存了方法参数列表中除了 RowBounds 和 ResultHandler 类型参数的索引值与参数名的键-值对。参数最终的格式,代码如下:

```
Method(@Param("M") int a, @Param("N") int b)    //参数表示: {{0, "M"}, {1, "N"}}
Method( int a, int b)                           //参数表示:{{0, "0"}, {1, "1"}}
Method( int a, RowBounds rb, int b)             //参数表示:{{0, "0"}, {2, "1"}}
```

其中,参数名由@Param 注解指定,若没有此注解,则会通过 Java 8 的 Parameter 获取真实参数名,前提是 Mapper 类是使用 Java 8 编译的,并且开启了--parameters 编译选项,否则参数名为 arg0,arg1…的形式。

SSM 框架整合实战

5.1 SSM 框架整合概述

随着现代软件开发的快速发展,框架技术已成为提升开发效率和代码质量的关键。在众多框架中,SSM 以其轻量级、易扩展和高度解耦的特性,受到了广大开发者的青睐。SSM 框架整合了 Spring 的依赖注入(DI)和面向切面编程(AOP)功能,Spring MVC 的 MVC 设计模式,以及 MyBatis 的 ORM(对象关系映射)能力,形成了一套高效、稳定且灵活的开发解决方案。

5.1.1 框架基础回顾

在软件开发领域,框架是一种预先设计好的、可重用的软件结构,它为开发者提供了一套完整的解决方案,用于解决某类特定问题。框架通常包含一系列预定义的类和接口,以及相关的设计模式、最佳实践等,旨在简化开发过程,提高代码质量,加速软件的开发速度,其中,Spring、Spring MVC 和 MyBatis 是 Java Web 开发领域中的 3 个重要框架,它们各自有着独特的优势和功能,但又能够相互协作,共同构建出高效、稳定、可维护的 Web 应用程序。

Spring 框架是一个全面的、轻量级的开源框架,它提供了丰富的功能并具有强大的扩展性,用于解决企业级应用开发的各种问题。Spring 的核心思想是控制反转(IoC)和面向切面编程(AOP),通过这两个核心概念,Spring 实现了组件之间的解耦和横切关注点的分离,使应用程序更加灵活、可维护。此外,Spring 还提供了事务管理、数据访问、安全性、Web 集成等一系列功能,为开发者提供了全方位的支持。

Spring MVC 是 Spring 框架中的一个模块,它实现了 MVC(Model-View-Controller)设计模式,用于构建 Web 应用程序的视图层。Spring MVC 通过 DispatcherServlet 作为前端控制器,统一处理用户的请求,并根据请求的不同调用相应的控制器。控制器负责处理业务逻辑,并返回相应的模型数据。最后,Spring MVC 通过视图解析器将模型数据渲染为视图,呈现给用户。这种设计使 Web 应用程序的层次结构更加清晰,提高了代码的可读性和可维护性。

MyBatis 是一个优秀的持久层框架,它支持定制化 SQL、存储过程及高级映射。MyBatis 通过 XML 或注解的方式配置 SQL 语句和映射规则,将 Java 对象与数据库表进行映射,实现了 Java 对象与数据库之间的自动转换。这使开发者能够专注于业务逻辑的实现,而无须过多地关注底层的数据访问细节。同时,MyBatis 还提供了动态 SQL 功能,可以根据不同的条件生成不同的 SQL 语句,提高了查询的灵活性和效率。

在将 Spring、Spring MVC 和 MyBatis 进行整合时,通常将 MyBatis 作为数据持久层框架,用于处理与数据库相关的操作;Spring 作为业务逻辑层框架,管理业务对象及其之间的依赖关系,而 Spring MVC 则作为 Web 层框架,负责处理用户的请求和响应。这种整合方式使应用程序的层次结构更加清晰、合理,各个层次之间的职责更加明确,提高了代码的可读性和可维护性。

此外,整合后的框架还具备以下优势:

(1) 灵活性:Spring、Spring MVC 和 MyBatis 都是高度可配置的框架,可以根据项目的具体需求进行定制和扩展。

(2) 性能优化:通过 Spring 的 AOP 特性,可以实现性能监控、日志记录等功能,进一步提升系统的性能。同时,MyBatis 的灵活 SQL 编写和映射功能也能提高数据访问的效率。

(3) 安全性保障:Spring 框架提供了强大的安全性支持,包括身份验证、授权、加密等功能,可以确保系统的安全性。

5.1.2　框架整合的必要性

在当前的软件开发实践中,随着 Web 应用程序规模的扩大和业务需求的日益复杂化,单一框架往往难以全面满足开发者的需求。这种局限性主要体现在功能覆盖不全、性能瓶颈及维护难度增高等方面,因此,为了实现更加高效、稳定和灵活的开发过程,对多个优秀框架进行有机整合成为必然的选择。

Spring、Spring MVC 和 MyBatis 作为 Java Web 开发领域的三大主流框架,各自在特定的领域具有显著的优势。Spring 以其强大的依赖注入和面向切面编程特性,简化了业务逻辑的开发;Spring MVC 通过实现 MVC 设计模式,优化了 Web 层的开发流程,而 MyBatis 则以其高效的数据库操作能力和灵活的 SQL 映射机制,简化了数据持久层的工作,然而,仅仅使用单一的框架往往无法充分发挥这些优势。例如,单独使用 Spring 虽然可以实现业务逻辑的高效管理,但在 Web 层和数据持久层的开发上可能显得力不从心;同样,单独使用 Spring MVC 或 MyBatis 也无法解决业务逻辑管理和数据访问的复杂性问题。

因此,对 Spring、Spring MVC 和 MyBatis 进行整合,以形成一个统一的开发框架,成为解决这些问题的有效途径。通过整合,开发者可以充分地利用各框架的优势,实现业务逻辑、Web 层和数据持久层的无缝衔接,提高代码的质量和可维护性。同时,整合后的框架还可以提供更加灵活和可扩展的开发环境,使开发者能够更加轻松地应对业务需求的变化。

随着科技领域的持续进步与技术的日新月异,新的开发框架与工具层出不穷,为软件开发领域带来了源源不断的创新活力,然而,即便在如此繁多的新技术涌现的背景下,Spring、

Spring MVC 及 MyBatis 这三大经典框架依然以其深厚的底蕴和广泛的实践应用,彰显出无可替代的重要地位。这些框架经过长时间的验证与打磨,其稳定性和可靠性得到了业界的广泛认可,成为软件开发领域中的常青树。鉴于它们在业界的重要地位与卓越表现,对它们进行深度融合并持续应用于 Web 应用程序的开发中,不仅有助于提升开发效率,更能确保项目的长期稳定运行。这种策略不仅是对技术发展趋势的精准把握,更是对未来技术发展的长远规划与布局,因此,在追求技术创新的同时,坚持使用并不断完善这些经典框架,将是一种极具智慧与远见的投资策略。

5.1.3　整合后的框架功能

整合 Spring、Spring MVC 和 MyBatis 后,开发者得到的是一个功能强大、结构清晰的综合性框架。这一整合不仅充分地发挥了各框架的专长,还通过协同工作提升了整体性能,使开发出的 Web 应用程序更高效、更稳定且易于维护。

在整合后的框架中,Spring 作为基础框架,提供了全面的支持。它利用依赖注入机制,实现了组件之间的松耦合,使应用程序的各部分能够独立开发、测试和维护。同时,Spring 的事务管理功能确保了数据的完整性和一致性,无论是单个数据库操作还是跨多个操作的复杂事务都可以得到妥善处理。

Spring MVC 作为 Web 层框架,与 Spring 实现了无缝集成。这种集成使 Web 开发能够充分地利用 Spring 提供的丰富功能。通过 Spring MVC 可以实现请求的高效处理,无论是简单的 GET 请求还是复杂的 POST 请求都可以得到快速响应。同时,Spring MVC 还提供了灵活的视图渲染机制,支持多种视图技术,如 JSP、Thymeleaf 等,使开发者能够根据需要选择合适的视图技术,实现用户界面的多样化。

MyBatis 作为持久层框架,在整合后也发挥了重要作用。它简化了数据库操作代码的编写,通过 XML 或注解的方式配置 SQL 语句和映射规则,实现了 Java 对象与数据库表之间的自动转换。这使开发者能够专注于业务逻辑的实现,而无须过多地关注底层的数据访问细节。此外,MyBatis 还提供了动态 SQL 功能,能够根据条件动态地生成 SQL 语句,提高了查询的灵活性和效率。与 Spring 整合后,MyBatis 可以借助 Spring 的事务管理功能,确保数据库操作的原子性和一致性。无论是单个数据库操作还是涉及多个数据源的复杂操作都可以得到可靠的事务保障。

5.1.4　整合的意义与优势

整合 Spring、Spring MVC 与 MyBatis 三大框架,不仅是技术资源优化利用的明智选择,更是应用程序架构升级与革新的重要举措。这一整合在多个层面展现出显著的意义与优势,为 Web 应用程序的开发、维护及扩展提供了坚实的支撑。

整合后,应用程序的层次结构变得更清晰规范。Spring、Spring MVC 与 MyBatis 各自在业务逻辑、Web 层处理和数据持久化方面发挥专长,形成了层次分明、功能互补的架构体系。这种结构让开发者能够更直观地理解应用程序的运行机制,从而降低了开发难度和出错率。同时,整合有效地降低了各层次间的耦合度,提升了系统的灵活性和可维护性。通过依赖注入、接口定义等机制,组件间的依赖关系被精准地定义与管理,实现了松耦合的设计。这使应用程序在面对需求变更或技术迭代时,能够迅速适应并调整,降低了维护成本和风险。整合框架汇聚了三大框架的丰富功能与特性,展现出强大的扩展性和灵活性。这些功能和特性在整合过程中相互融合,形成了强大的合力。开发者可以根据业务需求轻松地添加新功能或模块,满足不断变化的市场需求。整合还实现了代码的解耦与模块化,提高了代码质量和可维护性。通过合理划分代码模块与组件,并利用框架的依赖管理与配置机制,代码的复杂性和冗余度得到有效降低。这不仅提高了代码的可读性和可维护性,也提升了开发效率和质量。在性能优化与安全性保障方面,整合后的框架同样表现出色。利用缓存机制、连接池管理等特性,应用程序的性能和响应时间得到优化。同时,框架内置的身份验证、授权、加密等安全功能,确保了系统的稳定运行和数据的安全。

5.1.5　SSM 框架整合思路

在 SSM 框架整合过程中,各个组件承担着明确的职责,共同构建了一个高效、稳定的应用程序结构,但是 Spring MVC 和 MyBatis 并没有直接的交集,它们各自扮演着不同的角色,通过 Spring 框架进行连接和协作,因此,开发者只需分别将 Spring 与 MyBatis 和 Spring MVC 进行整合,便可完成 SSM 框架的整合工作。

以一个用户管理案例为例,SSM 框架整合的实现思路如下。

(1) 搭建项目的基础结构:这包括在数据库中创建项目所需的表结构,搭建项目对应的数据库环境,然后创建一个 Maven Web 项目,并引入案例所需的依赖;最后,创建项目的实体类,并设计三层架构对应的模块、类和接口。

(2) 整合 Spring 和 MyBatis:在 Spring 的配置文件中,配置数据源信息,包括数据库连接池、驱动类名、URL 等,然后配置 SqlSessionFactory 对象,用于创建 SqlSession 实例。最后,将 Mapper 接口及其实现类交由 Spring 管理,实现 Mapper 对象的自动注入和调用。

(3) 整合 Spring 和 Spring MVC:由于 Spring MVC 是 Spring 框架的一个模块,因此整合过程相对简单,只需在项目启动时分别加载 Spring 和 Spring MVC 的配置文件。这样,Spring MVC 就可以通过 Spring 容器获取所需的 Service 对象,实现业务逻辑的处理和响应的返回。

完成上述步骤后,客户端可以向服务器端发送查询请求。如果服务器端能够正确地从数据库中获取数据,并将其响应给客户端,则可以认为 SSM 框架整合成功。这标志着整个应用程序已经构建完成,可以投入实际使用。

5.1.6　搭建 SSM 框架整合的项目基础结构

在构建 SSM 框架整合的项目时,首先需要搭建一个稳固且高效的基础结构。这一基础结构不仅承载着项目的核心逻辑和数据处理能力,还为后续的扩展与维护提供了坚实的支撑。

1. 创建项目并引入项目依赖

在 IntelliJ IDEA 集成开发环境中,创建一个名为 user-system 的 Maven Web 项目,并在项目的 pom.xml 文件中引入以下依赖,代码如下:

```xml
//第5章/pom.xml
<dependencies>
    <dependency>
        <groupId>org.springframework</groupId>
        <artifactId>spring-context</artifactId>
        <version>5.2.8.RELEASE</version>
    </dependency>
    <dependency>
        <groupId>org.springframework</groupId>
        <artifactId>spring-tx</artifactId>
        <version>5.2.8.RELEASE</version>
    </dependency>
    <dependency>
        <groupId>org.springframework</groupId>
        <artifactId>spring-jdbc</artifactId>
        <version>5.2.8.RELEASE</version>
    </dependency>
    <dependency>
        <groupId>org.springframework</groupId>
        <artifactId>spring-test</artifactId>
        <version>5.2.8.RELEASE</version>
    </dependency>
    <dependency>
        <groupId>org.springframework</groupId>
        <artifactId>spring-webmvc</artifactId>
        <version>5.2.8.RELEASE</version>
    </dependency>
    <dependency>
        <groupId>org.mybatis</groupId>
        <artifactId>mybatis</artifactId>
        <version>3.5.2</version>
    </dependency>
    <dependency>
        <groupId>org.mybatis</groupId>
        <artifactId>mybatis-spring</artifactId>
        <version>2.0.1</version>
    </dependency>
    <dependency>
        <groupId>com.alibaba</groupId>
        <artifactId>druid</artifactId>
        <version>1.1.20</version>
    </dependency>
```

```
< dependency >
    < groupId > junit </groupId >
    < artifactId > junit </artifactId >
    < version > 4.12 </version >
    < scope > test </scope >
</dependency >
< dependency >
    < groupId > javax.servlet </groupId >
    < artifactId > javax.servlet - api </artifactId >
    < version > 3.1.0 </version >
    < scope > provided </scope >
</dependency >
< dependency >
    < groupId > javax.servlet.jsp </groupId >
    < artifactId > jsp - api </artifactId >
    < version > 2.2 </version >
    < scope > provided </scope >
</dependency >
< dependency >
    < groupId > mysql </groupId >
    < artifactId > mysql - connector - java </artifactId >
    < version > 8.0.16 </version >
</dependency >
< dependency >
    < groupId > junit </groupId >
    < artifactId > junit </artifactId >
    < version > 4.12 </version >
    < scope > compile </scope >
</dependency >
< dependency >
    < groupId > junit </groupId >
    < artifactId > junit </artifactId >
    < version > 4.11 </version >
    < scope > test </scope >
</dependency >
</dependencies >
```

以下是对上述依赖的介绍。

1) Spring 相关依赖

（1）org.springframework:spring-context：Spring 框架的核心容器模块,提供了依赖注入、事件发布等功能,是构建 Spring 应用程序的基础。

（2）org.springframework:spring-tx：提供了对 Spring 框架的事务管理的支持,包括声明式事务管理和编程式事务管理,帮助开发者轻松地控制和管理数据库事务。

（3）org.springframework:spring-jdbc：Spring JDBC 模块简化了 JDBC 操作,提供了 JdbcTemplate 等工具类,帮助开发者快速地构建数据库访问层。

（4）org.springframework:spring-test：支持 Spring 应用程序单元测试的模块,提供了

对 Spring 组件的测试支持,包括测试上下文加载、依赖注入等。

(5) org. springframework:spring-webmvc:Spring MVC 是 Spring 框架的 Web 模块,用于构建基于 Java 的 Web 应用程序。它提供了模型—视图—控制器(MVC)架构的实现,支持 RESTful Web 服务开发。

2)MyBatis 相关依赖

org. mybatis:mybatis:持久层框架 MyBatis,它支持自定义 SQL、存储过程及高级映射。MyBatis 免除了绝大多数的 JDBC 代码及设置参数和获取结果集的手工操作。

3)MyBatis 与 Spring 整合包

org. mybatis:mybatis-spring:提供了 MyBatis 与 Spring 框架的无缝集成,使开发者能够同时使用 MyBatis 的数据库访问优势及 Spring 的依赖注入和事务管理功能。

4)数据源相关依赖

com. alibaba:druid:数据库连接池,提供了强大的监控和扩展功能,性能出色,能有效地防止 SQL 注入攻击,是 Java 应用中常用的数据库连接池解决方案。

5)单元测试相关依赖

junit:junit:Java 编程语言中流行的单元测试框架,它允许开发者编写和运行可重复的自动化测试,以确保代码的正确性和质量。

6)Servlet API 相关依赖

(1) javax. servlet:javax. servlet-api:Java Web 应用程序开发的基础,提供了处理 HTTP 请求和响应的接口和方法。

(2) javax. servlet. jsp:jsp-api:Java Server Pages(JSP)的技术规范,它提供了在 HTML 页面中嵌入 Java 代码以动态生成 Web 页面的功能。

7)数据库相关依赖

mysql:mysql-connector-java:MySQL 数据库的 JDBC 驱动,它允许 Java 应用程序与 MySQL 数据库进行连接和通信,是进行数据库操作的基础。

这些依赖项旨在确保项目能够稳定构建与高效运行,同时满足项目所需的功能和库支持。这些依赖项涵盖了诸如 Spring、Spring MVC、MyBatis 等核心框架库,以及一系列必要的辅助库和插件,它们共同构成了项目的基础架构。在添加依赖项时,务必确保每个依赖项都包含了准确无误的 groupId、artifactId 和 version 信息,以便 Maven 能够精确无误地下载并引入这些依赖项。

依赖项添加完成后,需要单击 install 导入这些依赖,Maven 将自动执行下载操作并将这些依赖项引入项目中,为后续编写和构建基于 SSM 框架的 Web 应用程序提供支撑,如图 5-1 所示。

2. 搭建项目数据库的环境

使用 MySQL 客户端工具在 MySQL 数据库中创建一个名为 user-system 的数据库,并在该数据库中创建一个名为 user 的数据表,然后向这个数据表中插入数据。

通过客户端工具创建数据库,如图 5-2 所示。

图 5-1　Maven 中的 install

图 5-2　创建数据库

通过客户端工具创建数据表，如图 5-3 所示。

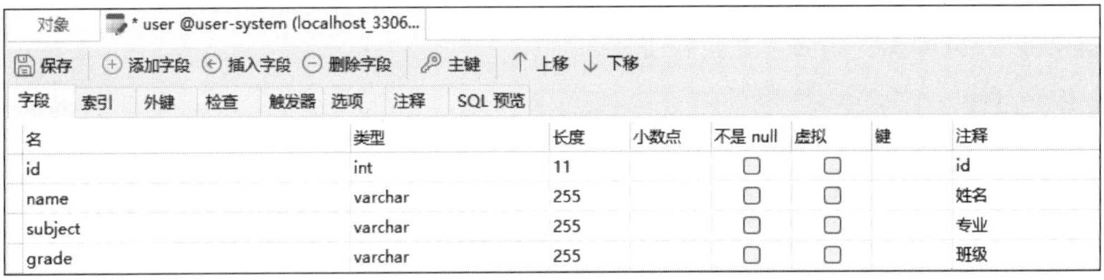

名	类型	长度	小数点	不是 null	虚拟	键	注释
id	int	11		☐	☐		id
name	varchar	255		☐	☐		姓名
subject	varchar	255		☐	☐		专业
grade	varchar	255		☐	☐		班级

图 5-3　创建数据表

通过客户端工具插入数据，如图 5-4 所示。

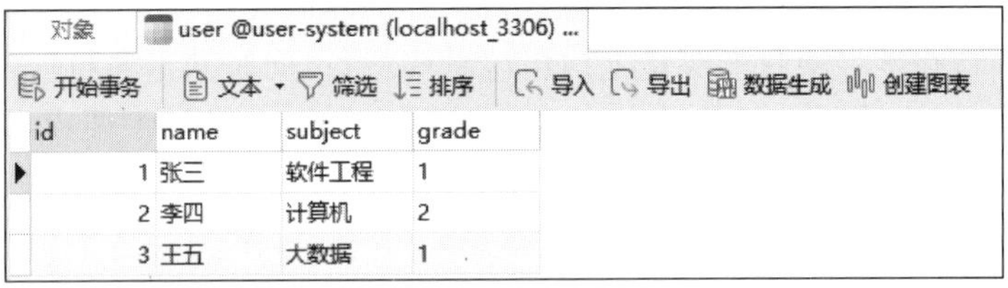

id	name	subject	grade
1	张三	软件工程	1
2	李四	计算机	2
3	王五	大数据	1

图 5-4　插入数据

以上创建数据库、数据表及向数据表中插入数据的操作也可以通过 SQL 语句实现，代码如下：

```sql
//第 5 章/user-system.sql
CREATE DATABASE user-system;
USE user-system;

CREATE TABLE `user`(
```

```
  `id` int(11) NULL DEFAULT NULL COMMENT 'id',
  `name` varchar(255) CHARACTER SET utf8mb4 COLLATE utf8mb4_bin NULL DEFAULT NULL COMMENT '姓名',
  `subject` varchar(255) CHARACTER SET utf8mb4 COLLATE utf8mb4_bin NULL DEFAULT NULL COMMENT
'专业',
  `grade` varchar(255) CHARACTER SET utf8mb4 COLLATE utf8mb4_bin NULL DEFAULT NULL COMMENT '班
级'
) ENGINE = InnoDB CHARACTER SET = utf8mb4 COLLATE = utf8mb4_bin ROW_FORMAT = Dynamic;

INSERT INTO `user` VALUES (1, '张三', '软件工程', '1');
INSERT INTO `user` VALUES (2, '李四', '计算机', '2');
INSERT INTO `user` VALUES (3, '王五', '大数据', '1');
```

3. 根据数据库内容创建实体类

在项目的 src/main/java 目录下，需要创建一个实体类。首先，创建一个名为 com.
demo.domain 的包，用于组织和管理与业务逻辑相关的类。接下来，在 com.demo.domain
包下创建一个名为 User 的实体类。实体类用于映射数据库中的表，它包含了与该表相关
的属性和方法，代码如下：

```java
//第 5 章/user-system/src/main/java/com/demo/domain/User.java
package com.demo.domain;
public class User {
    //id
    private Integer id;
    //姓名
    private String name;
    //专业
    private String subject;
    //班级
private String grade;
    public Integer getId() {
        return id;
    }
    public void setId(Integer id) {
        this.id = id;
    }
    public String getName() {
        return name;
    }
    public void setName(String name) {
        this.name = name;
    }
    public String getSubject() {
        return subject;
    }
}
```

```
public void setSubject(String subject) {
    this.subject = subject;
}
public String getGrade() {
    return grade;
}
public void setGrade(String grade) {
    this.grade = grade;
}
}
```

4. 创建三层架构对应模块的类和接口

（1）在项目的 src/main/java/com/demo 目录下，构建一个名为 dao 的包，这个包将负责实现数据访问对象（DAO）的相关功能。之后在 dao 包内，创建一个名为 UserMapper 的接口，该接口将作为持久层接口，用于与数据库进行交互。在 UserMapper 接口中，定义一个名为 getUserById() 的方法，该方法的目的是通过学生 ID 来获取对应的学生信息，代码如下：

```java
//第 5 章/user - system/src/main/java/com/demo/dao/UserMapper.java
package com.demo.dao;
import com.demo.domain.User;
public interface UserMapper {
    public User getUserById(Integer id);
}
```

之后，在项目的 src/main/resources 目录下，创建一个 com.demo.dao 的文件夹结构，并在该文件夹下创建 UserMapper 接口对应的映射文件 UserMapper.xml。这个映射文件是 MyBatis 框架中用于定义 SQL 语句与 Java 方法之间映射关系的关键部分，它确保了数据访问层能够正确地执行数据库操作。UserMapper.xml 映射文件的具体实现代码如下：

```xml
//第 5 章/user - system/src/main/resources/com/demo/dao/UserMapper.xml
<?xml version = "1.0" encoding = "utf - 8" ?>
<!DOCTYPE mapper
        PUBLIC " - //mybatis.org//DTD Mapper 3.0//EN"
        "http://mybatis.org/dtd/mybatis - 3 - mapper.dtd">
<mapper namespace = "com.demo.dao.UserMapper">
    <!-- 通过学生 ID 来获取对应的学生信息 -->
    <select id = "getUserById" parameterType = "int"
            resultType = "com.demo.domain.User">
        select *
        from user
        where id = #{id}
    </select>
</mapper>
```

（2）在项目的 src/main/java/com/demo 目录下，构建一个名为 service 的包，这个包将负责实现业务逻辑层的相关功能。之后，在 service 包内，创建一个名为 UserService 的接口,作为业务逻辑层的核心接口,用于处理与用户相关的业务操作,并且在 UserService 接口中,定义一个名为 getUserById() 的方法,该方法的目的是通过学生 ID 来获取对应的学生信息,代码如下:

```
//第 5 章/user－system/src/main/java/com/demo/service/UserService.java
package com.demo.service;
import com.demo.domain.User;
public interface UserService {
    public User getUserById(Integer id);
}
```

在项目的 src/main/java/com/demo/service 目录下,构建一个名为 impl 的子包,该包将用于存放业务逻辑层接口的具体实现类。在 impl 包内,创建一个名为 UserServiceImpl 的类,该类将作为 UserService 接口的业务层实现。在 UserServiceImpl 类中,实现了 UserService 接口所定义的 getUserById() 方法,并在类中注入了一个 UserMapper 对象。这个 UserMapper 对象是数据访问层的关键组件,它负责执行与数据库相关的操作。在 getUserById() 方法的实现中,通过注入的 UserMapper 对象调用其 getUserById() 方法,并传入学生 ID 作为参数,从而获取对应的学生信息。通过这种方式来实现业务逻辑层与数据访问层的交互,确保业务逻辑的正确执行。UserServiceImpl 类的具体实现代码如下:

```
//第 5 章/user－system/src/main/java/com/demo/service/impl/UserServiceImpl.java
package com.demo.service.impl;

import com.demo.dao.UserMapper;
import com.demo.domain.User;
import com.demo.service.UserService;
import org.springframework.beans.factory.annotation.Autowired;
import org.springframework.stereotype.Service;

@Service
public class UserServiceImpl implements UserService {
    @Autowired
    private UserMapper userMapper;

    public User getUserById(Integer id) {
        return userMapper.getUserById(id);
    }
}
```

(3) 在项目的 src/main/java/com/demo 目录下,创建一个名为 controller 的包,以组织和管理与 Web 请求处理相关的控制器类,并在 controller 包下创建一个名为 UserController 的类,该类将作为 Web 请求的前端控制器,负责处理与用户相关的 HTTP 请求。在 UserController 类中,注入了一个 UserService 对象,这个对象提供业务逻辑层的功能,能够处理复杂的业务规则和数据交互。之后在 UserController 类中定义一个名为 getUserById 的方法。这种方法的目的是响应前端发送的获取学生信息的请求。当方法被调用时,它获取请求中传递过来的学生 ID 作为参数,并将该参数传递给注入的 UserService 对象调用的 getUserById 方法。通过调用业务逻辑层的方法确保能够按照正确的业务规则获取学生信息,具体实现代码如下:

```java
//第 5 章/user - system/src/main/java/com/demo/controller/UserController.java
package com.demo.controller;

import com.demo.domain.User;
import com.demo.service.UserService;
import org.springframework.beans.factory.annotation.Autowired;
import org.springframework.stereotype.Controller;
import org.springframework.web.bind.annotation.RequestMapping;
import org.springframework.web.servlet.ModelAndView;

@Controller
public class UserController {
    @Autowired
    private UserService userService;

    @RequestMapping("/user")
    public ModelAndView findBookById(Integer id) {
        User user = userService.getUserById(id);
        ModelAndView view = new ModelAndView();
        view.setViewName("user.jsp");
        view.addObject("user", user);
        return view;
    }
}
```

5.2 Spring 与 MyBatis 的整合配置

在 SSM 框架整合中,Spring 与 MyBatis 的整合是至关重要的一环。通过将 Spring 的依赖注入和事务管理与 MyBatis 的持久层操作相结合,可以实现高效、可维护的数据访问层。Spring 与 MyBatis 的整合过程可以分为两个主要步骤:首先需要搭建 Spring 框架环境,随后需要将 MyBatis 无缝地集成到已搭建的 Spring 环境中。在这个整合过程中,框架环境的构建至关重要,它涉及框架所需的各种依赖和配置文件的准备工作。具体来讲,这包括 Spring 的核心依赖、MyBatis 的数据库操作依赖,以及确保两者顺畅协作的整合依赖。在项目的初始结构搭建阶段,这些依赖通常已经被适当地引入项目中。接下来,开发者需要聚焦于配置文件的编写工作,这包括 Spring 的核心配置文件,以及用于定义 Spring 与 MyBatis 之间交互细节的整合配置文件。通过这些配置文件的精确编写,可以确保 Spring 和 MyBatis 能够协同工作,从而提供了高效、稳定的数据访问层支持。下面将详细讲解如何对 Spring 和 MyBatis 进行整合,包括配置文件的编写、Bean 的配置及事务管理的设置等。

在 Spring 与 MyBatis 的整合中,主要涉及两个配置文件:applicationContext. xml (Spring 的配置文件)和 mybatis-config. xml(MyBatis 的配置文件)。

5.2.1　Spring 的配置文件

在 Spring 框架中,配置文件扮演着至关重要的角色,它们不仅定义了应用程序的上下文环境,还指导了 Spring 容器如何加载和管理 Bean。为了配置 Spring 服务层的 Bean,需要创建一个名为 application-service. xml 的配置文件。application-service. xml 的主要职责是指导 Spring 容器在启动时扫描特定的包路径。通过配置这些扫描路径,Spring 能够自动检测和注册 Service 层中定义的 Bean,从而极大地简化在开发过程中的配置工作。

application-service. xml 文件中的示例代码如下:

```
//第 5 章/user - system/src/main/resources/application - service.xml
< beans xmlns = "http://www.springframework.org/schema/beans"
          xmlns:xsi = "http://www.w3.org/2001/XMLSchema - instance"
          xmlns:context = "http://www.springframework.org/schema/context"
          ...>
    <!-- 开启注解扫描,扫描包 -->
    < context:component - scan base - package = "com.test.service"/>
</beans>
```

在上述配置中,< context:component-scan >元素用于开启注解扫描功能,并指定了需要扫描的包路径 com. test. service。这意味着 Spring 容器会扫描 com. test. service 包及其子包下的所有类,并自动注册带有@Service 注解的类作为 Bean。通过这种方式,开发者无须手动编写每个 Service 类的 Bean 定义,从而提高开发效率和代码的可维护性。

除了配置注解扫描外,application-service. xml 文件中还可以添加其他配置,如数据源配置、事务管理等。这些配置将根据具体的应用需求进行定制和扩展。

5.2.2　jdbc. properties 的属性文件

在 Spring 与 MyBatis 的集成方案中,SqlSessionFactoryBean 是一个核心组件,其重要性不言而喻。这个 Bean 不仅负责创建 SqlSessionFactory 的实例,而且作为 Spring 与 MyBatis 之间的桥梁,负责将 MyBatis 集成到 Spring 框架中。为了充分发挥 SqlSessionFactoryBean 的功能,必须将其与数据源(DataSource)进行关联,确保数据库连接的正确性和稳定性。通过数据源的配置,可以实现对数据库连接的有效管理,包括连接池的设置、连接的安全性和可靠性等方面的控制。

为了管理和维护数据源信息,通常会创建一个名为 jdbc. properties 的属性文件。这个文件集中存放了数据库连接所需的关键信息,如数据库 URL、用户名、密码等。通过配置 jdbc. properties,可以实现数据库连接信息的集中管理和安全控制,避免在代码中硬编码敏感信息。同时,jdbc. properties 文件还有助于提高代码的可维护性和灵活性,方便对数据库连接进行集中管理和配置。

jdbc. properties 文件中的示例代码如下:

```
//第 5 章/user - system/src/main/resources/jdbc.properties
# 数据库连接信息
jdbc.driverClassName = com.mysql.cj.jdbc.Driver
jdbc.url = jdbc:mysql://localhost:3306/ssm?useUnicode = true&characterEncoding =
utf8&serverTimezone = Asia/Shanghai
jdbc.username = myuser
jdbc.password = mypassword

# 其他可能的配置,如连接池属性等
jdbc.maxPoolSize = 10
jdbc.minPoolSize = 5
jdbc.initialPoolSize = 5
```

在这个配置中,jdbc. driverClassName 指定了数据库驱动类,jdbc. url 是数据库的连接 URL,jdbc. username 和 jdbc. password 分别是数据库访问的用户名和密码。此外,还可以根据需要配置连接池的相关属性,如最大连接数(jdbc. maxPoolSize)、最小连接数(jdbc. minPoolSize)和初始连接数(jdbc. initialPoolSize)等。通过合理配置 jdbc. properties 文件,并结合 SqlSessionFactoryBean 的设置,可以确保 Spring 与 MyBatis 之间顺畅整合,实现高效、稳定的数据库访问操作。同时,这种配置方式还提高了代码的可维护性和灵活性,便于对数据库连接进行集中管理和配置。

5.2.3　SSM 框架项目中 Spring 与 MyBatis 的整合配置

在构建 SSM 框架项目时,5.1.6 节中已经在项目基础结构搭建阶段将整合所需的依赖项引入项目中,并且创建了对应的数据库和三层架构对应模块的类和接口。接下来,主要需要完成 Spring 的配置文件编写工作,并配置 Spring 与 MyBatis 的整合文件,以确保两者能够无缝衔接,实现业务逻辑与数据访问的协同工作。通过这样的配置能够确保项目的稳定性和高效性,为后续的业务开发奠定坚实的基础。

1. 创建 Spring 的配置文件

在项目的 src/main/resources 目录下,创建一个名为 application-service. xml 的配置文件,该文件的主要作用是配置 Spring 框架对 Service 层的扫描信息。通过定义扫描路径,Spring 能够自动检测和加载在该路径下的 Service 层组件,实现依赖注入和自动装配等功能。application-service. xml 配置文件的具体代码如下:

```
//第 5 章/user - system/src/main/resources/application - service.xml
<?xml version = "1.0" encoding = "UTF - 8"?>
< beans xmlns = "http://www.springframework.org/schema/beans"
        xmlns:xsi = "http://www.w3.org/2001/XMLSchema - instance"
        xmlns:context = "http://www.springframework.org/schema/context"
        xsi:schemaLocation = "
            http://www.springframework.org/schema/beans
```

```
        http://www.springframework.org/schema/beans/spring-beans.xsd
                http://www.springframework.org/schema/context

        http://www.springframework.org/schema/context/spring-context.xsd
            ">
    <!-- 注解扫描 -->
    <context:component-scan base-package="com.demo.service"/>
</beans>
```

2. 创建 Spring 和 MyBatis 整合配置文件

在项目的 src/main/resources 目录下创建数据源属性文件 jdbc.properties，并在其中配置相应的数据源信息，如数据库 URL、用户名、密码等。通过这样的配置方式，能够实现 Spring 与 MyBatis 的紧密整合，确保数据访问层与业务逻辑层的无缝衔接，具体的代码如下：

```
//第 5 章/user-system/src/main/resources/jdbc.properties
jdbc.driverClassName = com.mysql.cj.jdbc.Driver

jdbc.url = jdbc:mysql://localhost:3306/user-system?useUnicode=true&characterEncoding=
utf-8&serverTimezone=Asia/Shanghai

jdbc.username = root
jdbc.password = 123456
```

接下来，把 MyBatis 整合进 Spring 的框架环境中，以确保两者的无缝协同工作。在项目的 src/main/resources 目录下，创建一个名为 application-dao.xml 的配置文件。该文件的主要作用是配置 Spring 与 MyBatis 的整合信息，包括数据源、SqlSessionFactory 及 Mapper 接口的扫描等关键配置，具体的代码如下：

```
//第 5 章/user-system/src/main/resources/application-dao.xml
<?xml version="1.0" encoding="UTF-8"?>
<beans xmlns="http://www.springframework.org/schema/beans"
        xmlns:xsi="http://www.w3.org/2001/XMLSchema-instance"
        xmlns:context="http://www.springframework.org/schema/context"
        xsi:schemaLocation="
            http://www.springframework.org/schema/beans
            http://www.springframework.org/schema/beans/spring-beans.xsd
            http://www.springframework.org/schema/context
            http://www.springframework.org/schema/context/spring-context.xsd
        ">
    <context:property-placeholder location="classpath:jdbc.properties"/>
    <bean id="dataSource" class="com.alibaba.druid.pool.DruidDataSource">
            <property name="driverClassName" value="${jdbc.driverClassName}"/>
            <property name="url" value="${jdbc.url}"/>
            <property name="username" value="${jdbc.username}"/>
            <property name="password" value="${jdbc.password}"/>
    </bean>
    <bean id="sqlSessionFactory"
        class="org.mybatis.spring.SqlSessionFactoryBean">
```

```
        < property name = "dataSource" ref = "dataSource"/>
    </bean >
    < bean class = "org.mybatis.spring.mapper.MapperScannerConfigurer">
        < property name = "basePackage" value = "com.demo.dao"/>
    </bean >
</beans >
```

（1）引入之前配置的 jdbc.properties 属性文件,代码如下:

```
//第 5 章/user - system/src/main/resources/application - dao.xml
< context:property - placeholder location = "classpath:jdbc.properties"/>
```

（2）定义一个数据源（DataSource）的 Bean。数据源是应用程序与数据库之间的连接池,负责管理和复用数据库连接,以提高应用程序的性能和响应速度,代码如下:

```
//第 5 章/user - system/src/main/resources/application - dao.xml
    < bean id = "dataSource" class = "com.alibaba.druid.pool.DruidDataSource">
        < property name = "driverClassName" value = " $ {jdbc.driverClassName}"/>
        < property name = "url" value = " $ {jdbc.url}"/>
        < property name = "username" value = " $ {jdbc.username}"/>
        < property name = "password" value = " $ {jdbc.password}"/>
    </bean >
```

（3）创建和配置一个 SqlSessionFactory 对象。SqlSessionFactory 是 MyBatis 框架中的一个核心接口,负责创建 SqlSession 实例,而 SqlSession 是执行 SQL 命令、获取映射器（Mapper）及管理事务的核心接口,代码如下:

```
//第 5 章/user - system/src/main/resources/application - dao.xml
< bean id = "sqlSessionFactory"
        class = "org.mybatis.spring.SqlSessionFactoryBean">
        < property name = "dataSource" ref = "dataSource"/>
    </bean >
```

（4）定义一个 MapperScannerConfigurer 类型的 Bean,这个 Bean 的主要作用是扫描指定包（这里是 com.demo.dao）下的接口,并为这些接口创建动态代理对象,这些代理对象会被自动存储到 Spring 的 IoC（控制反转）容器中,代码如下:

```
//第 5 章/user - system/src/main/resources/application - dao.xml
    < bean class = "org.mybatis.spring.mapper.MapperScannerConfigurer">
        < property name = "basePackage" value = "com.demo.dao"/>
    </bean >
```

3. 测试整合结果

通过实施单元测试的方式,对 Spring 和 MyBatis 整合情况进行全面检测与验证。为了达到这一目的,将在项目的 src/test/java 目录下创建一个名为 UserServiceTest 的测试类。这个测试类将专注于检验 Spring 与 MyBatis 的整合效果,确保其协同工作无误,代码如下:

```
//第 5 章/user - system/src/main/java/com/demo/testUserServiceTest.java
package com.demo.test;
```

```
import com.demo.domain.User;
import com.demo.service.UserService;
import org.junit.Test;
import org.junit.runner.RunWith;
import org.springframework.beans.factory.annotation.Autowired;
import org.springframework.test.context.ContextConfiguration;
import org.springframework.test.context.junit4.SpringJUnit4ClassRunner;

@RunWith(SpringJUnit4ClassRunner.class)
@ContextConfiguration(locations = {"classpath:application-service.xml", "classpath:
application-dao.xml"})
public class UserServiceTest {
    @Autowired
    private UserService userService;
    @Test
    public void getUserById() {
        User user = userService.getUserById(1);
        System.out.println("ID:" + user.getId() + " 姓名:" + user.getName() + " 专业:" +
user.getSubject() + " 班级:" + user.getGrade());
    }
}
```

Spring 与 MyBatis 的整合完成，如图 5-5 所示。

图 5-5　运行结果

5.2.4　注解方式整合 Spring 与 MyBatis

SSM 框架整合传统上依赖于 XML 配置文件与注解的结合使用，然而 Spring 框架的强大之处在于它允许开发者通过注解的方式完全替代 XML 配置，实现纯注解的 SSM 框架整合。这种方式不仅提高了代码的可读性和可维护性，还使配置更加灵活和易于管理。

在纯注解的整合思路中，开发者可以利用配置类代替 XML 配置文件的作用。这些配置类使用 Spring 提供的注解来定义 Bean、扫描组件、配置属性等，从而实现了与 XML 配置文件相同的效果。

使用注解方式整合 Spring 与 MyBatis 需要一个替代 application-dao.xml 的配置类。这个类将负责读取 jdbc.properties 文件中的数据库连接信息，创建 Druid 数据连接池对象，并注入 SqlSessionFactoryBean 中，同时还需要创建一个替代 MapperScannerConfigurer 的配置，用于指定 Mapper 接口的扫描路径。

　　首先,在项目的 src/main/java/com/demo 目录下创建一个名为 config 的包,专门用于
存放项目的配置类。在这个 config 包中,创建了一个名为 JdbcConfig 的类,其主要职责是
获取数据库连接信息并定义创建数据源的方法,具体的代码如下:

```
//第 5 章/user-system/src/main/java/com/demo/configJdbcConfig.java
package com.demo.config;

import com.alibaba.druid.pool.DruidDataSource;
import org.springframework.beans.factory.annotation.Value;
import org.springframework.context.annotation.Bean;
import org.springframework.context.annotation.PropertySource;
import javax.sql.DataSource;

@PropertySource("classpath:jdbc.properties")
public class JdbcConfig {

    @Value("${jdbc.driverClassName}")
    private String driver;
    @Value("${jdbc.url}")
    private String url;
    @Value("${jdbc.username}")
    private String userName;
    @Value("${jdbc.password}")
    private String password;

    @Bean("dataSource")
    public DataSource getDataSource() {
        DruidDataSource dataSource = new DruidDataSource();
        dataSource.setDriverClassName(driver);
        dataSource.setUrl(url);
        dataSource.setUsername(userName);
        dataSource.setPassword(password);
        return dataSource;
    }
}
```

　　在 JdbcConfig 类中,利用@PropertySource 注解来读取 jdbc.properties 文件中的数据
库连接信息。这个注解的作用等同于 XML 配置中的< context:property-placeholder >元
素,它指定了属性文件的加载路径。接着定义了几个私有属性,包括数据库驱动类名、连接
URL、用户名和密码,并通过@Value 注解将这些属性与 jdbc.properties 文件中的对应值进
行绑定,这种绑定方式在功能上等同于 XML 配置中的< property >元素。最后,还需要编写
一个名为 getDataSource 的方法,并使用`@Bean`注解将其标记为一个 Spring 管理的
Bean。这种方法负责创建并配置一个 DruidDataSource 对象,用于提供数据库连接。在方
法内部设置了数据源的各项属性,包括驱动类名、连接 URL、用户名和密码,并返回配置好
的数据源对象。

　　完成 JdbcConfig 类的配置后,还需要在 config 包中定义一个名为 MyBatisConfig 的

类，专门用于配置 MyBatis 的相关组件。该类中包含了两个重要的方法：
getSqlSessionFactoryBean()和 getMapperScannerConfigurer()。这两种方法分别负责创建
SqlSessionFactoryBean 对象和 MapperScannerConfigurer 对象，并返给 Spring 容器进行管
理，具体的代码如下：

```java
//第5章/user - system/src/main/java/com/demo/MyBatisConfig.java
package com.demo.config;

import org.mybatis.spring.SqlSessionFactoryBean;
import org.mybatis.spring.mapper.MapperScannerConfigurer;
import org.springframework.beans.factory.annotation.Autowired;
import org.springframework.context.annotation.Bean;
import javax.sql.DataSource;

public class MyBatisConfig {
    @Bean
    public SqlSessionFactoryBean getSqlSessionFactoryBean(
            @Autowired DataSource dataSource) {
        SqlSessionFactoryBean sqlSessionFactoryBean = new SqlSessionFactoryBean();
        sqlSessionFactoryBean.setDataSource(dataSource);
        return sqlSessionFactoryBean;
    }
    @Bean
    public MapperScannerConfigurer getMapperScannerConfigurer() {
        MapperScannerConfigurer mapperScannerConfigurer = new MapperScannerConfigurer();
        mapperScannerConfigurer.setBasePackage("com.demo.dao");
        return mapperScannerConfigurer;
    }
}
```

在上面的代码中，getSqlSessionFactoryBean()方法通过@Bean 注解标识为一个 Spring
管理的 Bean，这意味着 Spring 将负责创建并管理该方法的返回值，并且在该方法中将创建
一个 SqlSessionFactoryBean 对象，并通过@Autowired 注解自动装配数据源 DataSource。
这个数据源来自 JdbcConfig 类中的配置，它是数据库连接的关键组件，然后通过调用
setDataSource()方法将数据源设置到 SqlSessionFactoryBean 对象中，以完成 MyBatis 的核
心连接工厂的配置，这个过程等同于 XML 配置中的< bean class = "org.mybatis.spring.
SqlSessionFactoryBean">及相关的属性设置。

之后，getMapperScannerConfigurer()方法同样通过@Bean 注解标识为一个 Spring 管
理的 Bean。在这种方法中创建了一个 MapperScannerConfigurer 对象，它负责扫描指定包
下的 Mapper 接口，并自动将它们注册为 Spring 的 Bean。这样就可以在应用程序中直接使
用这些 Mapper 接口，而无须手动配置。在方法中通过调用 setBasePackage()方法指定了
要扫描的包路径，在示例代码中是 com.demo.dao。这个设置等同于 XML 配置中的< bean
class = "org.mybatis.spring.mapper.MapperScannerConfigurer">及< property name =

"basePackage" value＝"com. demo. dao"/>。

通过 MyBatisConfig 类的这两种方法,可以成功地将 MyBatis 的核心连接工厂和 Mapper 扫描配置转换为纯注解形式。这不仅提高了配置的灵活性和可维护性,也使整个 SSM 框架的整合过程更加简洁和清晰。这种配置方式也充分利用了 Spring 框架的特性,使开发者能够更好地管理和控制应用程序的组件。

5.3 Spring 和 Spring MVC 的整合配置

在 SSM 项目中,Spring 作为业务逻辑层,负责提供事务管理、对象管理等功能,而 Spring MVC 作为表示层,负责处理用户的请求和响应。两者的整合是构建 SSM 项目的关键步骤之一,下面将详细介绍如何进行整合。

5.3.1 Spring 与 Spring MVC 的配置文件

1. 配置 web. xml 以加载 Spring 容器

首先,通过< context-param >元素指定 Spring 容器的配置文件的位置。在下面的代码中,配置文件被命名为 applicationContext. xml,并且位于类路径(classpath)下。param-name 标签中的 contextConfigLocation 是 Spring 框架约定的参数名,用于指定配置文件的位置。param-value 标签则包含了配置文件的实际路径,其次,< listener >元素用于配置 ContextLoaderListener。这个监听器负责在 Web 应用启动时加载 Spring 容器。当 Web 应用服务器启动时,它会扫描 web. xml 文件中的监听器配置,并自动创建和初始化这些监听器。当 ContextLoaderListener 被初始化时,它会读取前面通过< context-param >指定的配置文件,并据此创建和配置 Spring 容器。通过这些配置,业务逻辑组件,如服务层组件等,就可以通过 Spring 容器进行管理。Spring 容器会负责这些组件的实例化、依赖注入及生命周期管理,从而简化了应用的开发和维护。

此外,在配置文件中还可以使用< servlet-mapping >元素进行配置,它将前端控制器 (dispatcherServlet)映射到根 URL 路径上,使所有的请求都将首先被 dispatcherServlet 处理,再根据请求的路径和配置,将请求分发到相应的控制器进行处理。

除了上述核心配置外,web. xml 文件中还可以包含其他 Web 应用的配置,如过滤器、安全设置等,这些配置共同确保了 Web 应用的正常运行和安全性,其示例代码如下:

```
//第 5 章/user - system/src/main/webapp/WEB - INFweb. xml
< web - app ...>
    <!-- 配置 Spring 的上下文配置文件位置 -->
    < context - param >
        < param - name > contextConfigLocation </param - name >
        < param - value > classpath:applicationContext.xml </param - value >
    </context - param >
```

```
    <!-- 配置 Spring 的 ContextLoaderListener 来加载 Spring 容器 -->
    < listener >

    < listener - class > org. springframework. web. context. ContextLoaderListener </listener -
class >
    </listener >
    < servlet - mapping >
        < servlet - name > dispatcherServlet </servlet - name >
        < url - pattern >/</url - pattern >
    </servlet - mapping >
    <!-- 其他 web. xml 配置 -->
</web - app >
```

2. 编写 Spring MVC 配置文件

在 Spring MVC 框架中,Spring MVC 的配置文件扮演着至关重要的角色,它负责定义和配置 Spring MVC 的核心组件和行为。通过编写此配置文件,能够精确地控制 Spring MVC 如何处理 HTTP 请求、如何解析视图及如何扫描和注册控制器。

首先需要在配置文件中启用注解驱动,这可以通过添加< mvc:annotation-driven />元素来实现。这一步骤至关重要,因为它开启了 Spring MVC 对诸如 @ Controller、@RequestMapping 等注解的支持,使开发者可以使用注解来定义控制器和映射请求。其次,需要配置视图解析器,以便 Spring MVC 能够将逻辑视图名称解析为实际的视图资源,可以使用 InternalResourceViewResolver 类来实现 JSP 视图的解析。通过设置 prefix 和 suffix 属性指定视图文件所在的基础路径和文件扩展名。这样,当 Spring MVC 需要渲染一个视图时,它会根据这些配置找到对应的 JSP 文件。此外,还需要配置控制器的扫描路径,通过< context:component-scan >元素来指定 Spring MVC 应该扫描哪些包以查找带有 @Controller 注解的类。例如,将 base-package 属性设置为 com. demo. controller,这意味着 Spring MVC 将扫描此包及其子包下的所有类,并将带有@Controller 注解的类注册为控制器。

除了上述基本配置外,spring-mvc-servlet. xml 文件还可以包含其他 Spring MVC 相关的配置,例如拦截器的定义、消息转换器的配置等。这些配置可以根据项目的具体需求进行定制和扩展,其示例代码如下:

```
//第5章/spring - mvc - servlet. xml
< beans ...>
    <!-- 配置注解驱动,开启对@Controller 等注解的支持 -->
    < mvc:annotation - driven />

    <!-- 配置视图解析器 -->
    < bean class = "org. springframework. web. servlet. view. InternalResourceViewResolver">
        < property name = "prefix" value = "/WEB - INF/views/" />
        < property name = "suffix" value = ". jsp" />
    </bean >

    <!-- 配置控制器扫描路径 -->
```

```
< context:component - scan base - package = "com.demo.controller" />

<!-- 其他 Spring MVC 配置,如拦截器、消息转换器等 -->
</beans >
```

5.3.2 SSM 框架项目中 Spring 和 Spring MVC 的整合配置

Spring 与 Spring MVC 的整合过程相对简洁高效,完成相关依赖的导入后,核心任务在于加载各自所需的配置文件。在之前整合 Spring 和 MyBatis 时,已经配置了 Spring 的各类组件和属性,确保业务逻辑层和数据访问层的顺畅运作。接下来,将 Spring MVC 融入这一体系,仅需确保在项目启动时正确加载 Spring 容器及其配置文件。

1. Spring MVC 的配置文件

在项目的 src/main/resources 目录下创建 Spring MVC 的配置文件并命名为 spring-mvc.xml,在这个文件添加配置及其他与 Spring MVC 相关的设置,通过正确配置这个文件,可以确保 Spring MVC 框架能够正常工作,并与 Controller 层进行有效交互。

在 Spring MVC 的配置文件中需要配置包扫描(package scanning),它指定了 Spring MVC 需要扫描哪些包来查找 Controller 层的类,通过精确指定包路径,可以确保只有包含 Controller 的类被扫描并注册到 Spring MVC 的上下文中,从而实现了对 Controller 层的有效管理。其次,还需要配置注解驱动(annotation-driven),使项目在启动时能够启用注解驱动功能。通过启用注解驱动,Spring MVC 能够自动注册 HandlerMapping 和 HandlerAdapter,从而实现了请求映射和处理器适配的自动化,简化了配置过程,提高了项目的可维护性和可扩展性。

具体配置代码如下:

```
//第 5 章/user - system/src/main/resources/spring - mvc.xml
<?xml version = "1.0" encoding = "UTF - 8"?>
< beans xmlns = "http://www.springframework.org/schema/beans"
        xmlns:context = "http://www.springframework.org/schema/context"
        xmlns:mvc = "http://www.springframework.org/schema/mvc"
        xmlns:xsi = "http://www.w3.org/2001/XMLSchema - instance"
        xsi:schemaLocation = "http://www.springframework.org/schema/beans

http://www.springframework.org/schema/beans/spring - beans.xsd
            http://www.springframework.org/schema/mvc
            http://www.springframework.org/schema/mvc/spring - mvc.xsd
            http://www.springframework.org/schema/context

http://www.springframework.org/schema/context/spring - context.xsd">
    <!-- 扫描包 -->
    < context:component - scan base - package = "com.demo.controller"/>
    <!-- 注解驱动 -->
    < mvc:annotation - driven/>
</beans >
```

2. web. xml 文件

接下来需要在项目的 web. xml 文件中配置 Spring 的监听器。这一监听器负责在 Web 应用启动时初始化 Spring 容器，并加载 Spring 的配置文件。通过这一配置，可以确保 Spring 框架的核心组件得到正确初始化，为后续的 Web 请求处理提供坚实的支撑。首先，在 web. xml 文件中声明一个 context-param 元素，用于指定 Spring 配置文件的位置，然后配置一个 listener 元素，将其 listener-class 属性设置为 org. springframework. web. context. ContextLoaderListener，这样 Spring 容器就会在应用启动时自动加载在配置文件中定义的 bean。

由于在之前已经完成了 spring-mvc. xml 文件的配置，因此也需要在 `web. xml` 中配置 Spring MVC 的前端控制器（通常称为 DispatcherServlet）。它是 Spring MVC 框架的核心组件，负责拦截请求，将请求分发到相应的控制器，并返回响应。在初始化这个前端控制器时，需要加载 Spring MVC 的配置文件，以便 Spring MVC 能够正确运行。

具体配置代码如下：

```
//第 5 章/user - system/src/main/webapp/WEB - INF/web.xml
<! DOCTYPE web - app PUBLIC
" - //Sun Microsystems, Inc.//DTD Web Application 2.3//EN"
"http://java. sun. com/dtd/web - app_2_3.dtd" >

< web - app >
  < display - name > Archetype Created Web Application </display - name >
  < context - param >
    < param - name > contextConfigLocation </param - name >
    < param - value > classpath:application - * . xml </param - value >
  </context - param >
  < listener >
    < listener - class >
      org. springframework. web. context. ContextLoaderListener
    </listener - class >
  </listener >
  < servlet >
    < servlet - name > DispatcherServlet </servlet - name >
    < servlet - class >
      org. springframework. web. servlet. DispatcherServlet
    </servlet - class >
    < init - param >
      < param - name > contextConfigLocation </param - name >
      < param - value > classpath:spring - mvc. xml </param - value >
    </init - param >
    < load - on - startup > 1 </load - on - startup >
  </servlet >
  < servlet - mapping >
    < servlet - name > DispatcherServlet </servlet - name >
    < url - pattern >/</url - pattern >
  </servlet - mapping >
</web - app >
```

在进行了上述的配置之后,项目在启动时会根据<context-param>元素的<param-value>子元素所指定的参数值,自动加载位于类路径(classpath)下所有以"application-"为前缀且以".xml"为后缀的配置文件。这一过程确保了项目能够正确地识别并加载所需的Spring配置文件,从而建立起完整的Spring容器上下文环境,为后续的业务逻辑处理和数据访问操作提供必要的支持和保障。

3. 创建前端页面

在项目的 src/main/webapp 目录下创建了一个名为 user.jsp 的 JSP(Java Server Pages)文件。这个文件将充当前端页面的角色,其主要职责是展示后端处理器经过处理并返回的学生信息。为了实现这一功能,可以利用 JSP 的标签库和表达式语言(EL)动态地从后端获取实时数据,并将其集成到页面的相应位置。最后通过页面查询学生信息来测试 SSM 框架的整合情况。如果页面成功查询到了学生信息,则将表明 Controller 层有效地将从 Service 层获取的学生信息传递给了前端页面,也证明了 SSM 框架整合的成功。

具体的代码如下:

```
//第5章/user-system/src/main/webapp/WEB-INF/user.jsp
<%@ page contentType = "text/html;charset = UTF-8" language = "java" isELIgnored = "false"
%>
<html>
<head><title>学生信息</title></head>
<body>
<table border = "1">
    <tr>
        <th>ID</th>
        <th>姓名</th>
        <th>专业</th>
        <th>班级</th>
    </tr>
    <tr>
        <td>${user.id}</td>
        <td>${user.name}</td>
        <td>${user.subject}</td>
        <td>${user.grade}</td>
    </tr>
</table>
</body>
</html>
```

图 5-6   打包结果

4. 测试整合结果

在进行测试之前,需要将项目构建成可执行的 WAR 包,将项目的所有依赖项、配置文件及源代码打包成一个单独的文件,如图 5-6 所示。

打包后需要将这个 WAR 包部署到 Tomcat 服务器中。在部署过程中,需要将 JAR 包放置在 Tomcat 的特定目录下，如图 5-7 所示。

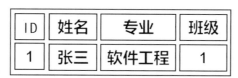

图 5-7　部署到 Tomcat 服务器

完成部署后，通过 bin 目录下的 startup.bat 脚本启动 Tomcat 服务器（Windows 环境下），使项目得以在服务器上运行。在浏览器中访问地址 http://localhost:8080/user?id=1 来查询学生信息，如图 5-8 所示。

ID	姓名	专业	班级
1	张三	软件工程	1

图 5-8　运行结果

5.3.3　注解方式整合 Spring 和 Spring MVC

1. 替代 application-service.xml 配置类

在纯注解的整合思路中，需要利用配置类代替 XML 配置文件。在使用注解方式整合 Spring 和 Spring MVC 的过程中，首先需要一个替代 application-service.xml 的配置类，这个类将负责配置 Service 层的包扫描，指定 Spring 需要扫描的包路径，以便自动发现和注册 Service 层的 Bean。

在 config 包中创建一个名为 SpringConfig 的类，作为项目定义 Bean 的源头，并负责扫描 service 层对应的包。SpringConfig 类不仅是一个简单的 Java 类，它更是 Spring 框架中配置 Bean 定义的关键入口点，通过 Spring 的注解能够在 Java 代码中直接定义和管理 Bean，避免了烦琐的 XML 配置，具体的代码如下：

```
//第 5 章/user-system/src/main/java/com/demo/config/SpringConfig.java
package com.demo.config;

import org.springframework.context.annotation.*;

@Configuration
```

```
@Import({MyBatisConfig.class, JdbcConfig.class})
@ComponentScan(value = "com.demo.service")
public class SpringConfig {
}
```

在上述代码中 SpringConfig 类被标记为@Configuration,这意味着它定义了一个或多个@Bean 方法,并且可以被 Spring 容器处理以生成 Bean 定义和服务请求。此外,通过@Import 注解将 MyBatisConfig 类和 JdbcConfig 类导入当前的配置类中,这样它们的 Bean 定义也会被 Spring 容器所管理。这种导入机制允许将复杂的配置分解为多个小的、可管理的配置类,提高了配置的可读性和可维护性。@ComponentScan 注解用于告诉 Spring 容器要扫描哪个包以查找带有@Component、@Service、@Repository 和@Controller 等注解的类,并将它们注册为 Spring 容器中的 Bean。在本例中指定了 com.demo.service 作为扫描的包路径,这意味着 Spring 将自动检测该包及其子包下带有上述注解的类,并创建相应的Bean 实例。

通过这种方式,SpringConfig 类简化了 Spring 的配置过程,并使配置更加灵活和易于管理。它允许开发者直接在 Java 代码中定义 Bean,避免了 XML 配置的复杂性,同时也提高了代码的可读性和可维护性。通过将配置分解为多个小的配置类,并使用@Import 注解进行导入,实现了配置的模块化,使每个配置类都专注于特定的功能或模块,提高了代码的复用性和可测试性。

2. 替代 spring-mvc.xml 配置类

在完成 SpringConfig 类的编写后,需要再编写一个替代 spring-mvc.xml 的配置类,这个类将配置 Spring MVC 的组件扫描路径和注解驱动,确保 Controller 层能够正确地被Spring MVC 管理。

在 config 包中,创建了一个名为 SpringMvcConfig 的类,这个类专门用于配置 SpringMVC 框架。开发者可以通过 SpringMvcConfig 类去控制 Spring MVC 的各方面,包括Controller 层的组件扫描路径。相比 XML 配置,这种配置方式提供了更灵活和可维护的Spring MVC 设置,具体的代码如下:

```
//第 5 章/user - system/src/main/java/com/demo/configSpringMvcConfig.java
package com.demo.config;

import org.springframework.context.annotation.ComponentScan;
import org.springframework.context.annotation.Configuration;
import org.springframework.web.servlet.config.annotation.EnableWebMvc;

@Configuration
@ComponentScan("com.demo.controller")
@EnableWebMvc
public class SpringMvcConfig {
}
```

在上述代码中,SpringMvcConfig 类被标记为@Configuration,表示它是一个配置类,用于定义 Bean。在配置类中,还使用了@ComponentScan 注解来指定 Controller 层的扫描路径。通过@ComponentScan("com. demo. controller")注解告诉 Spring MVC 在 com. demo. controller 包及其子包中查找带有@Controller 注解的类,并将它们作为 Controller 组件进行注册。这种方式与 XML 配置中的< context:component-scan base-package = "com. demo. controller"/>具有相同的效果,但更加简洁和直观。此外,SpringMvcConfig 类还使用了@EnableWebMvc 注解,该注解用于启用 Spring MVC 的配置支持,它告诉 Spring 容器要使用 Spring MVC 的功能,并触发相关的自动配置和组件注册。虽然这与 XML 配置中的< mvc:annotation-driven/>有些相似,但@EnableWebMvc 注解提供了更强大和更灵活的配置能力,它不仅局限于注解驱动的配置,还可以结合其他配置选项来满足更复杂的 Web MVC 需求。

3. 替代 web. xml 的配置类

为了确保项目在初始化 Servlet 容器时能够加载特定的初始化信息,并以此来替代传统的 web. xml 在配置文件中的设置,需要利用 Spring 框架提供的一种高级特性。Spring 框架中有一个非常有用的抽象类,名为 AbstractAnnotationConfigDispatcherServletInitializer。这个抽象类为开发者提供了一种在项目启动时自动配置 DispatcherServlet、初始化 Spring MVC 容器及 Spring 容器的机制。通过继承这个抽象类可以避免烦琐的 XML 配置,直接以 Java 配置的方式来设定 Spring MVC 的映射路径,并加载相关的配置类信息。

在项目中创建了一个名为 ServletContainersInitConfig 的类,该类继承了 AbstractAnnotationConfigDispatcherServletInitializer 抽象类。通过重写抽象类中的方法来实现对项目的特定配置。

其中需要重写的方法包括以下几种。

(1) getRootConfigClasses()方法:该方法用于将 Spring 配置类的信息加载到 Spring 容器中,通过返回包含 Spring 配置类的数组来确保 Spring 容器在初始化时能够加载到正确的配置信息。

(2) getServletConfigClasses()方法:该方法用于将 Spring MVC 配置类的信息加载到 Spring MVC 容器中,通过返回包含 Spring MVC 配置类的数组来确保 Spring MVC 容器能够加载到正确的配置信息。

(3) getServletMappings()方法:该方法用于指定 DispatcherServlet 的映射路径,通过返回映射路径的字符串数组来定义哪些 URL 请求会被 DispatcherServlet 处理。

具体的代码如下:

```
//第5章/user-system/src/main/java/com/demo/config/ServletContainersInitConfig. java
package com. demo. config;

import org. springframework. web. servlet. support.
        AbstractAnnotationConfigDispatcherServletInitializer;

public class ServletContainersInitConfig extends
```

```
                    AbstractAnnotationConfigDispatcherServletInitializer {

        protected Class <?>[] getRootConfigClasses() {
            return new Class[]{SpringConfig.class};
        }

        protected Class <?>[] getServletConfigClasses() {
            return new Class[]{SpringMvcConfig.class};
    }

        protected String[] getServletMappings() {
            return new String[]{"/"};
        }
    }
```

在项目启动时,这个文件会被自动加载,加载完成后,它会触发 Spring MVC 容器和 Spring 容器的初始化过程,并加载对应的配置类信息。同时,它还会配置好 DispatcherServlet 的映射路径,确保请求能够正确地被分发到相应的处理器。

通过上述的配置过程,可以成功地将 SSM 框架原有的 XML 配置模式转换为纯注解配置,这个操作不仅简化了配置流程,而且大幅地增强了代码的可读性和可维护性,使项目结构更加清晰,易于理解与管理。同时,这也充分展示了 Spring 框架在配置灵活性方面的卓越优势,它允许开发者根据项目的实际需求,灵活选择最适合的配置方式,无论是注解还是 XML 都可以得到良好的支持。然而,在实际开发中也需要注意,纯注解配置虽然带来了诸多便利,但并非适用于所有情况。在某些复杂的配置需求中,XML 配置可能仍然具有其独特的优势,因此,在决定采用何种配置方式时,需要充分考虑项目的实际需求,综合权衡利弊,选择最适合的配置策略。这样才能在确保项目顺利进行的同时,充分发挥出 Spring 框架的强大功能。

5.4　实战案例：SSM 框架整合实现

在讲解完 SSM 框架的整合原理与步骤之后,为了进一步加深读者对该框架组合在实际项目中的理解,本章将通过一个具体的实战案例——用户管理模块的实现来展示 SSM 框架的应用(该章主要讲解该模块的整合和接口编写等内容)。本模块后台采用 SSM 框架进行编写,旨在提供一个高效、稳定且易于维护的用户管理系统。用户管理模块作为整个系统的基础模块之一,主要实现了用户信息的增、删、改、查等功能。

5.4.1　数据库设计

用户登录模块作为系统的基础,自然离不开用户数据的存储与查询,因此,在构建用户登录模块时,首先需要设计并创建一个用户表,用于存储用户的基本信息,如用户名、密码、邮箱、角色等。通过合理设计用户表的结构和字段，可以确保用户数据的完整性和安全性，为后续的用户登录、身份验证及权限管理等功能提供有力的数据支持。

使用客户端工具创建数据表，如图 5-9 所示。

名	类型	长度	小数点	不是 null	虚拟	键	注释
id	int	32		☑	☐	🔑1	用户id
name	varchar	32		☐	☐		用户名
password	varchar	32		☐	☐		用户密码
email	varchar	32		☐	☐		用户邮箱
hiredate	varchar	32		☐	☐		入职时间
role	varchar	32		☐	☐		用户角色
departuredate	varchar	32		☐	☐		离职时间
status	varchar	1		☐	☐		用户状态 (0:正常,1:禁用)

图 5-9　创建数据表

通过客户端工具插入数据，如图 5-10 所示。

id	name	password	email	hiredate	role	departuredate	status
1	admin	123456	admin@qq.com	2024-03-01	ADMIN	(Null)	0
2	张三	123456	zhangsan@qq.com	2024-03-01	USER	(Null)	0
3	李四	123456	lisi@qq.com	2024-03-01	USER	(Null)	0

图 5-10　插入数据

以上创建数据库、数据表及向数据表中插入数据的操作也可以通过 SQL 语句实现，SQL 语句代码如下：

```
//第 5 章/user - system.sql
CREATE DATABASE user - system;
USE user - system;
DROP TABLE IF EXISTS `user`;
CREATE TABLE `user`(
  `id` int(32) NOT NULL AUTO_INCREMENT COMMENT '用户 id',
  `name` varchar(32) CHARACTER SET utf8 COLLATE utf8_general_ci NULL DEFAULT NULL COMMENT '用户名',
  `password` varchar(32) CHARACTER SET utf8 COLLATE utf8_general_ci NULL DEFAULT NULL COMMENT '用户密码',
  `email` varchar(32) CHARACTER SET utf8 COLLATE utf8_general_ci NULL DEFAULT NULL COMMENT '用户邮箱',
  `hiredate` varchar(32) CHARACTER SET utf8 COLLATE utf8_general_ci NULL DEFAULT NULL COMMENT '入职时间',
  `role` varchar(32) CHARACTER SET utf8 COLLATE utf8_general_ci NULL DEFAULT NULL COMMENT '用户角色',
  `departuredate` varchar(32) CHARACTER SET utf8 COLLATE utf8_general_ci NULL DEFAULT NULL COMMENT '离职时间',
  `status` varchar(1) CHARACTER SET utf8 COLLATE utf8_general_ci NULL DEFAULT NULL COMMENT '用户状态(0:正常,1:禁用)',
  PRIMARY KEY (`id`) USING BTREE
) ENGINE = InnoDB AUTO_INCREMENT = 8 CHARACTER SET = utf8 COLLATE = utf8_general_ci ROW_
FORMAT = DYNAMIC;
```

```
INSERT INTO `user` VALUES (1, 'admin', '123456', 'admin@qq.com', '2024 - 03 - 01', 'ADMIN', NULL,
'0');
INSERT INTO `user` VALUES (2, '张三', '123456', 'zhangsan@qq.com', '2024 - 03 - 01', 'USER',
NULL, '0');
INSERT INTO `user` VALUES (3, '李四', '123456', 'lisi@qq.com', '2024 - 03 - 01', 'USER', NULL,
'0');

SET FOREIGN_KEY_CHECKS = 1;
```

5.4.2　引入相关依赖

在 IntelliJ IDEA 集成开发环境中,创建一个名为 user-system 的 Maven Web 项目,并在项目的 pom. xml 文件中引入以下依赖,具体代码如下:

```
//第 5 章/user - system/pom.xml
< dependencies >
< dependency >
    < groupId > org. springframework </groupId >
    < artifactId > spring - context </artifactId >
    < version > 5.2.8. RELEASE </version >
</dependency >
< dependency >
    < groupId > org. springframework </groupId >
    < artifactId > spring - tx </artifactId >
    < version > 5.2.8. RELEASE </version >
</dependency >
< dependency >
    < groupId > org. springframework </groupId >
    < artifactId > spring - jdbc </artifactId >
    < version > 5.2.8. RELEASE </version >
</dependency >
< dependency >
    < groupId > org. springframework </groupId >
    < artifactId > spring - webmvc </artifactId >
    < version > 5.2.8. RELEASE </version >
</dependency >
< dependency >
    < groupId > org. mybatis </groupId >
    < artifactId > mybatis </artifactId >
    < version > 3.5.2 </version >
</dependency >
< dependency >
    < groupId > com. github. pagehelper </groupId >
    < artifactId > pagehelper </artifactId >
```

```xml
        <version>5.1.10</version>
    </dependency>
    <dependency>
        <groupId>org.mybatis</groupId>
        <artifactId>mybatis-spring</artifactId>
        <version>2.0.1</version>
    </dependency>
    <dependency>
        <groupId>mysql</groupId>
        <artifactId>mysql-connector-java</artifactId>
        <version>8.0.16</version>
    </dependency>
    <dependency>
        <groupId>com.alibaba</groupId>
        <artifactId>druid</artifactId>
        <version>1.1.20</version>
    </dependency>
    <dependency>
        <groupId>javax.servlet</groupId>
        <artifactId>javax.servlet-api</artifactId>
        <version>3.1.0</version>
        <scope>provided</scope>
    </dependency>
    <dependency>
        <groupId>com.fasterxml.jackson.core</groupId>
        <artifactId>jackson-core</artifactId>
        <version>2.9.2</version>
    </dependency>
    <dependency>
        <groupId>com.fasterxml.jackson.core</groupId>
        <artifactId>jackson-databind</artifactId>
        <version>2.9.2</version>
    </dependency>
    <dependency>
        <groupId>com.fasterxml.jackson.core</groupId>
        <artifactId>jackson-annotations</artifactId>
        <version>2.9.0</version>
    </dependency>
        <dependency>
            <groupId>org.slf4j</groupId>
            <artifactId>slf4j-log4j12</artifactId>
            <version>1.6.1</version>
        </dependency>
        <dependency>
            <groupId>org.apache.logging.log4j</groupId>
            <artifactId>log4j-api</artifactId>
            <version>2.10.0</version>
        </dependency>
        <dependency>
```

```
        < groupId > org. apache. logging. log4j </groupId >
        < artifactId > log4j - core </artifactId >
        < version > 2. 10. 0 </version >
    </dependency >
</dependencies >
```

（1）spring-context：Spring 框架的核心容器，提供了 Spring 框架的核心功能，如依赖注入（DI）和面向切面编程（AOP），并管理应用程序中 bean 的生命周期，即从创建、配置、装配到销毁。此外，它还提供了事件处理、资源加载、国际化等实用功能。作为 Spring 框架的基础，spring-context 使开发者能够轻松地将应用程序组件组装在一起，形成一个功能完整的应用程序，并通过 DI 和 AOP 降低了代码间的耦合，增强了代码的可重用性和可测试性。

（2）spring-tx：Spring 框架中负责事务管理的关键组件，它提供了对事务管理的全面支持，包括声明式事务和编程式事务。同时，它能够整合多种数据源和事务管理器，如 JDBC、JPA、Hibernate 等，以适应不同的应用场景。spring-tx 还提供了灵活的事务属性配置，如事务传播行为、隔离级别和只读属性等，以满足复杂的业务需求，其作用是确保数据的完整性和一致性，特别是在涉及多个数据库操作的场景中，极大地简化了事务管理的代码，使开发者能够专注于业务逻辑的实现，而无须在每个需要事务的地方编写烦琐的事务代码。

（3）spring-jdbc：Spring 框架中专门用于简化 JDBC 操作数据库的依赖项。它提供了对 JDBC 的封装，包括 JdbcTemplate 等类，使数据库操作更加简单高效。此外，它还包含了 Spring 自带的数据源实现，进一步简化了数据源的配置工作。通过 spring-jdbc，开发者能够降低直接使用 JDBC 的复杂性，提高数据库操作的效率，也可以轻松地执行 SQL 查询、更新和批处理等操作，而无须过多地关注底层的 JDBC 细节，从而更专注于业务逻辑的实现。

（4）spring-webmvc：Spring MVC 的核心，提供了构建 Web 应用程序的完整框架，包括前端控制器、视图解析器、处理器映射等组件，并支持注解驱动的控制器开发，简化了控制器代码的编写。同时，它还提供了数据绑定、格式化、校验等实用功能，使开发者能够快速地构建出结构清晰、易于维护的 Web 应用程序。通过注解和配置，开发者可以灵活地定义 URL 映射、请求处理方法等，从而实现 Web 请求的快速响应和处理。

（5）mybatis：一个优秀的持久层框架，它支持定制化 SQL、存储过程及高级映射，不仅避免了绝大多数的 JDBC 代码和手动设置参数及获取结果集的烦琐，而且可以通过简单的 XML 或注解来配置和映射原生信息，将接口和 Java 的 POJOs 映射成数据库中的记录，从而使开发者能够更专注于 SQL 本身，而不是 JDBC 的烦琐细节，并提供了映射标签以简化数据库操作，允许开发者通过 XML 配置文件或注解灵活地编写 SQL 语句，实现复杂的数据库操作。

（6）pagehelper：MyBatis 的分页插件依赖，它作为一个插件为 MyBatis 提供了分页功能，能够在不修改原有 MyBatis 映射文件和 SQL 语句的情况下实现物理分页，并提供了简单的 API 来控制分页参数，如当前页和每页显示数量。该依赖简化了分页查询的编码过程，避免了手动编写分页 SQL 语句或处理分页逻辑的烦琐，同时提高了查询性能，只返回所需的分页数据，而不是一次性返回所有数据再进行内存分页，因此适用于各种复杂的分页场景,并支持多种数据库。

(7) mybatis-spring:为 MyBatis 与 Spring 框架提供了整合功能,简化了 MyBatis 的配置和集成过程,允许开发者在 Spring 容器中配置 SqlSessionFactory 和 Mapper 接口,并且提供了事务管理的支持,可以将 MyBatis 整合到 Spring 容器中,使 SqlSessionFactory 和 Mapper 成为 Spring 管理的 Bean,通过 Spring 的依赖注入功能,开发者能够方便地将 Mapper 注入其他 Spring Bean 中,同时确保了数据库操作的原子性,实现了统一的事务管理。

(8) mysql-connector-java:MySQL 数据库的 Java 连接驱动,它不仅允许 Java 应用程序与 MySQL 数据库进行通信和交互,而且提供了必要的 API 和类库,使开发者能够轻松地执行 SQL 查询、更新、删除等操作,实现数据的持久化。

(9) druid:开源的数据库连接池实现,它具备高效的数据库连接管理和监控功能,负责维护和管理应用程序与数据库之间的连接,通过减少应用程序频繁地创建和关闭数据库连接的开销,提高了数据库访问的性能和稳定性,同时提供了丰富的监控和统计功能,帮助开发者更好地了解数据库的使用情况。

(10) javax. servlet:包含 Java Servlet API 的类库,专为 Web 应用程序开发而设计。它提供了开发 Web 应用所需的多种接口和类,如 ServletRequest 和 ServletResponse 等,使开发者能够轻松地创建处理 HTTP 请求的 Servlet,进而实现 Web 页面的动态生成与交互功能,为 Web 应用的构建提供了坚实的基础。

(11) jackson:Jackson 是一个广泛使用的 Java 库,专注于处理 JSON 格式的数据,其中,jackson-core 库提供了处理 JSON 的核心功能,包括解析和生成 JSON 数据;jackson-databind 库则负责实现 Java 对象与 JSON 之间的转换,支持处理复杂的 Java 对象结构,而 jackson-annotations 库则提供了一系列注解,帮助开发者在 Java 类上定义 JSON 序列化和反序列化的规则。这些依赖的引入使开发者能够轻松地在 Java 应用程序中处理 JSON 数据,无论是将 Java 对象转换为 JSON 字符串,还是从 JSON 字符串中解析出 Java 对象都变得十分便捷。这一功能在 Web 开发、API 交互及数据交换等场景中发挥着重要作用。将 javax. servlet-api 的< scope >标签设置为 provided,表明这个依赖在编译时是必要的,但在运行时将由运行环境(如 Servlet 容器)提供,因此在打包应用程序时不会包含这个依赖,这有助于减小应用程序的大小,并避免与运行环境中的库版本冲突。

(12) slf4j-log4j12:SLF4J(Simple Logging Facade for Java)与 Log4j 1. x 版本之间的桥接库,它允许开发者在代码中仅与 SLF4J 的 API 交互,而实际使用的日志框架可在运行时确定,slf4j-log4j12 这个依赖能够使 SLF4J 将日志请求转发给 Log4j 1. x 进行处理,从而在不修改代码的情况下通过配置轻松地切换至不同的日志框架,实现日志系统的灵活性和可替换性。

(13) log4j-api:提供了 Log4j 2. x 的日志 API,定义了日志记录、级别设置、插件配置等核心功能,使开发者能够利用这些 API 编写日志记录代码,并与其他 Log4j 组件(如 log4j-core)无缝交互,从而构建出灵活且高效的日志系统。

（14）log4j-core：Log4j 2.x 的核心实现库，它负责实际处理日志记录请求，并将日志输出到不同的目的地，如控制台、文件或数据库等，同时根据配置决定日志的格式化、过滤和输出方式。开发者通常会在项目中同时包含 log4j-api 和 log4j-core，以充分利用 Log4j 2.x 的完整功能。

在添加上述依赖项时，需要确保 groupId、artifactId 和 version 信息的准确无误，以便 Maven 能够精准地下载并引入这些依赖，保证项目的顺利运行。

5.4.3　编写配置文件和配置类

1. 创建 jdbc. properties 配置文件

首先在项目的 src/main/resources 目录下创建数据源属性文件 jdbc. properties，并在其中配置相应的数据源信息，如数据库 URL、用户名、密码等，代码如下：

```
//第 5 章/user - system/src/main/resources/jdbc.properties
jdbc.driverClassName = com.mysql.cj.jdbc.Driver

jdbc.url = jdbc:mysql://localhost:3306/user - system? useUnicode = true&characterEncoding =
utf - 8&serverTimezone = Asia/Shanghai

jdbc.username = root
jdbc.password = 123456
```

2. 创建 JdbcConfig 配置类

在项目的 src/main/java/com/demo 目录下创建一个 config 包来存放该项目的配置类，并在该包中创建一个名为 JdbcConfig 的配置类，该配置类的代码如下：

```
//第 5 章/user - system/src/main/java/com/demo/config/JdbcConfig.java
package com.demo.config;

import com.alibaba.druid.pool.DruidDataSource;
import org.springframework.beans.factory.annotation.Value;
import org.springframework.context.annotation.Bean;
import org.springframework.context.annotation.PropertySource;

import javax.sql.DataSource;

@PropertySource("classpath:jdbc.properties")
public class JdbcConfig {

    @Value("$ {jdbc.driverClassName}")
    private String driver;
    @Value("$ {jdbc.url}")
    private String url;
    @Value("$ {jdbc.username}")
    private String userName;
    @Value("$ {jdbc.password}")
```

```
        private String password;

        @Bean("dataSource")
        public DataSource getDataSource(){
            DruidDataSource dataSource = new DruidDataSource();
            dataSource.setDriverClassName(driver);
            dataSource.setUrl(url);
            dataSource.setUsername(userName);
            dataSource.setPassword(password);
            return dataSource;
        }
    }
```

这个配置类用于创建并配置 Druid 数据库连接池。它使用@PropertySource 注解从 jdbc.properties 文件中读取数据库连接信息(如驱动类名、URL、用户名和密码),然后在 getDataSource 方法中创建一个 DruidDataSource 对象并设置这些信息。最后,该数据源以 dataSource 的名称注册到 Spring 容器中,供其他组件使用。

3. 创建 MyBatisConfig 配置类

在项目的 src/main/java/com/demo/config 目录下创建一个名为 MyBatisConfig 的配置类,该配置类的代码如下:

```java
//第 5 章/user - system/src/main/java/com/demo/config/MyBatisConfig.java
package com.demo.config;

import com.github.pagehelper.PageInterceptor;
import org.apache.ibatis.plugin.Interceptor;
import org.mybatis.spring.SqlSessionFactoryBean;
import org.mybatis.spring.mapper.MapperScannerConfigurer;
import org.springframework.beans.factory.annotation.Autowired;
import org.springframework.context.annotation.Bean;

import javax.sql.DataSource;
import java.util.Properties;

public class MyBatisConfig {

    @Bean
    public PageInterceptor getPageInterceptor() {
        PageInterceptor pageInterceptor = new PageInterceptor();
        Properties properties = new Properties();
        properties.setProperty("value", "true");
        pageInterceptor.setProperties(properties);
        return pageInterceptor;
    }

    @Bean
    public SqlSessionFactoryBean getSqlSessionFactoryBean ( @ Autowired DataSource
dataSource, @Autowired PageInterceptor pageInterceptor){
```

```
            SqlSessionFactoryBean sqlSessionFactoryBean = new SqlSessionFactoryBean();
            sqlSessionFactoryBean.setDataSource(dataSource);
            Interceptor[] plugins = {pageInterceptor};
            sqlSessionFactoryBean.setPlugins(plugins);
            return sqlSessionFactoryBean;
        }

        @Bean
        public MapperScannerConfigurer getMapperScannerConfigurer(){
            MapperScannerConfigurer mapperScannerConfigurer = new MapperScannerConfigurer();
            mapperScannerConfigurer.setBasePackage("com.demo.mapper");
            return mapperScannerConfigurer;
        }
    }
```

（1）PageInterceptor 配置：创建了`PageInterceptor`对象，该对象专门用于实现分页功能，通过它可高效地满足数据库查询结果的分页需求。

（2）SqlSessionFactoryBean 配置：创建了 SqlSessionFactoryBean 对象，用于构建和执行 SQL 语句。在配置过程中，利用 @Autowired 注解实现了 DataSource 和 PageInterceptor 的自动装配。同时，在配置中设定了 dataSource。最后将配置好的 PageInterceptor 插件添加至 SqlSessionFactoryBean，以支持分页等高级数据库操作特性。

（3）MapperScannerConfigurer 配置：创建了 MapperScannerConfigurer 对象，用于自动化扫描并注册 MyBatis 映射文件。它负责扫描指定包（这里是 com.demo.mapper）下的 MyBatis 映射接口，并将它们自动注册为 Spring 容器中的 Bean。通过此配置，可直接在 Spring 应用中注入并使用这些 Mapper 接口，简化了 MyBatis 的集成过程。

4. 创建 SpringConfig 配置类

在项目的 src/main/java/com/demo/config 目录下创建一个名为 SpringConfig 的配置类，该配置类的代码如下：

```
//第 5 章/user-system/src/main/java/com/demo/config/SpringConfig.java
package com.demo.config;

import org.springframework.beans.factory.annotation.Autowired;
import org.springframework.context.annotation.Bean;
import org.springframework.context.annotation.ComponentScan;
import org.springframework.context.annotation.Configuration;
import org.springframework.context.annotation.Import;
import org.springframework.jdbc.datasource.DataSourceTransactionManager;
import org.springframework.transaction.annotation.EnableTransactionManagement;

import javax.sql.DataSource;

@Configuration
@Import({MyBatisConfig.class,JdbcConfig.class})
```

```
@ComponentScan("com.demo.service")
@EnableTransactionManagement
public class SpringConfig {

    @Bean("transactionManager")
    public DataSourceTransactionManager getDataSourceTxManager (@ Autowired DataSource
dataSource){
        DataSourceTransactionManager transactionManager = new DataSourceTransactionManager();
        transactionManager.setDataSource(dataSource);
        return transactionManager;
    }
}
```

SpringConfig 类是一个核心的 Spring 配置类，负责整合和配置多个关键组件。它导入了 MyBatisConfig 和 JdbcConfig 类的配置，以设置数据库连接和 MyBatis 框架。同时，它还扫描 com.demo.service 包，自动地将服务层组件注册为 Spring Bean，并且通过开启事务管理功能，SpringConfig 允许使用 @Transactional 注解来管理数据库事务。最后，它定义了一个名为 transactionManager 的事务管理器 Bean，并自动地装配了数据源作为该管理器的数据源。通过这些配置，SpringConfig 类确保了 Spring 框架的顺利运行，并提供了事务管理和数据源配置的功能。

5. 创建 SpringMvcConfig 配置类

在项目的 src/main/java/com/demo/config 目录下创建一个名为 SpringMvcConfig 的配置类，该配置类的代码如下：

```
//第 5 章/user - system/src/main/java/com/demo/config/SpringMvcConfig.java
package com.demo.config;

import org.springframework.context.annotation.*;
import org.springframework.web.servlet.config.annotation.*;

@Configuration
@ComponentScan({"com.demo.controller"})
@EnableWebMvc
public class SpringMvcConfig implements WebMvcConfigurer {
    @Override
    public void configureDefaultServletHandling (DefaultServletHandlerConfigurer
configurer) {
        configurer.enable();
    }

    @Override
    public void configureViewResolvers(ViewResolverRegistry registry) {
        registry.jsp("/user/",".jsp");
    }
}
```

SpringMvcConfig 配置类的主要作用是启用 Spring MVC,并定义了一些基础配置。它扫描了 com. demo. controller 包以便自动地将控制器注册为 Spring Bean,启用了默认 Servlet 处理以支持静态资源服务,并配置了 JSP 视图解析器,使控制器返回的视图名称能够正确地被映射到 JSP 文件。通过这些配置,Spring MVC 应用就能按照这些配置处理请求和返回视图了。

6. 创建 ServletContainersInitConfig 配置类

在项目的 src/main/java/com/demo/config 目录下创建一个 ServletContainersInitConfig 配置类,该配置类的代码如下:

```
//第 5 章/user - system/src/main/java/com/demo/config
    ServletContainersInitConfig. java
package com. demo. config;
import org. springframework. web. servlet. support.
AbstractAnnotationConfigDispatcherServlet Initializer;

public class ServletContainersInitConfig extends
AbstractAnnotationConfigDispatcherServlet Initializer {

    protected Class <?>[ ] getRootConfigClasses() {
        return new Class[ ]{SpringConfig. class};
    }

    protected Class <?>[ ] getServletConfigClasses() {
        return new Class[ ]{SpringMvcConfig. class};
    }

    protected String[ ] getServletMappings() {
        return new String[ ]{"/"};
    }
}
```

这个配置类的作用是初始化 Spring MVC 的 Web 环境,它指定了如何创建和配置 Spring 容器(通过 SpringConfig)和 Spring MVC 容器(通过 SpringMvcConfig)。该配置类还定义了 DispatcherServlet(Spring MVC 的核心组件)的 URL 映射,即处理应用中的所有请求。当应用启动时,这些配置会自动加载并初始化,使 Spring MVC 能够正常工作。

7. 创建 EncodingFilter 配置类

在项目的 src/main/java/com/demo/config 目录下创建一个名为 EncodingFilter 的配置类,该配置类的代码如下:

```
//第 5 章/user - system/src/main/java/com/demo/config/EncodingFilter. java
package com. demo. config;

import javax. servlet. * ;
import javax. servlet. annotation. WebFilter;
import java. io. IOException;
```

```
@WebFilter(filterName = "encodingFilter",urlPatterns = "/*")
public class EncodingFilter implements Filter {
    @Override
    public void init(FilterConfig filterConfig) {}
    @Override
     public void doFilter (ServletRequest servletRequest, ServletResponse servletResponse,
FilterChain filterChain) throws IOException, ServletException {
        servletRequest.setCharacterEncoding("UTF-8");
        servletResponse.setCharacterEncoding("UTF-8");
        filterChain.doFilter(servletRequest,servletResponse);
    }
    @Override
    public void destroy() {}
}
```

EncodingFilter 是一个实现了 Filter 接口的 Java 过滤器,通过@WebFilter 注解被定义并配置为作用于所有 URL 路径。这个过滤器的主要作用是在 Web 请求处理过程中将请求和响应的字符编码设置为 UTF-8,从而确保在 Web 应用中正确地处理文本数据,避免出现乱码问题。当请求到达时,doFilter 方法会被调用,首先将请求的字符编码设置为 UTF-8,然后将响应的字符编码也设置为 UTF-8,最后通过 filterChain. doFilter 方法将请求传递给后续的过滤器或目标资源。这样,整个应用中的请求和响应都能够以统一的 UTF-8 编码进行数据的编码和解码,确保了数据的准确性和一致性。这个过滤器在 Web 应用的初始化阶段配置好后会在整个应用的生命周期内有效,为 Web 应用提供了一致的字符编码处理机制。

5.4.4 用户管理模块实现

1. 创建返回类

在项目的 src/main/java/com/demo 目录下创建一个 entity 包,并在该包中创建一个名为 Result 的类,该类的代码如下:

```
//第 5 章/user-system/src/main/java/com/demo/Result.java
package entity;
import java.io.Serializable;

public class Result<T> implements Serializable{
    private boolean success;
    private String message;
    private T data;

    public Result(boolean success, String message) {
        super();
        this.success = success;
        this.message = message;
    }
```

```
    public Result(boolean success, String message, T data) {
        this.success = success;
        this.message = message;
        this.data = data;
    }

    public String getMessage() {
        return message;
    }

    public void setMessage(String message) {
        this.message = message;
    }

    public boolean isSuccess() {
        return success;
    }

    public void setSuccess(boolean success) {
        this.success = success;
    }

    public T getData() {
        return data;
    }

    public void setData(T data) {
        this.data = data;
    }
}
```

该类是一个泛型类,用于封装操作的结果。它包含 3 个字段:success(表示操作是否成功)、message(提供操作结果的详细信息)和 data(携带与操作结果相关的数据,类型为泛型 T)。类提供了两个构造函数来初始化这些字段,并提供了相应的 getter 和 setter 方法来获取和设置这些字段的值。这个类用于后端服务和 API 的响应中,以标准化的方式返回操作的结果和相关信息。

2. 创建分页结果的实体类

在项目的 src/main/java/com/demo/entity 目录下创建一个名为 PageResult 的类,该类的代码如下:

```
//第 5 章/user - system/src/main/java/com/demo/entity/PageResult.java
package entity;

import java.io.Serializable;
import java.util.List;
```

```java
public class PageResult implements Serializable{
    private long total;
    private List rows;

    public PageResult(long total, List rows) {
        super();
        this.total = total;
        this.rows = rows;
    }

    public long getTotal() {
        return total;
    }

    public void setTotal(long total) {
        this.total = total;
    }

    public List getRows() {
        return rows;
    }

    public void setRows(List rows) {
        this.rows = rows;
    }
}
```

PageResult 实体类用于表示分页查询的结果。它包含两个字段：total 表示查询结果的总数，rows 是一个列表，包含查询到的数据集合。类中有一个构造函数和两个字段的 getter 和 setter 方法，用于创建和操作 PageResult 对象。这个类用于后端服务，将分页查询结果封装后返给前端或其他调用者。

3. 创建持久化类

在项目的 src/main/java/com/demo 目录下，创建一个名为 domain 的包。在该包中，需创建一个持久化类 User，用于定义与用户相关的属性，并为这些属性提供相应的 getter 和 setter 方法，代码如下：

```java
//第5章/user-system/src/main/java/com/demo/domain/User.java
package com.demo.domain;

import java.io.Serializable;

public class User implements Serializable {
    //用户 id
    private Integer id;
    //用户名称
    private String name;
```

```java
//用户密码
private String password;
//用户邮箱
private String email;
//用户角色
private String role;
//入职时间
private String hiredate;
//离职时间
private String departuredate;
//用户状态(0:正常,1:禁用)
private String status;

public Integer getId() {
    return id;
}

public void setId(Integer id) {
    this.id = id;
}

public String getName() {
    return name;
}

public void setName(String name) {
    this.name = name;
}

public String getPassword() {
    return password;
}

public void setPassword(String password) {
    this.password = password;
}

public String getEmail() {
    return email;
}

public void setEmail(String email) {
    this.email = email;
}

public String getRole() {
    return role;
}

public void setRole(String role) {
```

```
            this.role = role;
        }

        public String getHiredate() {
            return hiredate;
        }

        public void setHiredate(String hiredate) {
            this.hiredate = hiredate;
        }

        public String getDeparturedate() {
            return departuredate;
        }

        public void setDeparturedate(String departuredate) {
            this.departuredate = departuredate;
        }

        public String getStatus() {
            return status;
        }

        public void setStatus(String status) {
            this.status = status;
        }
    }
```

4. 创建 MyBatis 的映射文件

在项目的 src/main/resources/com/demo/mapper 目录下创建一个名为 UserMapper.xml 的映射文件,该映射文件的代码如下:

```
//第5章/user-system/src/main/resources/UserMapper.xml
<?xml version="1.0" encoding="UTF-8"?>
<!DOCTYPE mapper PUBLIC "-//mybatis.org//DTD Mapper 3.0//EN" "http://mybatis.org/dtd/
mybatis-3-mapper.dtd">
<mapper namespace="com.demo.mapper.UserMapper">

    <insert id="insertUser">
    insert into user(id,name,password,email,role,hiredate,departuredate,status)
        values (#{id}, #{name}, #{password}, #{email}, #{role}, #{hiredate},
#{departuredate}, #{status})
    </insert>

    <update id="updateUser" parameterType="com.demo.domain.User">
        update user
        <trim prefix="set" suffixOverrides=",">
            <if test="name != null">
```

```
                        name = ＃{name},
                    </if>
                    < if test = "password != null" >
                        password = ＃{password},
                    </if>
                    < if test = "email != null" >
                        email = ＃{email},
                    </if>
                    < if test = "role != null" >
                        role = ＃{role},
                    </if>
                    < if test = "hiredate != null" >
                        hiredate = ＃{hiredate},
                    </if>
                    < if test = "departuredate != null" >
                        departuredate = ＃{departuredate}
                    </if>
                    < if test = "status != null" >
                        ustatus = ＃{status},
                    </if>
                </trim>
                where id = ＃{id}
            </update>
    </mapper>
```

　　该映射文件旨在定义与数据库交互的 SQL 语句。文件内包含两个核心操作：一是插入操作,向 user 表插入数据,涉及多个字段,如 id、name、password 等,并运用占位符"＃{}"以接收实际参数;二是更新操作,根据特定条件更新 user 表中的数据,充分利用了 MyBatis 的动态 SQL 特性,根据传入的 User 对象属性值动态地构建 SQL 语句的 SET 子句。此映射文件的设计使 Java 代码能够便捷地调用这些预定义的 SQL 语句,并传递相应参数以执行数据库操作。此外,待完成的方法将基于注解的方式实现。

5．创建 DAO 层

　　在项目的 src/main/java/com/demo 目录下创建一个 mapper 包来存放该项目的 DAO 层的类,并在该包中创建一个名为 UserMapper 的类,该类的代码如下:

```java
//第 5 章/user－system/src/main/java/com/demo/dao/UserMapper.java
package com.demo.mapper;

import com.github.pagehelper.Page;
import com.demo.domain.User;
import org.apache.ibatis.annotations.*;

public interface UserMapper{

    //新增
void insertUser(User user);
```

```
    //编辑
    void updateUser(User user);

    //搜索
    @Select({"< script >" +
            "SELECT * FROM user " +
            "where 1 = 1 " +
            "< if test = \"id != null\"> AND id like CONCAT('%', #{id},'%')</if >" +
            "< if test = \"name != null\"> AND name like CONCAT('%', #{name},'%') </if >" +
            "order by status" +
            "</script >"
    })
    @ResultMap("userMap")
    Page < User > searchUsers(User user );

    //根据 id 查询用户
    @Select(" select * from user where id = #{id}")
    @ResultMap("userMap")
    User findById(Integer id);
}
```

该代码通过 MyBatis 的 Mapper 接口定义了针对 user 表的操作,其中包括插入新用户、更新用户信息、根据 id 和 name 模糊搜索用户并支持分页与按 status 排序,以及通过 id 查询单个用户的方法,并且在代码中使用 MyBatis 的动态 SQL 和注解,使 SQL 语句和结果映射的定义更灵活和更简洁。

6. 创建 Service 层

在项目的 src/main/java/com/demo 目录下创建一个 service 包来存放该项目的 Service 层的类,并在该包中创建一个名为 UserService 的类,该类的代码如下:

```
//第 5 章/user - system/src/main/java/com/demo/service/UserService.java
package com.demo.service;

import com.demo.domain.User;
import entity.PageResult;

public interface UserService{
    //新增
    void insertUser(User user);
    //编辑
    void updateUser(User user);
    //搜索
    PageResult searchUsers(User user, Integer pageNum, Integer pageSize);
    //根据 id 查询用户
    User findById(Integer id);
}
```

完成后在项目的 src/main/java/com/demo/service 目录下创建一个 impl 包来存放

Service 层的实现类,并在该包中创建一个名为 UserServiceImpl 的类,该类的代码如下:

```java
//第 5 章/user - system/src/main/java/com/demo/service/impl /UserServiceImpl.java
package com.demo.service.impl;

import com.github.pagehelper.Page;
import com.github.pagehelper.PageHelper;
import com.demo.domain.User;
import com.demo.mapper.UserMapper;
import com.demo.service.UserService;
import entity.PageResult;
import org.springframework.beans.factory.annotation.Autowired;
import org.springframework.stereotype.Service;
import java.text.DateFormat;
import java.text.SimpleDateFormat;
import java.util.Date;

@Service
public class UserServiceImpl implements UserService {
    @Autowired
private UserMapper userMapper;

    //新增(将状态设置为 0)
    public void insertUser(User user) {
        user.setStatus("0");
        userMapper.insertUser(user);
    }

    //编辑
    public void updateUser(User user) {
        userMapper.updateUser(user);
    }

    //搜索,使用分页插件显示结果
    public PageResult searchUsers(User user, Integer pageNum, Integer pageSize) {
        PageHelper.startPage(pageNum, pageSize);
        Page < User > page = userMapper.searchUsers(user);
        return new PageResult(page.getTotal(),page.getResult());
    }

    //根据 id 查询用户
    public User findById(Integer id) {
        return userMapper.findById(id);
    }
}
```

该代码中 searchUsers 方法使用 PageHelper 插件进行分页,通过 userMapper 执行用户搜索,并返回一个封装了分页结果信息的 PageResult 对象。首先 PageHelper.startPage 初始化分页参数,然后执行搜索并将结果封装在 Page < User >中,最后提取总记录数和当前页的用户列表,创建 PageResult 对象并返回。

7. 创建 Controller 层

在项目的 src/main/java/com/demo 目录下创建一个 controller 包来存放该项目的
Controller 层的类,并在该包中创建一个名为 UserController 的类,该类的代码如下:

```java
//第 5 章/user - system/src/main/java/com/demo/controller /UserController.java
package com.demo.controller;

import com.demo.domain.User;
import com.demo.service.UserService;
import entity.PageResult;
import entity.Result;
import org.springframework.beans.factory.annotation.Autowired;
import org.springframework.stereotype.Controller;
import org.springframework.web.bind.annotation.RequestMapping;
import org.springframework.web.bind.annotation.ResponseBody;
import org.springframework.web.servlet.ModelAndView;
import javax.servlet.http.HttpServletRequest;
import javax.servlet.http.HttpSession;

@Controller
@RequestMapping("/user")
public class UserController {
    @Autowired
private UserService userService;

    //新增
    @ResponseBody
    @RequestMapping("/insertUser")
    public Result insertUser(User user) {
        try {
            userService.insertUser(user);
            return new Result(true, "新增成功!");
        } catch (Exception e) {
            e.printStackTrace();
            return new Result(false, "新增失败!");
        }
}

    //编辑
    @ResponseBody
    @RequestMapping("/updateUser")
    public Result updateUser(User user) {
        try {
            userService.updateUser(user);
            return new Result(true, "修改成功!");
        } catch (Exception e) {
            e.printStackTrace();
            return new Result(false, "修改失败!");
```

```
        }
    }

    //搜索
    @RequestMapping("/search")
    public ModelAndView search(User user, Integer pageNum, Integer pageSize)
    {   if (pageNum == null) {
            pageNum = 1;
        }
        if (pageSize == null) {
            pageSize = 10;
        }
        PageResult pageResult = userService.searchUsers(user, pageNum, pageSize);
        ModelAndView modelAndView = new ModelAndView();
        modelAndView.setViewName("user");
        modelAndView.addObject("pageResult", pageResult);
        modelAndView.addObject("search", user);
        modelAndView.addObject("pageNum", pageNum);
        modelAndView.addObject("gourl", "/user/search");
        return modelAndView;
    }

    //根据 id 查询用户
    @ResponseBody
    @RequestMapping("/findById")
    public User findById(Integer id) {
        return userService.findById(id);
    }
}
```

其中,search()方法用于处理用户搜索请求,它接收搜索条件、页码和每页大小作为参数(如果页码或每页大小未指定,则使用默认值),通过用户服务获取分页搜索结果,并将结果及其他信息封装在 ModelAndView 对象中返回,以便渲染到名为 user 的视图中。

8. 练习

经过上述的深入剖析与详细讲解,读者应当对 SSM 框架的整合有了更加全面且深刻的理解。接下来,为了进一步巩固和提升在 SSM 框架应用方面的能力,读者可独立实现以下两个接口功能,其中一个功能需通过注解方式实现,另一个则需通过配置文件来配置。

(1) 实现停用用户功能:此功能需要编写相应的业务逻辑代码,在用户被停用时,确保数据库内对应用户的 status 字段更新为 1(代表禁用状态),以此确保用户无法继续访问系统。

(2) 实现用户离职功能:对于此功能,需处理用户离职后的系列操作,包括将用户状态更改为禁用(将 status 字段置为 1),并同时将离职时间记录至数据库中的相应字段,以确保离职用户的信息得到妥善管理。

通过实现这两个功能,能够更深入地理解 SSM 框架在实际项目中的应用场景和实现细节,同时也将提升读者在 SSM 框架应用方面的技术能力和实践操作经验。

SSM 框架最佳实践

6.1 SSM 框架的最佳实践概述

SSM 框架整合了 Java 企业级开发的三大核心技术,通过集成 Spring 的依赖注入和 AOP、Spring MVC 的 MVC 架构,以及 MyBatis 的 ORM 能力,形成了一套高效、灵活的解决方案。本节旨在概述 SSM 框架整合的核心理念与优势,为开发者在实际项目中的应用提供指引。

6.1.1 SSM 框架最佳实践的重要性

SSM 框架最佳实践的重要性不言而喻,它对于提升开发效率、确保代码质量和系统稳定性起着至关重要的作用。遵循这些实践方案,开发人员能够编写出更加规范、高效的代码,从而推动项目的成功实施和高效运行。

SSM 框架应用的最佳实践方案不仅显著地提升了开发效率和性能,更是确保代码质量和系统稳定性的基石。通过严格遵循 SSM 框架的最佳实践,开发人员能够编写出更加规范、高效的代码,并设计出合理的数据库结构,从而有效地避免了常见的编程错误和性能问题。这不仅能大幅减少在开发过程中的调试和修改工作,还能提高代码的运行效率和系统的响应速度,为用户带来更为流畅的体验。

同时,SSM 框架应用的最佳实践方案在提升代码质量和系统稳定性方面也发挥着关键作用。遵循最佳实践意味着注重代码的可读性、可维护性和可扩展性。通过采用合理的命名规范、构建清晰的代码结构及实施有效的异常处理机制等,可以确保代码易于理解和维护,降低潜在的风险和错误率。此外,最佳实践还关注系统的安全性,通过加密敏感信息、防止 SQL 注入等安全措施,保护系统免受攻击和数据泄露的威胁。

在软件开发过程中,遵循最佳实践方案还有助于降低开发风险和成本。通过避免使用过时或不稳定的技术,并选择经过验证和广泛应用的最佳实践,可以降低项目失败的风险,减少潜在的技术债务和重构成本。这不仅有助于提高开发团队的信心和士气,还能确保项目的顺利进行和高效实施。

　　此外,最佳实践方案在促进团队协作和沟通方面也起着重要作用。在SSM框架的使用中,遵循统一的最佳实践方案意味着团队成员之间拥有共同的开发规范和标准,这有助于降低沟通成本,提高协作效率。团队成员能够更好地理解和支持彼此的工作,形成合力,共同推动项目的进展。

　　最佳实践方案对于增强系统的可维护性和扩展性同样具有重要意义。随着业务的发展和技术的更新,系统可能需要频繁地进行维护和升级。遵循最佳实践可以确保系统在升级过程中保持稳定性和兼容性,降低维护成本。同时,通过合理的架构设计和模块划分,最佳实践还为未来的扩展和升级提供了便利,使系统能够灵活地应对业务需求的变化。

　　从上面的内容可以看出,最佳实践方案在SSM框架应用中发挥着重要作用。它们不仅能提升开发效率和性能、确保代码质量和系统稳定性,还能降低开发风险和成本、促进团队协作和沟通及增强系统的可维护性和扩展性,因此,在SSM框架的应用过程中,开发人员应深入理解并严格遵循最佳实践,以确保项目的成功实施和高效运行。

6.1.2　遵循的准则

　　在SSM框架的应用过程中,遵循一系列明确且专业的准则至关重要。这些准则不仅能指导开发人员编写高质量代码,还能确保系统的稳定性、安全性和可维护性。

　　数据库设计的原则与规范:数据库设计应遵循严谨的原则和规范,确保数据结构的合理性、高效性和安全性。规范化原则的应用,通过精心设计的表结构减少数据冗余,确保数据的准确性和一致性。字段类型的选择需要充分考虑数据的特点,避免数据类型不当导致的存储浪费或精度损失。同时,索引策略的制定也至关重要,为常用查询字段建立索引以提高效率,避免过度索引导致的写操作开销增加和数据库维护复杂性。

　　代码规范与最佳实践:在SSM框架的代码编写中,命名规范的遵守是确保代码可读性和可维护性的关键。采用统一、描述性的命名方式,避免缩写或含糊不清的命名,提高代码可读性。同时,注重代码结构的合理性,通过清晰的包结构、类结构和方法划分,确保代码组织有序。模块化和分层设计的思想应贯穿于代码设计中,实现业务逻辑与技术实现的分离,提高代码的可扩展性和可维护性。

　　查询优化与资源管理:在SSM框架应用中,查询优化与资源管理对系统性能和稳定性至关重要。编写高效、简洁的SQL语句,避免复杂的子查询和不必要的连接操作,降低数据库负载。利用数据库查询优化器功能,深度优化查询语句,减少低效操作。同时,合理配置数据库连接池参数,确保连接的及时释放和复用,避免资源浪费,解决性能瓶颈问题。科学的资源管理和查询优化为SSM框架应用提供稳定、高效的数据库支持。

　　(1)异常处理与日志管理:在SSM框架应用中,异常处理与日志管理对于确保系统稳定性和可维护性具有重要意义。建立有效的异常捕获和处理机制,防止程序因未处理异常而崩溃。采用高级处理技巧(如自定义异常类和异常链)提高异常处理的灵活性和准确性。同时,充分认识日志记录的重要性,记录关键操作和异常信息,便于问题定位和解决。合理设置日志级别和格式,确保日志信息的准确性和可读性。定期轮转和归档日志文件,避免文件过大而影响性能。

（2）安全性与性能优化：在 SSM 框架应用中,安全性与性能优化是保障系统稳定运行的重要方面。实施严格的数据安全措施,包括防止 SQL 注入攻击、加密敏感信息存储和传输等,确保数据的安全性和隐私性。加强访问控制和权限管理,限制数据访问权限,防止未授权访问和数据泄露。同时,建立完善的性能监控机制,实时监控和分析 SSM 框架应用的性能,以及时解决性能瓶颈问题。通过持续的性能优化和调整,提高系统性能和用户体验,确保 SSM 框架应用的高效稳定运行。

遵循以上准则,不仅有助于确保 SSM 框架应用的稳定性和安全性,还能提高代码质量和开发效率。同时,这些准则也为后续的开发和维护工作提供了有力的指导和支持。

6.2　数据库设计和优化建议

数据库是信息系统中不可或缺的一部分,其设计和优化的好坏会直接影响系统的性能和稳定性,因此,在进行数据库设计和优化时,需要遵循一些核心原则,并考虑多方面的因素。本节将着重介绍数据库设计原则和 SQL 查询优化技巧。

6.2.1　数据库设计原则

1. 三大范式

三大范式是 MySQL 数据库设计表结构时所遵循的核心规范和指导原则,其目的在于通过减少数据冗余、优化数据结构,从而提升数据存储和查询的效率,确保数据库的完整性和一致性。这些范式不仅为数据库的设计提供了指导,还确保了数据库在应对复杂业务场景时能够保持高效且稳定的性能,这也是 SSM 框架最佳实践中不可或缺的一部分。

在三大范式中,它们之间存在着紧密的依赖关系。第一范式(1NF)要求表中的每列都是不可分割的原子项,这是数据库设计的基础。第二范式(2NF)则是在第一范式的基础上进一步要求,非主键列必须完全依赖于整个主键,而不仅仅是主键的一部分。第三范式(3NF)则更为严格,它要求消除传递依赖,即非主键列之间不存在依赖于其他非主键列的情况。MySQL 数据库的范式并不局限于这三大范式,除了它们之外,还存在如巴斯-科德范式(BCNF)、第四范式(4NF)及第五范式(5NF,又称完美范式)等更高级别的范式。这些范式在数据库设计中同样发挥着重要作用,它们为数据库结构提供了更细致和更严格的优化手段。

第一范式：关系数据库设计的基础原则之一,它要求数据库表的每列都必须是原子性的,即不可再分的基本数据项。在 1NF 中,同一列内不能包含多个值或集合类型的数据,这确保了实体中的每个属性都是单一且明确的,不会出现属性的多值或重复现象。若存在属性重复现象,则可能需要识别并抽象出这些重复属性,将其定义为一个新的实体。新实体与原实体之间将形成一对多的关系,从而消除了冗余并提升了数据的逻辑清晰性。在遵循

1NF 的数据库表中,每行应唯一对应一个实例的信息,确保数据的准确性和一致性。

接下来看以下一个不符合第一范式的表结构示例,如图 6-1 所示。

id	name	subject
1	张三	计算机科学学院软件工程专业
2	李四	计算机科学学院计算机专业
3	王五	计算机科学学院大数据专业

图 6-1　不符合第一范式的表结构示例

在以上这个案例中,subject 的数据是可以进一步拆分的,因为它包含了多个可以独立存在的信息单元,如学院和专业。这种可拆分性违反了第一范式的要求,即数据库表的每列都应该是不可分割的基本数据项,因此,这个表结构不符合第一范式,需要进行规范化处理,将专业字段拆分为独立的学院和专业字段,以确保每列数据的原子性和单一性,拆分后的表结构如图 6-2 所示。

id	name	college	subject
1	张三	计算机科学学院	软件工程专业
2	李四	计算机科学学院	计算机专业
3	王五	计算机科学学院	大数据专业

图 6-2　拆分后的表结构

第二范式:数据库规范化过程中应用的一种正规形式,它要求每张表都必须具备主关键字(Primary Key),并且表中其他非主属性(Non-Primary Attributes)必须完全依赖于整个主关键字,而不是主关键字的某一部分。这种依赖关系通常被称为函数依赖,意味着非主属性的值是由主关键字唯一确定的。如果表中存在仅依赖于主关键字某一部分的非主属性,则该表不符合第二范式。此外,如果一个数据表的主键仅由单一字段构成,并且在满足第一范式的前提下,则该表自然符合第二范式的要求。

以下是一个不符合第二范式的表结构示例,如图 6-3 所示。

id	subject_id	name	subject
1	JSJ001	张三	软件工程专业
2	JSJ002	李四	计算机专业
3	JSJ003	王五	大数据专业

图 6-3　不符合第二范式的表结构示例

在这张表中,id 是主键,然而专业名称(subject)这一非主属性只依赖于专业 ID(subject_id),而不是主键 ID。这违反了第二范式的原则,因为非主属性应该完全依赖于主键,所以可以对该表进行以下拆分,学生信息表如图 6-4 所示。

专业信息表如图 6-5 所示。

id	subject_id	name
1	JSJ001	张三
2	JSJ002	李四
3	JSJ003	王五

图 6-4　学生信息表

subject_id	subject
JSJ001	软件工程
JSJ002	计算机
JSJ003	大数据

图 6-5　专业信息表

第三范式：要求数据库表中的每个数据元素不仅能唯一地被主关键字所标识,而且它们之间必须保持相互独立,不存在传递依赖或其他的非直接函数关系。换句话说,在符合第二范式的数据结构中,如果存在某些非主属性依赖于其他非主属性(而不是直接依赖于主关键字)的现象,则该表就不符合第三范式。为了消除这种传递依赖,需要对表结构进一步地进行规范化处理,确保每个非主属性都直接依赖于整个主关键字,从而实现数据的逻辑独立性和完整性。

以下是一个不符合第三范式的表结构示例,该表是一张学生课程表,它记录了学生选修的课程及课程的授课老师,这张表的结构(其中 student_id 为学生 ID,course_id 为课程 ID,course_name 为课程名称,teacher 为授课老师)如图 6-6 所示。

student_id	course_id	course_name	teacher
1	5	计算机网络	周八
1	8	操作系统	孙七
2	5	计算机网络	周八
3	4	数据库设计	吴九

图 6-6　不符合第三范式的表结构

在这张表中,学生 ID 和课程 ID 的组合作为联合主键,然而可以看到授课老师这一非主属性仅依赖于课程 ID,而不是联合主键,这实际上违反了第二范式的原则,因为非主属性应该完全依赖于整个主键。更重要的是,它也违反了第三范式的原则,因为授课老师与学生 ID 没有直接关系,而是依赖于课程 ID。

为了符合第三范式,需要进一步拆分这张表,确保每个非主属性都直接依赖于整个主键,并且消除传递依赖,所以可以将其拆分为 3 张表:一张学生课程表,用于记录学生选修的课程,一张课程信息表,用于存储课程的详细信息,以及一张教师信息表,用于存储教师的信息。拆分后的学生课程表如图 6-7 所示。

课程信息表如图 6-8 所示。

教师信息表如图 6-9 所示。

student_id	course_id
1	5
1	8
2	5
3	4

图 6-7　学生课程表

course_id	teacher_id	course_name
8	2	操作系统
5	1	计算机网络
4	3	数据库设计

图 6-8　课程信息表

teacher_id	teacher
1	周八
2	孙七
3	吴九

图 6-9　教师信息表

在拆分后的结构中,学生课程表只记录学生选修的课程信息,课程信息表存储了课程的详细信息和对应的教师 ID,而教师信息表则存储了教师的信息。这样,每张表中的非主属性都直接依赖于整个主键,并且消除了传递依赖,因此这 3 张表都符合第三范式的要求。

然而,尽管遵循范式能够使数据库结构更合理和更高效,但在实际应用中也需要根据具体场景进行适当变通。有时,过于严格的范式应用可能会导致数据库设计过于复杂,甚至影响系统的性能和易用性,因此,在遵循范式的基础上,开发人员还需要结合实际需求,灵活运用各种设计技巧和方法,以达到最佳的数据库设计效果。

例如在某些特定场景下,对地区的省区市进行拆分并非必要,表结构示例如图 6-10 所示。

id	name	region
1	张三	浙江省杭州市余杭区
2	李四	浙江省杭州市上城区
3	王五	浙江省杭州市拱墅区

图 6-10　特定场景示例

2. 表的实体关系

在讲解表的实体关系前,先介绍 E-R 图。E-R 图,即实体-关系图,是数据库设计中至关重要的图形化工具,它巧妙地将现实世界的实体、属性及它们之间的关系抽象化,为数据库的概念设计和逻辑设计提供了直观、清晰的表达方式。

在 E-R 图中,实体被表现为矩形框,内部标注着实体的名称,代表着现实世界中的具体事物或抽象概念;属性则以椭圆的形式呈现,并通过无向边与实体相连,详细描述实体的特性或特征,而关系则以菱形展现,连接着相关的实体,揭示它们之间的关联或联系。这些组成要素共同构成了 E-R 图的基石,其设计应遵循真实性、简洁性、完整性和易读性原则,以确保 E-R 图能够准确地反映现实世界的结构和关系,同时保持其简洁、完整和易读。在数据库设计的整个过程中,E-R 图发挥着举足轻重的作用。从需求分析阶段开始,它便能够清晰地展示用户需求中的实体、属性和关系,为数据库设计提供明确的依据;在概念设计阶段,E-R 图更是将现实世界的事物抽象为数据库中的实体和关系的关键工具;到了逻辑设计阶段,E-R 图又可以转换为关系模型,为后续的数据库实现奠定基础。通过分析和优化 E-R 图,开发人员能够消除冗余,提高数据的一致性和完整性,从而优化数据库的性能和可维护性。

在数据库设计的核心领域和 E-R 图中,表的实体关系占据着举足轻重的地位。它不仅是数据在不同表之间得以有序组织和高效关联的关键,更是确保数据完整性和优化查询性能的基础。实体关系深刻反映了数据库中各表之间的内在联系,这些联系紧密贴合数据的本质特征和业务实际需求,从而确保了数据结构的合理性和实用性。

实体关系主要分为以下 3 种类型,每种都对应着特定的数据关联模式。

(1) 一对一关系(One-to-One):这种关系体现了两张表之间严格的对应关系,即一张表中的每条记录都与另一张表中的唯一一条记录相匹配。这种关系在现实世界的数据建模中非常常见,例如员工与其唯一的员工档案之间的关联,每名员工拥有唯一的档案,反之亦然,如图 6-11 所示。

图 6-11　员工和员工档案 E-R 图

（2）一对多关系（One-to-Many）：这种关系则描述了一张表中的记录可以与另一张表中的多条记录相关联的情况。这种关系在层级结构或分类数据中尤为常见，例如一个部门可以拥有多名员工，但每位员工只能隶属于一个部门，如图 6-12 所示。

图 6-12　员工和部门 E-R 图

（3）多对多关系（Many-to-Many）：这种关系最复杂，它表示两张表中的记录可以相互关联，形成多个对多个的复杂网络。这种关系在需要表达双向选择或多重关联的场景中尤为重要，例如学生和课程之间的选择关系，一名学生可以选修多门课程，同时一门课程也可以被多名学生选修，如图 6-13 所示。

图 6-13　学生和课程 E-R 图

其中，实体关系是通过主键和外键的设置来得以实现的，从而确保数据的完整性和准确性。主键，作为表中的核心标识，具备唯一性，能够精确地区分表中的每条记录，它是数据的"身份证"，确保每条记录在表中都是独一无二的，而外键，则是表与表之间关系的桥梁，它指向另一张表的主键，通过这种引用关系，建立了表之间的关联。

一对一关系的实现通常涉及两张表，其中一张表的主键同时作为另一张表的外键。这种设置确保了这两张表之间的严格对应，即一张表中的记录只能与另一张表中的一条记录相关联，这种关系常见于一些特殊的数据结构。

一对多关系的实现则更为常见，它通常表现为一张表包含多个与另一张表相关的记录。在这种关系中，多的一方会有一个外键字段，这个字段引用了单一的一方的主键。这样多的一方的每条记录都可以通过这个外键字段，精确地指向单一的一方中的某一条特定记录。

多对多关系的实现则相对复杂一些，因为它涉及多个记录之间的互相关联。为了实现这种关系，通常需要创建一张中间表，这张中间表至少包含两个外键字段，分别指向两个相关表的主键，通过在这张中间表中插入记录，可以表示两张表之间的多个对多个的关联关系。例如，学生和课程之间的关系就是多对多的，一名学生可以选修多门课程，而一门课程也可以被多名学生选修。这种关系通过一张中间表来实现，该表包含学生的主键和课程的主键作为外键，从而建立了它们之间的多对多关联。

但是需要注意的是，尽管外键在数据库设计中扮演着至关重要的角色，用于确保数据的完整性和准确性，但在实际的项目开发中，外键的使用并不总是被推荐的。这主要因为外键的使用在某些情况下可能会引入一些复杂性和性能问题。

首先，外键的使用会增加数据库的复杂性，特别是在处理多对多关系时，中间表的创建和管理可能会增加数据库设计的难度。此外，外键约束的存在意味着数据库在执行插入、更新和删除操作时需要进行额外检查,以确保数据的完整性,这可能会降低数据库的性能,特别是在处理大量数据时,其次,外键可能会引发级联更新和删除问题。当在一张表中更新或删除一条记录时,如果其他表中有外键引用该记录,则这些外键也需要进行相应更新或删除操作,这可能会导致意外的数据丢失或不一致性,特别是在复杂的业务逻辑中。外键的使用还可能影响数据库的扩展性和灵活性,在某些情况下,项目需求可能会发生变化,导致表之间的关系需要调整,如果使用了外键约束,则这种调整可能会变得更复杂和更耗时。

因此,在项目开发中,是否使用外键需要根据具体的需求和场景进行权衡。在某些情况下,可以通过应用层的逻辑来确保数据的完整性和一致性,而不是依赖数据库的外键约束。当然,在需要确保数据严格一致性和完整性的情况下,外键的使用仍然是必要的,但无论如何,开发者都应该充分了解外键的优缺点,并根据实际情况做出明智的选择。

正是基于这样的考虑,在设计数据库表的实体关系时,必须遵循一系列准则,以确保数据库结构的合理性、高效性及数据的完整性和准确性。以下是几点关键注意事项。

(1)明确业务需求:在着手设计实体关系之前,深入了解和分析业务需求及数据特性是不可或缺的步骤,这包括理解数据的来源、流动方式及用户如何使用这些数据。只有充分掌握了这些信息,开发人员才能确保所设计的实体关系能够精确地反映实际情况,满足业务的需求。

(2)避免冗余关联:冗余关联不仅会增加数据的复杂性,还可能导致数据更新和维护困难,因此,在设计实体关系时,开发人员应仔细分析并去除不必要的关联,确保数据库结构的简洁性和高效性。

(3)考虑性能优化:实体关系的设计会直接影响数据库的性能表现,因此在设计过程中,开发人员需要充分考虑查询效率、数据更新和维护的便利性等因素。通过合理的索引设计、分区策略及查询优化等手段,来提升数据库的性能,确保数据的高效处理。

(4)保持数据一致性:通过合理设置主键和外键约束可以确保数据的一致性和完整性。虽然在实际项目开发中,外键的使用可能受到一些限制,但在能够应用外键的场合下,应充分利用其约束功能来维护数据的完整性。同时,还可以通过应用层的逻辑来辅助确保数据的准确性,从而构建出稳定可靠的数据库系统。

3. 表结构的设计

在数据库表结构的设计过程中,主键和外键的使用及索引策略的制定都是至关重要的环节。它们不仅影响着数据的存储结构,更直接关系到数据的查询效率、完整性及系统的整体性能。接下来将详细探讨主键与外键的使用原则及索引策略的制定方法。

(1)主键是数据库表结构设计的核心要素之一,它用于唯一地标识表中的每行数据。主键的存在对于确保数据的完整性和准确性至关重要,同时也是数据库管理系统进行高效查询和更新的基础。在数据库设计过程中,每张表都应该有一个精心设计的主键。

主键的设计需要遵循一系列原则,以确保其能够满足数据库系统的各项要求。首先,唯一性是主键设计的基本原则之一。主键的值必须是唯一的,不允许出现重复值。这一原则保证了表中每行数据的唯一性,使开发者可以根据主键的值准确地定位和访问特定的数据行,其次,稳定性也是主键设计的重要原则。主键的值一旦确定,就不应轻易更改。因为主键是数据行的唯一标识,如果主键值发生变化,则将可能导致与其他表之间的关联关系混乱,甚至破坏数据的完整性,因此,在选择主键字段时,应尽量避免使用可能发生变化的字段,如用户的姓名或地址等。简洁性也是主键设计需要考虑的因素之一。主键的设计应尽量简洁,避免使用过长或复杂的字段作为主键。简洁的主键不仅可以节省存储空间,还能提高查询性能。过长的主键会增加数据的存储和传输开销,同时也可能降低查询的效率。

在选择主键时,常见的做法是使用自增字段作为主键。例如,在 MySQL 数据库中,可以使用 AUTO_INCREMENT 字段作为主键。这种方式可以确保主键值的唯一性和稳定性,同时简化了主键的生成和管理过程。数据库系统会自动为新插入的数据行分配一个唯一的递增值作为主键,无须手动干预。除了自增字段外,还可以使用其他类型的字段作为主键,如 UUID(通用唯一识别码)或哈希值等。这些字段具有全局唯一性,适用于分布式系统或需要跨多个数据库表进行数据关联的场景,然而,需要注意的是,使用这些类型的字段作为主键可能会增加数据的复杂性和存储开销。

主键在数据库表设计中扮演着至关重要的角色。合理设计主键可以确保数据的唯一性和准确性,提高查询性能,并简化数据管理过程。在选择主键时,应遵循唯一性、稳定性和简洁性等原则,并根据具体的应用场景和需求进行选择。

(2)外键是数据库设计中的一个重要的概念,它代表了表与表之间的关联关系。具体来讲,外键是数据库表中的一个字段或字段组合,其值必须是另一张表的主键值或 NULL(如果允许 NULL 值)。外键的使用在维护数据之间的引用关系、确保数据的完整性和准确性方面发挥着重要作用。

尤其是在涉及多表关联时,外键的使用显得尤为重要。通过为表中的字段设置外键约束,可以确保这些字段的值始终与另一张表的主键值保持一致。这种约束关系不仅增强了数据的引用完整性,还提高了数据的可靠性。

在使用外键时,需要遵循以下原则:

首先是引用完整性原则。外键的值必须引用另一张表的主键值,这确保了数据之间的引用关系始终保持一致和完整。如果外键的值不对应于任何有效的主键值,则数据库将不允许这样的操作,从而防止了数据的引用错误。

其次是级联操作原则。当被引用的主键值发生变化时,可以通过设置级联操作来自动更新或删除相关的外键值。这种机制有助于保持数据的一致性,并减少了手动维护数据关联关系的麻烦。例如,如果系统更改了一个用户的主键值,则所有引用该主键值的外键都可以自动更新为新的值,从而确保数据的准确性。

然而,尽管外键具有诸多优点,但在使用时也需要谨慎考虑。外键的使用会增加数据库的复杂性和维护成本,特别是在涉及大量表和数据的情况下,因此,在决定是否使用外键时,开发人员需要仔细评估业务需求、系统性能要求及数据维护的复杂性。同时,开发人员还需要注意外键对数据库性能的影响。在某些情况下,频繁地进行外键约束检查可能会降低查询和更新的性能,因此,在高性能要求的场景中,需要权衡外键带来的好处与可能带来的性能开销。

所以,虽然外键在数据库设计中具有重要地位,可以通过它维护数据之间的引用关系并确保数据的完整性和准确性,但在使用外键时,开发人员需要遵循一定的原则,并谨慎考虑其可能带来的复杂性和性能影响。通过合理使用外键,可以构建出更健壮、更可靠的数据库系统。

(3)索引是数据库管理系统中的核心组件,旨在优化数据的检索速度,提高查询性能。通过为表的关键字段创建索引,数据库能够迅速地定位到所需的数据行,从而大大地减少查询时间,然而,索引并非越多越好,不当地使用索引可能会带来一系列问题,包括增加数据库的存储开销和维护成本,因此,制定一套合理的索引策略至关重要。

在选择建立索引的字段时,应优先考虑选择性高的字段。选择性高的字段意味着该字段的不同取值较多,这样的字段建立索引后能够显著地提高查询性能。例如,在一张包含用户信息的表中,用户的姓名可能存在大量重复值,而用户的身份证号则具有唯一性,因此,为身份证号字段建立索引将比为姓名字段建立索引更有效。

同时,还需要避免创建冗余索引,冗余索引指的是多个索引包含相同的字段或字段组合,这样的索引不仅浪费了存储空间,还可能降低查询性能。在创建索引时,开发人员应该仔细分析表的结构和查询需求,确保每个索引都是必要的且唯一的。

此外,索引的维护同样重要。随着时间的推移,数据库中的数据会不断发生变化,索引也可能因为数据的增、删、改操作而变得不再高效,因此,需要定期对索引进行维护,包括重建索引、优化索引等操作。这些操作可以帮助系统保持索引的高效性,确保数据库始终保持良好的查询性能。

在制定索引策略时,开发人员还需要考虑查询的复杂性。对于涉及多张表的复杂查询,可能需要创建复合索引来优化查询性能。复合索引包含多个字段,可以针对多个字段的组合进行查询优化,然而,复合索引的创建也需要谨慎考虑,避免因为包含过多的字段而导致索引过大和维护成本过高。

除了上述原则外,开发人员还需要根据具体的业务需求和数据库类型来制定索引策略,不同的数据库管理系统可能具有不同的索引类型和特性,需要根据所使用的数据库系统来选择合适的索引类型和创建方式。

综上所述,索引策略的制定是数据库性能优化的关键一环,通过合理选择建立索引的字段、避免冗余索引及定期维护索引可以显著地提高数据库的查询性能,为业务应用提供快速、准确的数据支持。

4. 字段类型的选择

在数据库设计过程中,字段类型的选择是一项至关重要的任务。合理的字段类型选择不仅能确保数据的准确性和完整性,还能优化存储空间和查询性能。以下将介绍一些对各种字段类型选择的建议。

(1)数值类型在数据库中占据重要地位,用于存储各种整数和浮点数数据。在选择数值类型时,应根据数据的取值范围和精度要求来确定。

对于整数类型的数据,应根据其可能的取值范围来选择合适的类型。例如,如果数据的取值范围较小,则可以使用 TINYINT 或 SMALLINT 类型;如果取值范围较大,则可以选择 MEDIUMINT、INT 或 BIGINT 类型。通过选择合适的整数类型,可以有效地节省存储空间并提高运算效率。

例如在一些系统中会采用逻辑删除的方式,其中 del_flag 字段通常用于标记记录是否被删除,常见的做法是使用一个整数字段,其中 0 表示记录未删除,1 表示记录已删除。考虑到 del_flag 字段只有两种状态,并且这两种状态都是固定的,所以通常会选择 TINYINT 类型来存储这个字段,因为它足够小且能够满足需求。同时,由于这个字段只用来表示逻辑上的删除状态,不涉及数学运算,所以不需要使用更大的整数类型。

以下是一个具体的例子,代码如下:

```
//第 6 章/user.sql
CREATE TABLE user (
    id INT AUTO_INCREMENT PRIMARY KEY,
    name VARCHAR(255) NOT NULL,
    description TEXT,
    del_flag TINYINT NOT NULL DEFAULT 0 COMMENT '删除标记:0 未删除,1 已删除'
);
```

在这个例子中,user 表包含了一个 del_flag 字段,其类型为 TINYINT,并且将默认值设置为 0,表示在默认情况下记录是未删除的。在该案例中由于 del_flag 字段的取值范围非常有限(通常只有 0 和 1),使用更大的整数类型会造成不必要的浪费,所以使用 TINYINT 类型可以节省存储空间,因为每个 TINYINT 字段只占用 1 字节。

对于浮点数,精度是一个重要的考虑因素。FLOAT 类型适用于对精度要求不高的场景,而 DECIMAL 类型则提供了更高的精度,适用于需要精确计算或存储的场景。在选择浮点数类型时,应根据具体需求进行权衡。

例如在系统中需要存储商品的价格信息,由于价格一般需要精确到小数点后两位,并且涉及了金额,因此应该选择具有足够精度的浮点数类型来避免出现问题,所以在这里,DECIMAL 类型是一个很好的选择,因为它提供了精确的数值表示,避免了浮点数运算中常见的精度损失问题。

以下是一个具体的例子,代码如下:

```
//第 6 章/products.sql
CREATE TABLE products (
    id INT AUTO_INCREMENT PRIMARY KEY,
    name VARCHAR(255) NOT NULL,
    price DECIMAL(10, 2) NOT NULL
);
```

在该例子中使用了 DECIMAL(10,2)类型来存储价格,其中 10 表示总共的数字个数(包括小数点两侧),2 表示小数点后的数字个数。

(2)字符类型用于存储文本数据,其选择应根据数据的实际长度和存储需求来确定。

对于短文本数据,VARCHAR 类型是一个很好的选择,VARCHAR 类型可以根据实际数据的长度来动态地分配存储空间,避免了不必要的浪费。在设置 VARCHAR 类型的长度上限时,应考虑到数据的最大可能长度,并留出一定的裕量。

例如在用户信息管理中,用户姓名是一个关键字段,用于标识用户。由于姓名的长度因个人和文化差异而异,但通常不会过长,因此选择 VARCHAR 类型来存储用户姓名是合适的。为了确保能够存储大多数常见姓名,可以设置一个合理的长度限制,如 VARCHAR(50)。这样的长度限制既能够覆盖大多数情况,又避免了不必要的存储空间浪费。

以下是一个具体的例子,代码如下:

```
//第 6 章/users.sql
CREATE TABLE users (
    id INT AUTO_INCREMENT PRIMARY KEY,
    username VARCHAR(50) NOT NULL,
    email VARCHAR(100) NOT NULL UNIQUE,
);
```

对于长文本数据,如文章、评论等,可以使用 TEXT 或 LONGTEXT 类型。这些类型能够存储大量的文本数据,并提供了相应的操作函数,方便对文本数据进行处理。

例如文章内容通常包含大量文本信息,并且长度不确定,因此,选择 TEXT 类型来存储文章内容是非常合适的。TEXT 类型能够存储大量的文本数据,并且可以根据实际内容动态地调整存储空间,避免了固定长度字段可能导致的空间浪费。

以下是一个具体的例子,代码如下:

```
//第 6 章/articles.sql
CREATE TABLE articles (
    id INT AUTO_INCREMENT PRIMARY KEY,
    title VARCHAR(100) NOT NULL,
    content TEXT NOT NULL,
);
```

在这个例子中,title 字段用于存储文章的标题,为其设置了 VARCHAR(100)的长度限制,这通常足够存储大多数文章的标题,content 字段则使用了 TEXT 类型来存储文章内容。

在选择字符类型时,还应考虑字符集的选择。不同的字符集支持不同的字符范围和编码方式,应根据应用的需求和数据的特点来选择合适的字符集。

(3) 日期和时间数据在数据库中也占据着重要地位,应使用专门的日期和时间类型进行存储。DATE 类型用于存储日期信息,不包括时间部分;TIME 类型用于存储时间信息,不包括日期部分;DATETIME 类型则同时包含日期和时间信息。这些类型提供了丰富的日期和时间处理功能,如日期加减、时间差计算等,方便进行日期和时间的计算和比较。TIMESTAMP 类型也用于存储日期和时间信息,但与 DATETIME 不同的是,它会根据时区进行自动转换,这对于需要处理不同时区数据的场景非常有用。

例如在酒店预订系统中,这个系统需要记录客房的预订信息,包括预订的日期、入住时间和离店时间。对于这样的系统,日期和时间数据是至关重要的,因此需要选择合适的日期和时间类型来存储这些数据。

首先,对于预订的日期可以选择 DATE 类型。DATE 类型用于存储日期信息,不包含时间部分,这对于记录预订的日期来讲是非常合适的。例如可以创建一个 bookings 表,其中包含一个 booking_date 字段来存储预订的日期,代码如下:

```sql
//第 6 章/bookings.sql
CREATE TABLE bookings (
    booking_id INT AUTO_INCREMENT PRIMARY KEY,
    room_number INT NOT NULL,
    booking_date DATE NOT NULL,
    guest_name VARCHAR(100) NOT NULL,
    -- 其他字段...
);
```

接下来,系统需要记录客人的入住时间和离店时间。由于这两个时间点都包含日期和时间信息,所以应该选择 DATETIME 类型。DATETIME 类型能够同时存储日期和时间来满足该需求,所以可以在 bookings 表中添加 check_in_time 和 check_out_time 字段,代码如下:

```sql
ALTER TABLE bookings
ADD check_in_time DATETIME NOT NULL,
ADD check_out_time DATETIME NOT NULL;
```

这样,当插入预订记录时,就可以同时存储预订的日期、入住时间和离店时间,代码如下:

```sql
INSERT INTO bookings (room_number, booking_date, guest_name, check_in_time, check_out_time)
VALUES (101, '2024-04-01', 'John Doe', '2024-04-02 14:00:00', '2024-04-05 11:00:00');
```

在这个例子中,使用了 DATE 和 DATETIME 类型来分别存储预订的日期和客人的入住时间、离店时间。这些类型不仅提供了合适的存储空间,还允许利用数据库提供的日期和时间函数进行各种计算和操作,例如计算预订时长、检查日期范围的重叠等。

此外,如果酒店预订系统需要处理来自不同时区的客人,则可以选择 TIMESTAMP 类型。TIMESTAMP 类型会根据数据库服务器的时区设置自动转换存储的时间,这意味着,无论客人来自哪个时区,系统都可以将他们的时间统一存储为 UTC 时间,并在需要时根据客户端的时区设置进行转换,这有助于简化时区相关的逻辑处理。

(4) 对于具有固定取值范围的数据,可以使用 ENUM 或 SET 类型进行存储。ENUM 类型允许在预定义的取值列表中选择一个值作为字段的值,这种类型适用于那些取值范围固定且有限的数据,如性别、学历等。通过 ENUM 类型,可以限制字段的取值范围,提高数据的准确性和一致性。

SET 类型与 ENUM 类似,但允许在预定义的取值列表中选择多个值作为字段的值。这种类型适用于那些可能具有多个取值的数据,如兴趣爱好、技能等。

（5）在设计数据库时,除了需要根据数据类型和取值范围选择合适的字段类型外,还需要综合考虑其他因素。

首先是字段的可扩展性。随着业务的发展和数据量的增长,某些字段的取值范围或数据类型可能需要进行调整,因此,在设计数据库时应预留足够的扩展空间,以便在未来能够灵活地调整字段类型或添加新的字段。

其次是兼容性考虑,在设计数据库时,还需要考虑与其他系统进行数据交换和共享。如果数据库需要与其他系统进行数据交互,则应确保所选字段类型与这些系统兼容,以便能够顺利地进行数据导入和导出操作。

最后是数据完整性的保障,字段类型的选择应能够确保数据的准确性和一致性。在选择字段类型时,应考虑到数据的取值范围、精度要求及业务规则等因素,确保所选类型能够准确地表示和存储数据。

6.2.2　SQL 查询优化技巧

SQL 查询语句的优化是数据库性能调优的关键环节。优化查询语句不仅能提高查询速度,减少系统响应时间,还能降低数据库的负载,提高系统的整体性能。接下来将介绍如何优化 SQL 查询语句,包括选择性使用索引、避免 SELECT ＊、优化 JOIN 操作、使用子查询与连接查询的选择、优化 WHERE 子句等内容。

（1）索引作为数据库性能优化的关键手段,其核心作用在于显著提高查询效率,然而,并非所有查询操作都需依赖索引来实现性能提升。因为索引的过度使用会不可避免地增加数据库写操作的复杂性,并导致磁盘空间的额外消耗,因此,在运用索引时,必须有选择地进行,确保其在提升查询性能的同时,不会对系统造成不必要的负担。首先需要深入分析查询需求,确定哪些列在 WHERE 子句、JOIN 操作或 ORDER BY 子句中频繁使用。这些列由于直接参与查询条件的筛选或排序,因此是建立索引的理想选择。通过对这些列建立索引来确保数据库在执行查询时能够迅速定位到满足条件的记录,从而显著地提升查询速度,其次还需关注列的选择性,选择性高的列意味着其包含的不同值较多,这样的列在过滤数据时具有更高的效率,因此,为这些列建立索引能够更有效地减少查询时需要扫描的数据量,进一步提高查询性能。当涉及复合索引时,需要特别注意索引列的顺序,复合索引是基于表中的多个字段创建的,其性能表现与列的顺序密切相关。

（2）在构建 SQL 查询时,为了提高查询的效率和减少不必要的资源消耗,建议明确指定需要查询的列名,从而避免使用 SELECT ＊这样的通配符。使用 SELECT ＊会导致数据库返回表中的所有列数据,包括那些实际上在查询结果中并不需要的列。这种做法不仅增加了数据传输的开销,使网络带宽的利用率降低,而且还可能导致内存使用的增加,尤其是在处理大型表或包含大量数据的列时。明确指定列名可以确保只返回所需的数据,从而优化数据传输和内存使用,提高查询的整体性能,因此,在编写 SQL 查询时,应该根据实际需求仔细选择需要查询的列,避免不必要的资源浪费。

（3）JOIN 操作是 SQL 查询中不可或缺的关键组成部分,它允许开发者将多张表的数据关联起来,从而获取更全面的信息,然而,如果不进行适当优化,则 JOIN 操作可能成为性能瓶颈,导致查询速度下降和资源消耗增加。

优化 JOIN 操作的核心在于精简和高效。在 SQL 中应尽量减少 JOIN 的数量,只保留那些真正必要的 JOIN 操作。过多的 JOIN 不仅会增加查询的复杂度,还可能导致数据冗余和性能下降,因此,在设计查询时,开发人员应仔细分析数据模型和查询需求,确保只进行必要的 JOIN 操作。

其次,优化 JOIN 的顺序也是至关重要的,将结果集较小的表放在前面作为驱动表,可以显著地减少后续的 JOIN 操作,提高查询效率。这是因为驱动表会先与其他表进行连接,生成一个中间结果集,然后与其他表进行连接。如果驱动表的结果集较小,则后续的连接操作就会更加高效。

对于特别复杂的 JOIN 操作,可以考虑使用临时表或视图来简化查询。临时表可以存储中间结果集,供后续查询使用,从而减少重复计算和提高性能。视图则可以将复杂的 JOIN 操作封装起来,使查询更加简洁和易于管理。

(4) 子查询和连接查询作为 SQL 查询中的两种常见方式,各自在不同的查询场景和数据环境下展现出独特的性能特征。在选择使用子查询还是连接查询时,需要根据具体的查询需求、数据规模、数据分布及数据库设计等因素细致地进行权衡和考量。

一般而言,对于涉及复杂查询逻辑的场景,子查询是一个有效的工具。通过将复杂的查询逻辑分解为多个子查询,可以使整个查询过程更加清晰和模块化,便于理解和维护。子查询的嵌套结构允许根据一个查询的结果来执行另一个查询,这在处理多层级的查询关系或计算字段时特别有用,然而,在处理涉及大量数据的查询时,连接查询往往更加高效。连接查询通过直接在查询过程中合并多张表的数据,减少了数据的传输和处理的次数,从而提高了查询的执行效率。特别是在处理大数据量的表时,连接查询通常能够利用数据库的索引和优化器来优化查询计划,减少不必要的全表扫描和数据复制。

除了子查询和连接查询之外,还可以考虑使用 EXISTS、IN 等子句来替代某些子查询,进一步优化查询性能。这些子句提供了更为高效的方式来检查记录的存在性或满足特定条件的记录数,避免了子查询可能带来的额外开销和复杂性。

(5) WHERE 子句是 SQL 查询中至关重要的一个组成部分,它承担着过滤和筛选数据的关键任务。通过精心优化 WHERE 子句,可以显著地减少查询返回的数据量,从而大幅提升查询速度,优化数据库性能。

在优化 WHERE 子句时,首先要避免在其中使用非确定性的函数或表达式。这些非确定性操作通常会导致索引失效,使数据库无法有效地利用索引进行快速查找,而不得不进行全表扫描,从而极大地降低查询效率,因此,在编写 WHERE 子句时,应尽量确保所使用的条件和表达式是确定性的,以便充分利用索引的优势。

编写 SQL 时还需尽量避免在 WHERE 子句中使用 NOT、<>或!=等操作符。这些操作符往往会导致查询性能下降,因为它们通常会使数据库执行全表扫描来查找不满足条件的记录。相反,SQL 中应该尽量使用等于(=)或 LIKE 等操作符来明确指定查询条件,以便数据库能够更高效地定位所需数据。为了提高查询性能，还可以考虑使用 BETWEEN、IN 等操作符来替代多个 OR 条件，这些操作符允许在一个条件中指定多个可能的值或范围，从而减少了查询的复杂度，提高了查询速度。通过合理地运用这些操作符，可以进一步优化 WHERE 子句，提升查询性能。

6.3 代码规范和最佳实践

代码规范和最佳实践是软件开发中不可或缺的一环，它们对于确保项目质量、提高团队协作效率至关重要。本节将聚焦命名规范和代码结构两大核心要点。通过探讨如何为变量、方法和类制定有意义的命名规则，以提高代码的可读性；同时，还将分享如何构建合理、有序的代码结构，强调模块化和分层设计的思想，以增强代码的可维护性。通过遵循这些规范和最佳实践，开发人员将能够编写出更清晰、更易于理解的代码，为项目的成功实施奠定坚实基础。

6.3.1 命名规范

在软件开发中，命名规范是一项至关重要的基础工作。遵循统一的命名规则不仅有助于开发者快速理解代码的结构和功能，还能提高团队协作的效率。本节将详细介绍变量、方法、类等命名应遵循的规则，并强调命名规范对于提高代码可读性的重要性。

1. 基本命名规则

在探讨代码的命名规范时，首先需要明确命名的基本构成规则。在 Java 等主流的编程语言中，一个有效的命名应由字母、数字或下画线组成，并且必须确保名称的首位字符为字母，而末尾字符不得为下画线。这一规定不仅确保了命名的合法性，更维护了代码的一致性和可读性，从而有效地规避了因命名不规范而导致的编译错误或命名混淆等问题。

举例来讲，userReceipt 这一命名遵循了上述规则，因此是一个合法且合理的命名。相对地，_userReceipt、userReceipt_、$ userReceipt 及 userReceipt $ 等命名方式，由于违反了首位必须为字母或末尾不得为下画线的规定，因此被视为不符合规范的命名。

此外，在命名过程中，还应尽量避免使用拼音缩写、拼音与英文的混合命名，以及直接使用中文作为变量名或方法名。这种混合使用不仅容易引发理解上的歧义和混淆，也违背了国际编程的通用规范。尽管一些国际通用的拼音名称可以视作英文来使用，但在实际编程中，仍应尽量避免与其他语言混合使用，以确保代码的专业性和可读性。

以具体命名为例，userReceipt 这一命名方式清晰明了，能够直观地表达其代表的含义，因此是一个优秀的命名选择，而 yonghujieu、yhjj、yhReceipt 及 yonghuReceipt 等命名方式，由于使用了拼音缩写或拼音与英文的混合，不仅难以理解，还可能导致其他开发者在阅读和维护代码时产生困扰，因此并不推荐在实际编程中使用。

2. 类名命名规则

在编程实践中,类名的命名是构建清晰、可维护代码结构的关键环节,遵循正确的类名命名规则,能够提升代码的整体质量和可维护性,促进团队协作和代码共享。根据通用的命名规范,类名通常采用首字母大写的驼峰格式,即每个单词的首字母大写,其余字母小写,单词之间不加任何分隔符。这种格式不仅使类名在代码中视觉上更为突出,而且能够直观地体现出类的层次结构和属性,有助于开发者快速地理解和识别代码的功能与角色。首字母大写的驼峰格式能够确保类名与变量名、方法名等其他类型的命名在格式上有所区分,从而提高了代码的可读性和一致性,这种命名方式也有助于避免命名冲突,确保每个类名在项目中都是唯一的且易于辨识的。

以实际命名为例,UserServiceImpl 是一个符合规范的类名,它清晰地表达了该类是 UserService 接口的一个实现类。相对地,userserviceImpl 和 UserserviceImpl 则是不规范的命名方式,前者违反了首字母大写的规则,后者虽然首字母大写了,但将整个单词作为一个整体处理,没有遵循驼峰格式,因此都不符合类名的命名规范。

3. 方法、参数、成员变量命名规则

在编程实践中,对于方法名、参数名、成员变量名及局部变量名的命名,应遵循一套严谨且统一的规则。根据通用的命名规范,这些标识符应采用首字母小写的驼峰格式,即首个单词的首字母小写,后续单词的首字母大写,单词之间不使用任何分隔符。这种命名方式不仅使方法、参数和变量的命名更加清晰、直观,还符合编程语言的命名惯例,有助于提升代码的可读性和可维护性。采用首字母小写的驼峰格式能够确保方法名、参数名和变量名在视觉上保持一致,便于开发者快速地识别和理解,同时,这种命名方式也能够反映出标识符的语义和功能,有助于减少命名冲突和误解。

以实际命名为例,private UserReceipt userReceipt 是一个符合规范的成员变量命名,它清晰地表示了这是一个私有的 UserReceipt 类型变量。void saveUser() 是一个规范的方法命名,它明确地表达了该方法的功能是用于保存用户信息,而 BigDecimal tempValue 则是一个符合规范的局部变量命名,它表明这是一个临时存储的 BigDecimal 类型值。

通过遵循这些命名规则,可以确保代码中的方法、参数和变量命名规范、统一,提升代码的整体质量和可读性,从而促进团队协作和代码共享。

4. 常量命名规则

在编程中,常量的命名应当遵循特定的规则以确保其易于理解和维护。常量命名应当全部采用大写字母,并且单词之间使用下画线进行分隔,这种命名方式不仅凸显了常量的特殊性,还使它们在代码中更加突出,易于识别。

例如,MAX_OVERDUE_AMOUNT 是一个典型的常量命名,它清晰地表示了常量的含义为最大逾期金额,符合常量命名的规范。

需要注意的是,常量命名规则与其他类型的命名规则在某些方面存在差异。特别当其他命名(如类名、方法名等)中存在国际通用的缩写时,应将这些缩写视为一个完整的单词,

而不是将其全部大写。例如,AbsServiceImpl 是一个符合规范的命名。在这里,Abs 被视为一个单词,并作为类名的一部分,遵循了驼峰命名法的规则,而 ABSServiceImpl 则是不规范的命名,因为它将缩写 ABS 全部大写,没有遵循正确的命名规则。

因此,在编写代码时,应严格遵循常量命名规则,以确保代码的一致性和可读性。同时,对于其他类型的命名,也应根据相应的规则进行命名,避免混淆和误解。

5. 其他命名规范

在编程实践中,除了之前提到的命名规则外,还有一些其他的命名规范同样需要遵守。

首先,在命名过程中,应极力避免使用不规范的缩写,以确保命名的准确性和清晰性。例如,payAmount 和 receiptCondition 是清晰易懂的命名,它们直观地表达了变量的含义和用途,而 pAmt 和 reCond 这类缩写命名方式则不推荐使用,因为它们可能会导致代码阅读者产生困惑,降低代码的可读性。

其次,在特殊类型的命名上,应遵循一些特定的规则。抽象类命名必须以 Abstract 或 Base 开头,这样有助于快速识别抽象类的类型,便于理解和使用。异常类则必须以 Exception 结尾,以标明其异常处理的特性,便于在代码中进行异常处理。枚举类必须统一以 Enum 开头或者结尾,并且枚举成员命名应遵循常量命名规则,以保持命名的一致性。

在定义数组时,方括号要紧跟类型,禁止以将方括号放在参数名后面的方式定义数组。例如,String[] stringArray 是正确的定义方式,它清晰地表示了这是一个字符串类型的数组,而 String stringArray[] 则是不规范的定义方式,它可能会导致代码阅读者产生误解。

此外,布尔类型变量命名禁止以 is 开头,以避免与 Java 中的 is 方法混淆。例如,Boolean ok 是一个合适的命名,它直接表达了变量的含义,而 Boolean isOk 则是不推荐的命名方式,因为它可能会与 Java 中的 is 方法产生混淆,导致代码理解上的困难。

在包名的命名上应统一使用小写字母,点分隔符之间应只有一个自然语义的英文单词,并且统一使用单数形式。这有助于保持包名的简洁性和一致性,便于管理和维护。例如,com. demo. service 是一个符合规范的包名,它清晰地表达了包所属的模块和功能。

命名应尽量使用完整的单词,禁止使用简单或含义模糊的单词进行命名。例如,List < String > updateUserList 是一个清晰的命名,它明确地指出了这是一个用于更新用户信息的字符串列表,而 List < String > list 则是不够明确的命名,它无法清晰地表达列表的用途和含义。

此外,如果模块、接口、类使用了设计模式,则在命名时也需要得到体现。例如,LayoutContentFactory 这样的命名方式有助于理解代码的设计思路和结构,使其他开发者能够更快地理解和使用代码。

在接口类中,方法和属性不应加任何修饰符,以保持代码的简洁性。同时,应使用完整有效的 javadoc 注释对接口类中的方法和属性进行说明,以便其他开发者能够更好地理解和使用这些接口。在接口和实现类的命名上,通常采用 IService-> Service 或 Service-> ServiceImpl 的方式,这种命名方式有助于清晰地表示接口和实现类之间的关系,提高代码的可读性和可维护性。

6.3.2　代码结构

代码结构是软件工程的基石,关乎软件系统的稳定性、可维护性和可扩展性,合理的代码结构能够提升代码质量,促进团队协作,降低开发风险。本节将从包、类、方法和模块与分层设计 4 个维度探讨代码结构设计原则和方法,旨在帮助读者构建清晰、易于维护的代码结构,并且通过遵循功能划分、避免循环依赖、单一职责原则等来设计出高质量的代码结构,提高软件开发的效率和质量。

1. 包结构设计

在复杂的软件系统中,包(Package)作为组织和管理代码的基本单位,扮演着至关重要的角色。一个合理的包结构设计不仅能提升代码的可读性和可维护性,还能有效地促进团队协作,减少潜在的冲突和错误。

首先,包的设计应遵循功能或业务逻辑划分的原则。这意味着开发者应该将实现相同功能或属于同一业务领域的类和相关资源归并到同一个包中。以电商系统为例,可以将商品管理相关的类放在 com. ecommerce. product 包中,将订单处理相关的类放在 com. ecommerce. order 包中。这样的划分使开发者在查找特定功能的代码时,能够迅速地定位到相应的包,提高了开发效率。

其次,避免包之间的循环依赖是包结构设计中需要特别注意的问题。循环依赖意味着两个或多个包相互引用,形成了闭环。在这种情况下,任何一个包的修改都可能影响到其他包,增加了代码的耦合度,降低了系统的可维护性。为了解决这个问题,可以采用依赖倒置原则(Dependency Inversion Principle),将具体的实现细节抽象为接口或基类,并由上层包引用这些接口或基类,而不是直接引用下层包的实现类。

包的命名也是包结构设计中不可忽视的一环。包的命名应该简洁明了,能够直观地反映其包含的内容或实现的功能,同时,命名规范也应该在整个项目中保持一致,以便开发者理解和使用。在实际项目中,可以采用"域名反转＋功能描述"的命名方式。

通过合理划分包、避免循环依赖及规范命名才可以构建出整洁、易于维护的代码结构,为项目的成功实施奠定坚实的基础,在实际项目中,开发人员应该根据项目的具体需求和业务逻辑来设计包结构,并不断地调整和优化,以适应项目的变化和发展。

2. 类结构设计

在面向对象编程中,类作为核心元素,其结构设计直接决定了软件系统的稳定性和可维护性。一个优秀的类结构设计能够确保代码的可读性、可复用性和可扩展性,从而提升软件的整体质量。

在类结构设计中,应严格遵循单一职责原则。这意味着每个类应该只负责一个功能或业务逻辑,避免将多个不相关的功能或业务逻辑混杂在同一个类中。通过细化类的职责,可以使类的功能更加明确和专一,降低类的复杂度,提高代码的可读性和可维护性。以电商系统中的用户类为例,可以将其设计为只负责用户信息的存储和访问,而不涉及订单处理、支付等其他功能。这样,用户类的功能就变得更加清晰和明确,其他开发者在使用时也能够更加准确地理解其用途和行为。

其次,在类结构设计中应合理使用继承、接口和多态等机制。继承可以实现代码的复用和扩展,通过继承父类的属性和方法,子类可以继承父类的功能,并在此基础上进行扩展。接口则定义了一组方法的规范,使不同的类可以实现相同的接口,从而实现多态性。多态性使代码更加灵活和可扩展,能够根据具体情况调用不同类的方法。例如在电商系统中,可以设计一个商品基类,包含商品的通用属性和方法,然后根据具体的商品类型(如图书、服装等),创建相应的子类继承自商品基类。这样,就可以利用继承机制实现代码的复用和扩展,同时保持代码的清晰和一致。

此外,在类结构设计中,还应注意控制类的成员变量和方法的访问权限。通过合理设置访问权限可以保护类的内部状态和数据安全,防止外部代码对类的不当访问和修改。一般来讲,应将类的属性和方法设置为私有(private)或受保护的(protected),并提供公共的访问方法(如 getter 和 setter 方法)来对外提供访问接口。这样可以确保类的内部状态不会被外部代码随意修改,从而提高代码的安全性和稳定性。

类结构设计是面向对象编程中的关键环节,通过遵循单一职责原则、合理使用继承、接口和多态等机制及控制访问权限,开发人员可以构建出功能明确、复用性好、安全可靠的类结构,为软件系统的稳定性和可维护性提供有力保障。在实际开发中,应不断地学习和实践这些设计原则和方法,以不断提升自身的类结构设计能力。

3. 方法划分

在面向对象编程的实践中,类内部的方法划分对于确保代码的可读性、可维护性和可重用性具有举足轻重的作用。一个设计良好的类,其内部方法应该是高度内聚且低耦合的,每种方法都应专注于执行一个明确的任务或实现一个明确的功能。

在软件开发的初期,由于功能简单和需求明确,所以类中的方法可能相对单一,但随着项目的推进和功能的增加,类中的方法会逐渐变得复杂,包含多个逻辑分支和判断条件。在这种情况下,如果不对方法进行适当划分,则将会导致代码的可读性和可维护性大大降低,增加出错的可能性。

因此,设计过程中需要对复杂的方法进行拆分,将其拆分成多个简单、独立的方法。每种新方法都应只负责一个具体的功能,具有明确的输入和输出,实现单一职责。这样,不仅可以提高代码的可读性,使每种方法的功能一目了然,还可以降低方法的复杂度,减少出错的可能性。

同时,方法的命名也是一项重要的任务。好的方法名应该能够准确地反映其功能,使其他开发者在阅读代码时能够迅速地理解该方法的用途。命名时,应遵循一定的规范,如使用驼峰命名法、避免使用缩写和简写、尽量使用动词或动词短语等。此外,方法的参数列表也应清晰明了,参数名应能够准确地描述其含义和用途。

以电商系统中的订单处理类为例,该类可能包含一个处理订单支付的方法。随着功能的增加,这种方法可能变得越来越复杂,包含处理支付成功、支付失败、订单状态更新等多个逻辑分支。为了提高代码的可读性和可维护性,可以将这个复杂的方法拆分成多种简单的方法,如 handlePaymentSuccess、handlePaymentFailure 和 updateOrderStatus 等。每种方法都只负责一个具体的功能,命名清晰明了,使其他开发者能够轻松地理解和使用。

方法划分和命名规范是面向对象编程中不可忽视的重要环节,通过合理划分方法和规范命名,可以构建出清晰、易读、易维护的代码结构,提高软件开发的效率和质量,所以在实际开发中,应不断地学习和实践这些设计原则和方法,以不断提升自身的代码设计能力。

4. 模块化和分层设计

在复杂的软件系统中,模块化和分层设计是提升代码可维护性、可读性和可扩展性的关键策略。它们不仅有助于降低系统的复杂性,还能提高开发团队的协作效率,从而确保软件项目的顺利进行。

模块化设计将系统划分为一系列独立的功能模块,每个模块都具备特定的功能和职责,负责完成系统中的一部分任务。这种设计方式使每个模块都可以独立开发、测试和部署,从而降低了系统整体的复杂性。同时,模块之间的独立性也促进了并行开发的可能性,多个开发团队可以同时处理不同的模块,提高了开发效率。

以电商系统为例,可以将其划分为用户管理模块、商品管理模块、订单处理模块等。每个模块都具备独立的功能和接口,与其他模块通过明确的接口进行交互。这样,当需要修改或扩展某个功能时,开发人员只需关注相关的模块,而无须对整个系统进行全面修改。

分层设计则是将系统按照不同的逻辑层次进行划分。常见的分层包括表示层、业务逻辑层和数据访问层,表示层负责与用户进行交互,展示数据和接收用户输入;业务逻辑层负责处理系统的核心业务逻辑,实现各种功能;数据访问层负责与数据库或其他存储系统进行交互,实现数据的存储和检索。

在电商系统中,可以采用分层设计来构建清晰的系统结构。表示层负责展示商品信息、用户界面等;业务逻辑层负责处理订单生成、支付处理、库存管理等核心业务逻辑;数据访问层负责与数据库交互,存储和检索商品、用户、订单等数据。这种分层设计使系统的各部分能够解耦,每层都可以独立地进行开发、测试和维护,提高了系统的灵活性和可扩展性。

通过模块化和分层设计,可以更好地组织和管理代码,提高软件开发的效率和质量。模块化使代码更清晰、更易于理解,每个模块都可以单独地进行版本控制和测试,降低了出错的可能性。分层设计则使系统的各部分能够独立工作,降低了层与层之间的耦合度,提高了系统的可维护性和可扩展性。

在实际开发中,应结合具体项目的需求和特点,灵活应用模块化和分层设计的原则。通过合理的模块划分和层次设计,开发人员可以构建出结构清晰、易于维护的软件系统,为项目的成功实施奠定坚实的基础。

6.4　异常处理和日志管理建议

在软件开发和运维中,异常处理和日志管理是保证系统稳定性和可维护性的关键环节。有效地进行异常处理能够避免程序崩溃,确保数据安全,而合理的日志管理则有助于问题定位、性能优化和审计。本节围绕这两个方面,提出了一系列实用的建议,包括如何捕获和处理异常、设置日志级别和格式,以及定期轮转和归档日志等。通过遵循这些建议,开发人员将能够提升系统的稳定性和性能,为软件的开发和运维工作提供有力支持。

6.4.1 异常处理

在软件开发中,异常处理是一项至关重要的技术,它能够帮助开发人员有效地捕获和处理程序运行时可能出现的错误情况,从而避免程序崩溃,提高软件的健壮性和稳定性。下面将详细讲解如何有效地捕获和处理异常,并介绍一些高级处理技巧,如自定义异常类和异常链。

1. 基本异常处理

在大多数现代编程语言中,异常处理机制通过 try-catch-finally 结构得以实现,为开发者提供了一种结构化、可预测的方式来处理潜在的错误。

在 Java 语言中,基本的异常处理通常使用 try-catch-finally 结构,代码如下:

```
try {
    //尝试执行的代码,可能会抛出异常
    //...
} catch (ExceptionType1 e) {
    //处理 ExceptionType1 类型的异常
    //...
} catch (ExceptionType2 e) {
    //处理 ExceptionType2 类型的异常
    //...
} finally {
    //无论是否发生异常都会执行的代码,常用于资源清理
    //...
}
```

其中,try 块是异常处理的起点,它包裹着可能抛出异常的代码段。当 try 块中的代码执行时,如果发生了异常,则程序流程会立即跳转到与之匹配的 catch 块。catch 块负责捕获并处理这些异常,根据异常的类型执行相应的错误处理逻辑。这种机制确保了程序在遭遇异常时不会崩溃,而是能够继续执行后续的代码或进行必要的清理工作。finally 块是异常处理结构的最后一部分,无论是否发生异常都会执行,这使 finally 块成为进行资源清理工作的理想位置,如关闭文件、释放数据库连接等。无论程序是正常执行完毕还是因异常而提前退出,finally 块中的代码总可以得到执行,确保了资源的正确释放。

在实际开发中,有效地捕获和处理异常需要遵循以下几个原则:

首先,要明确异常类型。在编写 catch 块时,应尽可能具体地指定要捕获的异常类型,而不是使用通用的 Exception 类。通过明确异常类型,可以更精确地识别和处理不同类型的异常,避免漏掉重要的错误信息。

其次,要记录异常信息。当捕获到异常时,应及时记录详细的异常信息,包括异常类型、

错误消息、堆栈跟踪等。这些信息对于后续的调试和排查问题至关重要,它们能够帮助开发人员快速地定位问题的根源,并采取相应的修复措施。

此外,要合理处理异常。根据异常的类型和上下文信息,需要采取合适的处理策略。例如,对于可以恢复的异常,可以尝试进行错误修复或重试操作;对于无法恢复的异常,可能需要回滚之前的操作或提供默认值;同时,为了给用户提供更好的体验,还需要将异常信息转换为友好的错误提示进行展示。

最后,要避免过度捕获。虽然捕获异常能够确保程序的稳定性,但过度捕获也可能导致一些重要的错误被忽略,因此,在编写代码时,应根据实际需要有针对性地捕获和处理特定类型的异常,避免盲目地捕获所有异常。

以一个简单的文件读写操作为例,可以使用异常处理来确保程序的健壮性。在尝试打开文件进行读取时,可能会遇到文件不存在或无法访问等异常情况。通过 try-catch 结构,可以捕获这些异常并给出相应的错误提示。同时,在 finally 块中,需要确保无论是否发生异常都能正确关闭文件句柄,避免资源泄露。

下面是使用异常处理的一个具体案例,代码如下:

```java
//第 6 章/FileReadingExample.java
import java.io.BufferedReader;
import java.io.FileReader;
import java.io.IOException;

public class FileReadingExample {
    public static void main(String[] args) {
        String filePath = "example.txt";
        String fileContent = "";

        try (BufferedReader reader = new BufferedReader(new FileReader(filePath))) {
            String line;
            while ((line = reader.readLine()) != null) {
                fileContent += line + "\n";
            }
            System.out.println("文件内容:\n" + fileContent);
        } catch (FileNotFoundException e) {
            //处理文件找不到的异常
            System.err.println("文件未找到:" + filePath);
            e.printStackTrace();
        } catch (IOException e) {
            //处理其他 I/O 异常
            System.err.println("读取文件时发生 I/O 错误:" + filePath);
            e.printStackTrace();
        } finally {
            //在这里可以进行资源清理,但由于使用了 try-with-resources,所以文件会在 try
            //块结束时自动关闭
            //如果有其他资源需要清理,则可以在这里进行清理
        }
    }
}
```

在上面的例子中,代码尝试读取名为 example.txt 的文件内容。如果在读取的过程中

发生了 FileNotFoundException,则会捕获这个异常并将一条错误信息输出到标准错误流。如果发生了其他 IOException,则该代码也会捕获并处理它。finally 块在这个例子中并没有特别的资源清理任务,因为 BufferedReader 是在 try-with-resources 语句中声明的,它会在 try 块执行完毕后自动关闭。如果还有其他资源需要手动关闭或清理,则可以在 finally 块中进行。

这个案例展示了如何有效地使用 try-catch-finally 结构来处理可能发生的异常,并确保了资源的正确管理。在实际开发中,根据具体的业务逻辑和异常类型,可能需要编写更复杂的异常处理逻辑。

2. 自定义异常类

随着业务逻辑的日益复杂,系统可能会遇到多种不同类型的异常情况,这些异常需要得到精确、有效的处理。为了更好地组织和管理这些异常,自定义异常类成为开发者的重要工具。

自定义异常类,顾名思义,是开发者根据实际需求创建的异常类。它们通常继承自 Java 等编程语言中提供的标准异常类(如 Exception 或 RuntimeException),并在此基础上添加特定的属性和方法,以满足特定业务场景的需求。

下面是一个自定义异常类的代码案例,代码如下:

```java
//第 6 章/CustomException.java
//继承自 Exception 或其子类
public class CustomException extends Exception {
    //自定义属性
    private String customMessage;
    private int errorCode;

    //构造方法
    public CustomException(String message, int errorCode) {
//调用父类构造方法
        super(message);
        this.customMessage = message;
        this.errorCode = errorCode;
    }

    //自定义方法
    public int getErrorCode() {
        return errorCode;
    }

    //重写 toString 方法,提供详细的异常信息
    @Override
    public String toString() {
        return "CustomException{" +
                "customMessage = '" + customMessage + '\'' +
                ", errorCode = " + errorCode +
```

```
                '}';
        }
    }
```

该代码声明了一个名为 CustomException 的公开类,并指明它继承自 Exception 类,由于 Exception 是 Java 异常处理机制中的基类,因此 CustomException 也是一个异常类,并在代码中定义了两个私有属性:customMessage 用于存储自定义的异常信息,errorCode 用于存储与异常相关联的错误代码。CustomException 是 CustomException 类的构造方法,它接受两个参数、一个字符串 message 和一个整数 errorCode,通过 super(message)调用了 Exception 类的构造方法,将传入的 message 作为异常的通用信息,然后将 message 赋值给 customMessage,将 errorCode 赋值给 errorCode,并且代码中通过 getErrorCode()这种方法允许外部访问 errorCode 属性,通过调用 getErrorCode()方法来获取与异常关联的错误代码。最后重写 toString()方法以返回自定义异常的字符串表示形式,当调用 CustomException 对象的 toString 方法时,它将返回一个包含 customMessage 和 errorCode 值的字符串,这在打印异常或将其转换为字符串时非常有用。

通过自定义异常类,可以实现以下功能,并可以显著地提升应用程序的健壮性和可维护性。

首先,自定义异常类能够提供更具体的错误信息。相比于使用通用的异常类,自定义异常类可以包含更详细的错误描述、错误代码及上下文信息。这些信息不仅有助于开发者更快地定位问题,还能为后续的调试和修复工作提供有力的支持。

以电商系统为例,当用户尝试购买商品时,可能会因为库存不足、支付失败等原因导致交易失败。如果使用自定义异常类处理这些异常情况,就可以为每个异常类型定义不同的错误代码和描述信息。当异常发生时,系统能够准确地捕捉到异常类型,并输出相应的错误信息,从而帮助开发者快速地定位问题所在。

在上面这个例子中可以定义两个自定义异常类:InventoryException(库存不足异常)和 PaymentException(支付失败异常),其代码如下:

```java
//第6章/InventoryException.java
public class InventoryException extends Exception {
    private int errorCode;

    public InventoryException(String message, int errorCode) {
        super(message);
        this.errorCode = errorCode;
    }

    public int getErrorCode() {
        return errorCode;
    }

    @Override
```

```java
    public String toString() {
        return "InventoryException{" +
                "message = '" + getMessage() + '\'' +
                ", errorCode = " + errorCode +
                '}';
    }
}

public class PaymentException extends Exception {
    private int errorCode;

    public PaymentException(String message, int errorCode) {
        super(message);
        this.errorCode = errorCode;
    }

    public int getErrorCode() {
        return errorCode;
    }

    @Override
    public String toString() {
        return "PaymentException{" +
                "message = '" + getMessage() + '\'' +
                ", errorCode = " + errorCode +
                '}';
    }
}
```

然后在电商系统的商品购买逻辑中,可以根据条件抛出这些自定义异常,其代码如下:

```java
//第 6 章/ShoppingCart.java
public class ShoppingCart {
    //假设这是购物车类的部分实现

    public void purchaseItem ( int itemId, int quantity ) throws InventoryException,
PaymentException {
        //检查库存
        if (isOutOfStock(itemId, quantity)) {
            throw new InventoryException("库存不足,无法购买", 1001);
        }

        //尝试支付
        if (!makePayment(quantity)) {
            throw new PaymentException("支付失败,请重试", 2001);
        }
```

```
        //如果以上都没有问题,则执行购买逻辑
        //...
    }

    private boolean isOutOfStock(int itemId, int quantity) {
        //检查库存的逻辑
        //...
        //假设库存不足,返回值为 true
        return true;
    }

    private boolean makePayment(int quantity) {
        //支付逻辑
        //...
        //假设支付失败,返回值为 false
        return false;
    }
}
```

其次,自定义异常类可以实现特定的业务逻辑。在某些情况下,当异常发生时,系统可能需要执行一些特定的操作,如自动回滚事务、发送错误通知等。通过在自定义异常类中添加这些业务逻辑,可以确保在异常发生时,系统能够自动地执行相应的操作,从而保持数据的完整性和一致性,同时提高用户体验。

例如,在一个在线支付系统中,如果在支付过程中出现异常,则系统可能需要自动取消订单并释放库存。通过创建一个自定义的支付异常类,并在其中实现自动回滚订单和释放库存的逻辑,来确保在支付失败时系统能够自动地执行这些操作,从而避免数据的不一致性和资源浪费。

在上面这个例子中可以定义一个自定义的支付异常类 PaymentFailureException,并在其中实现订单回滚和库存释放逻辑,代码如下:

```
//第 6 章/PaymentFailureException.java
import java.util.List;

public class PaymentFailureException extends Exception {
    private List < Order > orders;

    public PaymentFailureException(String message, List < Order > orders) {
        super(message);
        this.orders = orders;
    }

    public void rollbackOrdersAndReleaseInventory() {
        for (Order order : orders) {
            //假设有一个订单服务可以回滚订单
            OrderService.rollbackOrder(order);
            //假设有一个库存服务可以释放订单占用的库存
```

```
        InventoryService.releaseInventory(order.getProducts());
    }
}
//其他必要的方法,例如获取订单列表等
//...
}
```

接下来,定义 OrderService 和 InventoryService,这两个服务类将负责处理订单回滚和库存释放逻辑,代码如下:

```
//第 6 章/OrderService.java
public class OrderService {
    public static void rollbackOrder(Order order) {
        //订单回滚逻辑,例如将订单状态更新为已取消
        //...
        System.out.println("Order " + order.getOrderId() + " has been rolled back.");
    }
}

public class InventoryService {
    public static void releaseInventory(List < Product > products) {
        //库存释放逻辑
        //...
        for (Product product : products) {
            System.out.println("Released inventory for product " + product.getProductId());
            //更新产品库存数量的代码
            //...
        }
    }
}
```

然后在支付逻辑中捕获支付失败的情况,并抛出 PaymentFailureException 异常,代码如下:

```
//第 6 章/PaymentProcessor.java
public class PaymentProcessor {
    public void processPayment(List < Order > orders) throws PaymentFailureException {
        //处理支付的逻辑
        //...
        boolean paymentSuccessful = performPayment(orders);
        if (!paymentSuccessful) {
            throw new PaymentFailureException("Payment failed", orders);
        }
    }

    private boolean performPayment(List < Order > orders) {
        //真实的支付逻辑
        //...
        //假设支付失败,返回值为 false
```

```
            return false;
        }
    }
```

最后,在调用支付逻辑的代码块中,需要捕获 PaymentFailureException 异常,并调用其中的 rollbackOrdersAndReleaseInventory 方法来执行特定的业务逻辑,代码如下:

```
//第6章/Main.java
public class Main {
    public static void main(String[] args) {
        PaymentProcessor paymentProcessor = new PaymentProcessor();
        List < Order > orders = //获取待支付的订单列表

        try {
            paymentProcessor.processPayment(orders);
        } catch (PaymentFailureException e) {
            e.rollbackOrdersAndReleaseInventory();
            System.out.println ( " Payment failed and orders have been rolled back with
inventory released.");
            //还可以添加额外的错误处理逻辑,例如发送通知等
            //...
        }
    }
}
```

在这个案例中,当支付失败时,PaymentFailureException 异常被抛出。在 main 方法中捕获这个异常,并调用其 rollbackOrdersAndReleaseInventory 方法来自动回滚订单和释放库存。这样,即使在支付失败的情况下,也能确保系统的数据一致性和资源的有效利用,同时提高了用户体验。

使用自定义异常类还可以提高代码的可读性和可维护性,通过为不同的异常类型创建专门的异常类,可以使代码更清晰和更易于理解。同时,当需要修改或扩展异常处理逻辑时,只需针对特定的自定义异常类进行修改,而无须在整个代码库中搜索和替换通用的异常处理代码,这大大地提高了代码的可维护性和可扩展性。

3. 异常链

在软件开发过程中,异常处理是确保程序稳定运行和提高用户体验的关键环节,然而在实际操作中,经常会遇到一种情况,一个异常是由另一个异常引起的,从而形成了一种异常的嵌套关系。为了有效地处理这种情况,同时保留完整的异常信息,可以采用异常链(Exception Chaining)技术。

异常链允许将一个异常包装在另一个异常中,形成一个异常链。通过这种方式,不仅能保留原始异常的完整堆栈跟踪信息,还能为外部调用者提供更丰富的上下文信息,这种机制在处理复杂系统或分布式系统中的异常时显得尤为重要。

以一个电商系统为例,当用户尝试购买商品时,系统需要执行一系列操作,包括验证库存、计算价格、发起支付等。如果在支付环节发生异常,例如支付超时或支付失败,则可能希

望记录这个异常,并将其包装在一个更高层次的业务异常中,如"订单处理失败"。

下面是一个使用Java语言编写的案例代码,代码如下:

```java
//第 6 章/PaymentException.java
//自定义支付异常类
class PaymentException extends Exception {
    public PaymentException(String message, Throwable cause) {
        super(message, cause);
    }
}

//自定义订单处理异常类
class OrderProcessingException extends Exception {
    public OrderProcessingException(String message, Throwable cause) {
        super(message, cause);
    }
}

//支付服务类
class PaymentService {
    public void processPayment(int amount) throws PaymentException {
        //模拟支付过程可能发生的异常
        if (amount < 0) {
            throw new PaymentException ("Invalid payment amount", new IllegalArgumentException
("Amount cannot be negative"));
        }
        //支付处理逻辑
        //...
    }
}

//订单服务类
class OrderService {
    private PaymentService paymentService;

    public OrderService(PaymentService paymentService) {
        this.paymentService = paymentService;
    }

    public void placeOrder(int orderId, int amount) throws OrderProcessingException {
        try {
            //验证库存等逻辑
            //...
            //发起支付
            paymentService.processPayment(amount);
            //其他订单处理逻辑
            //...
        } catch (PaymentException e) {
            //将支付异常包装为订单处理异常,形成异常链
```

```
                throw new OrderProcessingException("Order processing failed", e);
            }
        }
    }

    //主程序类
    public class Main {
        public static void main(String[] args) {
            PaymentService paymentService = new PaymentService();
            OrderService orderService = new OrderService(paymentService);

            try {
                //尝试下订单,并传入一个负数金额来触发异常
                orderService.placeOrder(1, -100);
            } catch (OrderProcessingException e) {
                //订单处理异常
                e.printStackTrace();

                //打印原始异常信息(支付异常)
                Throwable cause = e.getCause();
                while (cause != null) {
                    cause.printStackTrace();
                    cause = cause.getCause();
                }
            }
        }
    }
```

在这个案例中,定义了两个自定义异常类 PaymentException 和 OrderProcessingException,它们分别代表支付异常和订单处理异常。在 PaymentService 类中,模拟了支付过程中可能出现的异常,并在异常中传递了原始的 IllegalArgumentException 作为原因。在 OrderService 类中,调用 PaymentService 进行支付,并在捕获到 PaymentException 时,将其包装为 OrderProcessingException,从而创建了异常链。最后在 main 方法中模拟了用户尝试下订单的场景,并传入了一个负数金额来触发异常。当异常被抛出并被捕获时,可以通过 getCause 方法追溯异常链,查看原始的支付异常信息。通过这种方式就能获取完整的错误堆栈,从而了解异常发生的完整路径和原因。

通过异常链,可以实现以下一系列强大的功能,从而显著地增强软件系统的健壮性和可维护性:

首先,保留完整的错误堆栈,即使在最外层的 catch 块中,也能通过异常链追溯到最初的异常发生点。在上面的例子中,即使捕获了"订单处理失败"这个业务异常,仍然可以通过异常链查看导致这一异常的支付异常,进而了解支付失败的具体原因。

其次,异常链可以提供更丰富的错误信息,通过查看异常链,开发人员可以了解异常发生的完整路径和原因,这对于复杂的调试场景非常有用。例如在上述例子中,当订单处理失败时,开发人员可以通过异常链迅速定位问题所在,是支付环节的问题还是其他环节的

问题。

异常链还可以支持更灵活的异常处理策略,通过包装和传递异常,可以在不同的代码层次上实现不同的异常处理逻辑。例如,在业务逻辑层,可以将特定的业务异常转换为友好的用户提示,而在系统底层,可以记录详细的异常信息以便后续分析。

6.4.2 日志管理

在复杂的软件系统中,日志管理是一项至关重要的任务。它不仅有助于追踪系统的运行状态,还能够在出现问题时提供宝贵的调试信息,因此,合理规划和实施日志管理策略对于确保系统的稳定性、可靠性和安全性具有不可忽视的作用。

1. 日志记录的重要性及其作用

在软件系统中,日志记录不仅是系统监控的得力助手,还是问题排查与事后分析的宝贵资料库。通过详尽地记录系统运行的每个细节,日志为开发人员打开了一扇窥探系统内部运作的窗口,使开发人员能够实时地掌握系统的健康状态,并在第一时间发现潜在的问题隐患。

以某大型电商平台的订单处理系统为例,其日志记录功能全面覆盖了从用户下单、支付到订单配送的每个环节。每当用户完成一次购买操作,系统都会自动生成一条包含订单号、购买商品、支付金额等关键信息的日志记录。这些记录不仅能帮助开发人员实时监控订单处理流程是否正常,还能在订单出现异常时迅速定位问题所在,以及时修复并恢复系统正常运行。

此外,日志记录还为事后分析提供了有力的数据支持,当系统出现故障或性能下降时,开发人员可以通过分析历史日志数据,找出问题的根源和规律,从而制定出更有效的优化措施。例如,通过分析订单处理系统的日志数据,开发人员发现某一时段内订单处理速度明显变慢,经过进一步分析发现是由于数据库连接池资源不足导致的,于是,开发人员通过优化数据库连接池的配置,成功地提升了系统的处理性能。

因此,开发人员应该充分认识到日志记录的重要性,并充分利用其功能优势。在系统设计之初,就应该规划好日志记录的策略和格式,确保所有关键操作和业务逻辑都能被准确地记录。同时,开发人员还应该建立完善的日志管理制度,定期对日志数据进行备份和清理,以保证其可用性和安全性。

2. 日志级别设置与日志格式

在日志记录过程中,日志级别设置与日志格式的选择,对于日志信息的有效性与可用性起着至关重要的作用,合理设置日志级别,不仅能过滤掉冗余的信息,减轻存储和分析的负担,更能确保关键信息的完整性和可追溯性,而规范的日志格式,则能够提升日志的可读性和可解析性,为后续的分析和处理提供便利。

日志级别是日志记录过程中的一个重要参数,它决定了哪些信息应该被记录。常见的日志级别包括 DEBUG、INFO、WARN、ERROR 等。DEBUG 级别通常用于记录详细的调试信息,适用于开发阶段的问题追踪;INFO 级别用于记录系统在运行的过程中的正常信息,有助于了解系统的运行状况;WARN 级别用于记录可能出现问题的情况,提醒开发人员关注;ERROR 级别则用于记录系统错误或异常信息,是问题排查的重要依据。

以某金融企业的交易系统为例,由于交易数据敏感且数据量大,所以日志级别的设置尤为重要。在开发阶段,开发人员将日志级别设置为 DEBUG,以便详细追踪每笔交易的流程和数据变化,而在生产环境中,为了降低存储压力和提高系统性能,日志级别被调整为INFO,仅记录关键交易信息和系统状态。当系统出现异常时,开发人员会临时将日志级别提升至 WARN 或 ERROR,以便快速定位问题原因。

除了日志级别外,日志格式的选择同样关键。传统的文本日志格式虽然简单易懂,但在处理大量日志数据时显得力不从心,因此,越来越多的企业开始采用结构化日志格式,如JSON 或 XML,这些格式不仅具有更高的可读性,还能方便地进行解析、聚合和搜索。

以某大型互联网公司的服务器监控系统为例,该系统采用 JSON 格式记录日志,每条日志都包含时间戳、服务器 IP、日志级别、消息内容等字段,以键-值对的形式清晰地展示信息。这种格式不仅方便开发人员快速定位问题,还能与各种日志分析工具无缝对接,实现高效的日志分析和处理。

合理的日志级别设置和规范的日志格式选择,是日志记录过程中的关键因素,它们不仅能提升日志信息的有效性和可用性,还能为后续的分析和处理提供有力支持,因此,在设计和实施日志记录策略时,应该充分考虑这两个因素,并根据实际需求进行灵活配置和优化。

3. 定期轮转和归档日志

在日志管理的实践中,除了确保日志记录本身的准确性和完整性外,定期轮转和归档日志同样占据着举足轻重的地位。随着系统持续运行,日志文件往往会因不断累积的数据而逐渐增大,这不仅可能占用大量的磁盘空间,而且有可能对系统的性能产生负面影响,因此实施一套科学、合理的日志轮转和归档策略至关重要。

日志轮转的主要目的是将当前的日志文件替换为新的文件,以便继续记录新的日志信息。这样做的好处在于,可以避免单个日志文件过大,导致处理和管理上的不便。同时,通过定期轮转还能确保日志文件保持在一个相对较小的尺寸范围内,便于后续的查询和分析。

归档操作则是对旧的日志文件进行压缩或备份,以节省磁盘空间。归档不仅可以解决磁盘空间不足问题,更重要的是,它能够对历史日志数据进行长期保存,为日后的审计、分析和故障排查提供宝贵的资料。通过归档可以轻松地回溯到过去的某个时间点,查看当时的系统状态和运行情况,这对于问题定位和性能优化具有极其重要的价值。

以某大型企业的数据库管理系统为例,其日志文件因持续记录了大量的操作信息而迅速增长。为了解决这个问题,企业实施了定期轮转和归档的策略。每天凌晨,系统会自动对日志文件进行轮转,将前一天的日志文件压缩并存储到归档目录中,归档目录按照日期进行组织,方便后续查阅和管理。通过这种方式,企业成功地控制了日志文件的大小,避免了磁盘空间的浪费,同时也保留了完整的日志数据,为日后的故障排查和性能优化提供了有力支持。

4. 实施日志管理策略时的注意事项

在实施日志管理策略时,必须谨慎行事,确保每步都符合最佳实践,并能够满足业务需求和安全标准,以下是一些在实施日志管理策略时应当特别注意的事项:

日志的安全性和隐私性至关重要。日志中可能包含敏感信息,如用户数据、交易详情或系统配置等,这些信息一旦泄露,可能会导致严重的隐私侵犯或业务风险,因此,系统必须对日志中的敏感信息进行脱敏处理或加密存储。例如,在电商平台的日志中,用户姓名、地址等个人信息应被替换为匿名标识符,交易金额等敏感数据也应进行加密处理。

其次,日志的存储和备份策略同样不容忽视。随着日志数据的不断积累,需要考虑如何有效地存储和备份这些数据,以防止数据丢失或损坏。除了定期归档日志外,还应考虑将日志数据备份到远程存储或灾备中心。这样做可以确保即使发生硬件故障、自然灾害等意外情况,也能迅速恢复日志数据,保障业务的连续性。

6.5　安全性和性能优化建议

本节将聚焦 SSM 框架的安全性和性能优化,将探讨防止 SQL 注入、加密敏感数据的方法,并强调访问控制和权限管理的重要性。同时,分享缓存策略、数据库操作优化等性能提升建议。通过学习本节内容,读者将掌握 SSM 框架中安全与性能优化技术,为项目开发提供支持。

6.5.1　数据安全性

在 SSM 框架最佳实践中,数据安全性是核心要素之一。本节将聚焦数据安全,探讨如何防止 SQL 注入、加密敏感信息等,同时强调访问控制和权限管理的重要性。

1. 防止 SQL 注入

在数字化时代,数据安全无疑是组织最为关心的核心议题之一,而在众多的数据安全挑战中,SQL 注入攻击以其隐蔽性和高破坏性,成为众多企业和开发者不得不面对的重大风险,因此,有效防止 SQL 注入,无疑是保障数据安全性的关键步骤之一。

SQL 注入,作为一种常见的网络攻击手段,其核心在于攻击者巧妙地利用应用程序的输入漏洞,通过在用户输入字段中插入或"注入"恶意的 SQL 代码,尝试绕过应用程序的安全机制,直接对后端的数据库进行非法操作。这些操作可能包括非法获取敏感数据、篡改数据库内容,甚至删除整个数据库,从而造成无法挽回的损失。

那么,如何有效地防止 SQL 注入呢?首先,开发人员应强化技术防范措施,其中参数化查询是一种被广泛采用的方法。与传统的直接拼接 SQL 语句不同,参数化查询将用户输入作为参数传递给预编译的 SQL 语句,而不是将其直接插入 SQL 代码中。这样,即使用户输入包含恶意 SQL 的代码,也不会被解释为 SQL 指令,从而避免了注入攻击的可能性。除了参数化查询,使用 ORM(对象关系映射)框架也是另一种有效的防御手段,ORM 框架通过对象化的方式操作数据库，将数据库操作与应用程序代码解耦，减少了直接操作 SQL 的机会，从而降低了 SQL 注入的风险。

此外，对用户的输入进行严格验证和过滤也是必不可少的。在开发 SSM 系统时应当建立一套完善的输入验证机制，对用户的输入数据进行严格检查和过滤，确保输入数据的合法性和安全性，这包括对输入数据的长度、格式、类型等进行校验，以及对特殊字符、SQL 关键词等进行过滤或转义。

以下是一个简单的 Java 代码案例，展示了如何通过 PreparedStatement 来防止 SQL 注入攻击。PreparedStatement 是 Java JDBC(Java Database Connectivity) API 中的一个类，它允许将 SQL 语句中的参数替换为实际的值，从而避免了 SQL 注入的风险，代码如下：

```java
//第 6 章/SQLInjectionPreventionExample.java
import java.sql.Connection;
import java.sql.DriverManager;
import java.sql.PreparedStatement;
import java.sql.ResultSet;
import java.sql.SQLException;

public class SQLInjectionPreventionExample {

    private static final String DB_URL = "jdbc:mysql://localhost:3306/mydatabase";
    private static final String USER = "admin";
    private static final String PASS = "123456";

    public static void main(String[] args) {
        Connection conn = null;
        PreparedStatement pstmt = null;
        ResultSet rs = null;

        try {
            //注册 JDBC 驱动
            Class.forName("com.mysql.cj.jdbc.Driver");

            //打开连接
            conn = DriverManager.getConnection(DB_URL, USER, PASS);

            //假设要根据用户 ID 查询用户信息
            //这应该是从某个安全的源(如经过验证的用户会话)获取
            String userId = "1";

            //使用 PreparedStatement 防止 SQL 注入
            String sql = "SELECT * FROM users WHERE id = ?";
            pstmt = conn.prepareStatement(sql);
            //设置参数值
            pstmt.setInt(1, Integer.parseInt(userId));

            //执行查询并处理结果
```

```
            rs = pstmt.executeQuery();
            while (rs.next()) {
                //假设有一个名为"user"的列
                String user = rs.getString("user");
                System.out.println("User: " + user);
                //处理其他列...
            }
        } catch (ClassNotFoundException e) {
            e.printStackTrace();
        } catch (SQLException e) {
            e.printStackTrace();
        } finally {
            //关闭资源
            try {
                if (rs != null) rs.close();
                if (pstmt != null) pstmt.close();
                if (conn != null) conn.close();
            } catch (SQLException e) {
                e.printStackTrace();
            }
        }
    }
}
```

在这个例子中,假设有一张名为 users 的数据库表,其中有一个 id 列用于唯一标识用户。该代码使用 PreparedStatement 对象来执行带有参数的 SQL 查询,通过调用 setInt 方法将用户 ID 设置为查询中的参数,而不是将其直接拼接到 SQL 字符串中,这确保了即使 userId 变量中包含恶意 SQL 代码,它也不会被解释为 SQL 指令,从而避免了 SQL 注入攻击。

在 SSM 项目中,可以通过正确使用 MyBatis 提供的特性和遵循一些安全编程实践来有效地减少或防止 SQL 注入的风险。在 MyBatis 中防止 SQL 注入的常用方法包括使用参数化的 SQL 语句,这是防止 SQL 注入的最有效方式,MyBatis 支持使用 #{} 占位符来引用参数,执行时会将参数值安全地替换到 SQL 语句中,而不是直接拼接,从而自动地对参数进行安全处理,包括自动转义和格式化操作。此外,在开发过程中应避免使用 ${},因为它会将参数值直接解析并替换到 SQL 语句中,可能引发 SQL 注入风险。MyBatis 还提供了动态 SQL 功能,可以根据条件动态地构建 SQL 语句,避免直接拼接参数值,减少 SQL 注入的风险。

2. 敏感信息加密

加密敏感信息作为保障数据安全的重要手段,在项目开发中尤为关键。敏感信息,涵盖了用户密码、银行账户、身份证号码等个人隐私数据,以及企业的商业机密和知识产权等核心信息。这些信息一旦泄露或被非法获取,不仅会对个人隐私造成严重侵犯,还可能导致企业遭受重大经济损失甚至声誉损害。

为了有效防止数据在传输和存储过程中被窃取或篡改,对敏感信息进行加密处理成为不可或缺的环节。加密技术通过采用一系列复杂的数学算法,将原始数据转换为无法直接读取的密文形式,只有持有相应解密密钥的合法用户才能将其还原为原始数据。这样,即使数据在传输过程中被截获或在存储时被非法访问,攻击者也无法获取其中的真实内容。

在实际应用中,企业应采用业界广泛认可的加密算法来确保加密的强度和可靠性。例如,AES(高级加密标准)和RSA(非对称加密算法)等算法都经过了严格的测试和验证,被广泛地应用于各种安全敏感的场景。这些算法不仅具有高度的安全性,而且能够满足不同场景下的加密需求,如数据加密、数字签名和身份验证等。

除了选择合适的加密算法外,企业还需要妥善保管加密密钥。密钥是解密敏感信息的唯一凭证,其安全性直接关系到整个加密系统的可靠性,因此,企业应建立完善的密钥管理制度,采用物理或逻辑隔离等方式确保密钥的安全存储和访问控制。同时,还应定期更换密钥,以防止密钥被长期破解或泄露。

以下通过一个简单的Java代码案例,演示如何使用AES算法对敏感信息进行加密和解密。在这个例子中对一段字符串进行加密,然后解密回原始字符串,代码如下:

```java
//第6章/AESEncryptionExample.java
import javax.crypto.Cipher;
import javax.crypto.KeyGenerator;
import javax.crypto.SecretKey;
import javax.crypto.spec.SecretKeySpec;
import java.nio.charset.StandardCharsets;
import java.security.NoSuchAlgorithmException;
import java.util.Base64;

public class AESEncryptionExample {

    private static final String ALGORITHM = "AES";

    public static void main(String[] args) throws Exception {
        //原始敏感信息
        String sensitiveInfo = "MySecretPassword123";

        //生成密钥
        SecretKey secretKey = generateSecretKey();

        //加密
        String encryptedInfo = encrypt(sensitiveInfo, secretKey);
        System.out.println("Encrypted Info: " + encryptedInfo);

        //解密
        String decryptedInfo = decrypt(encryptedInfo, secretKey);
        System.out.println("Decrypted Info: " + decryptedInfo);
    }

    private static SecretKey generateSecretKey() throws NoSuchAlgorithmException {
```

```
        KeyGenerator keyGenerator = KeyGenerator.getInstance(ALGORITHM);
        //AES 密钥可以是 128 位、192 位或 256 位
        keyGenerator.init(128);
        return keyGenerator.generateKey();
    }

    private static String encrypt(String valueToEnc, SecretKey secretKey) throws Exception {
        Cipher cipher = Cipher.getInstance(ALGORITHM);
        cipher.init(Cipher.ENCRYPT_MODE, secretKey);

        byte[] encryptedValue = cipher.doFinal(valueToEnc.getBytes(StandardCharsets.UTF_8));
        return Base64.getEncoder().encodeToString(encryptedValue);
    }

    private static String decrypt(String encryptedValue, SecretKey secretKey) throws
Exception {
        Cipher cipher = Cipher.getInstance(ALGORITHM);
        cipher.init(Cipher.DECRYPT_MODE, secretKey);

        byte[] originalValue = cipher.doFinal(Base64.getDecoder().decode(encryptedValue));
        return new String(originalValue, StandardCharsets.UTF_8);
    }
}
```

在这个例子中,首先定义了一个名为 ALGORITHM 的常量,指定了将使用的加密算法
(AES)。接下来实现了一个 generateSecretKey 方法,利用 KeyGenerator 类生成一个安全
的 AES 密钥。encrypt 方法被用于加密敏感信息,它接收一个字符串和一个密钥作为参数,
并通过 Cipher 类执行加密操作。加密后的字节数组被转换成 Base64 编码的字符串,以便
于存储和传输,而 decrypt 方法则用于解密信息,它接受一个 Base64 编码的加密字符串和
一个密钥作为参数,并使用 Cipher 类执行解密操作,将解密后的字节数组转换回原始字符
串。在 main 方法中,创建了一个包含敏感信息的字符串,并调用 encrypt 和 decrypt 方法对
该字符串进行加密和解密操作。需要注意的是,在本示例中的密钥是在内存中生成的且未
进行持久化存储,在实际应用中需以安全方式(如密钥管理服务或硬件安全模块)来存储和
管理密钥。因为在加密和解密过程可能抛出异常,因此在实际应用中需妥善处理这些潜在
异常。

3. 访问控制和权限管理

在 SSM 项目中访问控制和权限管理是构建安全体系的基石。它们不仅关乎企业核心
数据的保护,更是确保业务顺畅运行和避免法律风险的重要保障。

访问控制作为数据安全的一道重要防线,其实际上在于限制对数据的访问权限。通过
实施严格的访问控制策略,企业能够精确地控制哪些用户可以访问哪些数据,进而防止未经
授权的访问和数据泄露。例如,在金融行业,客户的个人财务信息是高度敏感的。通过访问
控制,银行可以确保只有特定的员工(如客户经理或风险管理部门)才有权访问这些信息。

这样,即使面对内部或外部的攻击,也能大大降低数据泄露的风险。

与此同时,权限管理则是对访问控制的进一步深化和细化,它关注的是如何根据用户的角色和职责,为其分配合适的权限。这种精细化的权限划分不仅有助于提高工作效率,更能有效地防止因权限滥用而导致的数据泄露或损坏。以一家大型制造企业为例,其内部员工众多,职责各异。通过权限管理,企业可以为生产线工人分配查看生产数据的权限,为研发人员分配访问研发资料的权限,而高层管理人员则能够查看全局数据以进行决策。这样,既确保了数据的合理使用,又避免了因权限混淆而带来的安全风险。

在实际应用中,访问控制和权限管理往往是相互配合、相互补充的。可以根据自身的业务需求和安全策略,灵活调整访问控制和权限管理的设置,以构建一个既安全又高效的数据使用环境。

6.5.2　性能优化

在 SSM 框架中,性能优化是一个持续不断的过程,它涉及多个层面的技术策略和工具的应用。在本节中将探讨如何通过缓存策略、数据库操作优化等手段来提升系统性能,并讲解如何进行性能监控和瓶颈分析,以实现系统性能的持续优化。

1. 缓存策略的应用

在 SSM 框架中,缓存策略的应用是提升系统性能不可或缺的一环。通过设计和实施缓存策略可以显著地减少对数据库的频繁访问,进而降低系统响应时间,提升用户体验。

首先来看页面缓存,对于 SSM 框架所驱动的 Web 应用,静态页面或内容是更新频率较低的页面,如网站的导航栏、底部版权信息等,可以采用页面缓存技术。将这些页面的内容缓存到内存中,当用户再次请求这些页面时,服务器可以直接从缓存中提供内容,而无须重新生成页面,从而大大地降低了服务器处理请求的开销。这不仅提升了系统性能,还降低了服务器的负载。

其次,数据缓存也是提高系统性能的关键策略之一,在 SSM 框架中经常遇到一些频繁查询但不经常变动的数据,如商品信息、用户基本信息等。将这些数据缓存到内存数据库或分布式缓存系统中,可以极大地提高数据访问速度。当系统需要这些数据时,可以直接从缓存中读取,而无须每次都从数据库中查询,从而大大地降低了数据库的负载,提升了系统的响应速度。

最后,还需要关注对象缓存,在 SSM 框架的应用中,有些对象的计算或创建成本较高,如复杂的业务逻辑计算、大型数据结构的构建等。对于这些对象,可以将其缓存起来,避免重复计算或创建,当系统需要这些对象时,可以直接从缓存中获取,而无须每次都重新计算或创建,从而提高了系统的响应速度。

而在众多的缓存技术中,Redis 凭借其出色的性能和丰富的功能,成为 SSM 框架中广泛应用的缓存解决方案。Redis 是一个开源的、基于内存的、可持久化的 Key-Value 数据库,它支持多种数据结构,包括 String、Hash、List、Set 和 Sorted Set 等。这使 Redis 在缓存应用中具有极高的灵活性和扩展性。同时，Redis 还支持数据持久化，即使在系统重启或故障时，也能保证数据的安全，并且 Redis 还可以与 SSM 框架的其他组件进行深度集成，实现更多的功能。例如，Redis 可以作为消息队列使用，实现异步通信和任务调度；Redis 还可以与 Spring Session 集成，实现分布式会话管理等功能。

接下来来看两个 Redis 作为缓存的案例。

案例一：在 Web 应用中，用户的会话信息通常需要频繁地访问和更新。那么可以通过 Redis 作为会话缓存，可以将用户的会话信息存储在 Redis 中，并通过唯一的会话 ID 进行标识。当用户发起请求时，系统可以根据会话 ID 从 Redis 中获取用户的会话信息，避免了在数据库中频繁地读取和更新会话数据。这种方式不仅提高了系统的响应速度，还降低了数据库的负载。

案例二：在某些应用中，如新闻网站、游戏平台等，经常需要展示各种排行榜，如热门新闻、游戏排名等。这些排行榜数据通常是根据一定的算法计算得出的，并且需要实时更新。通过将排行榜数据缓存在 Redis 中，可以快速地获取和更新排行榜信息，提高系统的响应速度。同时，Redis 的有序集合（Sorted Set）数据结构可以方便地实现排行榜的排序和更新操作。

在实际应用中，开发人员需要根据具体业务场景和需求来选择合适的 Redis 配置和使用方式。例如，可以通过设置合理的过期时间、使用 Redis 的集群功能等方式来优化 Redis 的性能和可靠性。同时，还需要注意 Redis 的安全性问题，如设置访问密码、限制访问 IP 等，确保 Redis 的安全运行。

2. 数据库操作优化

在构建高性能的 SSM 框架应用时，数据库操作优化扮演着举足轻重的角色。数据库作为系统的核心数据存储和访问组件，其性能会直接影响整个系统的响应速度和稳定性，因此，针对数据库操作的优化不仅是提升系统性能的关键环节，更是确保应用高效、稳定运行的重要保证。

在数据库操作优化的众多策略中，批量操作是提升性能的重要手段之一。在处理大量数据的增、删、改操作时，如果采用逐条处理的方式，则不仅会导致与数据库的交互次数剧增，还会引发网络开销的显著增加，进而严重影响处理效率，因此，在实际应用中，应当尽量采用批量处理的方式，通过一次性处理多条数据来减少与数据库的交互次数。这样不仅可以降低网络开销，还能显著地提高数据库的处理效率，从而有效地提升整个系统的性能。

除了批量操作外，连接池管理也是数据库操作优化中不可忽视的一环。数据库连接池的主要作用是管理和复用数据库连接，通过合理的配置可以显著地提高数据库访问的效率和稳定性。在配置连接池时需要根据系统的实际情况，包括并发用户数、数据库性能等因素，来合理地设置连接池的大小和超时时间。如果连接池过大，则可能会导致系统资源耗尽，反而影响性能；如果连接池过小，则可能导致在高并发场景下连接不足，同样会影响性能，因此，开发人员需要根据系统的实际需求和性能瓶颈动态地调整连接池的配置。

同时，为了确保连接池的稳定性和高效性，还需要定期地对连接池进行检查和维护。这包括检查连接池的连接状态、清理无效连接、更新连接池配置等操作。通过定期维护,可以确保连接池始终处于良好的工作状态,为系统提供稳定、高效的数据库访问服务。

以电商网址为例,商品上下架、库存更新等操作涉及大量数据的增、删、改操作。如果采用批量处理的方式,则将能够大幅地减少与数据库的交互次数,提高处理效率。同时,通过合理配置数据库连接池,可以确保在高并发场景下,系统依然能够稳定、高效地访问数据库。这样不仅可以提升用户体验,还能有效地减少系统资源的消耗,降低运营成本。

所以在实际应用中,需要根据系统的实际需求和性能瓶颈来灵活地运用这些优化策略,实现系统性能的持续优化。

3. 性能监控与瓶颈分析

在构建 SSM 框架的应用系统时,性能监控与瓶颈分析不仅是保障系统高效运行的关键环节,更是实现系统性能持续优化的基础。通过对系统各项性能指标的实时监控与深入分析,开发人员能够精准地发现潜在的性能问题,进而采取针对性的优化措施,提升系统的整体性能。

首先,监控工具的选择对于性能监控的准确性和有效性至关重要。开发人员需要根据 SSM 框架的特点和系统的实际需求,选择适合的监控工具。例如,JMeter 作为一款开源的性能测试工具,可以对系统进行压力测试和负载测试,帮助开发人员了解系统在不同场景下的性能表现,而 VisualVM 则是一款功能强大的 Java 虚拟机监控工具,可以实时监控 JVM 的运行状态,包括内存使用、线程情况、类加载等关键信息。通过这些工具的辅助,才能全面、深入地了解系统的性能状况。

其次,关注关键指标的监控是发现性能瓶颈的有效途径。响应时间、吞吐量和错误率是衡量系统性能的重要指标。响应时间反映了用户请求的处理速度,会直接影响用户的体验;吞吐量则体现了系统处理请求的能力,是评估系统性能的重要依据;错误率则揭示了系统运行的稳定性,对于及时发现并解决问题具有重要意义。通过对这些关键指标的实时监控,能够及时发现性能瓶颈,为后续的优化工作提供有力支持。

在发现性能瓶颈后,需要通过性能分析工具对其进行定位,并采取相应的优化措施。例如,如果瓶颈出现在缓存策略上,则可以通过调整缓存大小、缓存过期时间等参数来优化缓存性能;如果瓶颈在于数据库操作,则可以通过优化 SQL 语句、使用索引、批量处理等方式来提升数据库的访问效率。此外,还可以通过调整系统配置、优化代码结构等方式来进一步提升系统性能。

SSM 框架常见问题及解决方案

7.1 SSM 框架常见问题概述

SSM 框架作为现代 Web 开发的基石,在实际应用中常会遇到一系列挑战。本章节将聚焦 3 个常见问题:配置文件错误、性能瓶颈及安全性隐患。将探讨这些问题的成因,并提供相应的解决策略,旨在帮助开发者优化 SSM 框架的使用,确保应用的稳定运行和高性能表现,同时加强安全防护。

7.1.1 配置文件配置错误

在 Java 企业级应用开发中,配置文件是应用程序运行不可或缺的组成部分,然而,配置错误或缺失往往会导致应用启动失败或运行时出现异常。接下来探讨常见的配置文件配置错误,特别是针对 applicationContext.xml、web.xml、mybatis-config.xml 等文件,并结合案例深入解析组件扫描路径设置错误而导致 Spring 无法正确加载 Bean 的问题。

applicationContext.xml 在 Spring 框架中扮演着至关重要的角色,它是整个应用上下文的核心配置文件,用于定义和管理应用程序中的 Bean 及它们之间的依赖关系。这个文件的重要性不容忽视,因为任何配置错误都可能导致 Spring 容器启动失败或运行时行为异常。以下是一些常见的 applicationContext.xml 配置错误及其详细解释。

1. Bean 定义错误

在 applicationContext.xml 文件中,Bean 的定义是通过< bean >标签来完成的。如果 Bean 的 id 重复了,Spring 容器则将无法区分这些具有相同 id 的 Bean,从而导致启动失败。此外,如果 Bean 的类路径(class 属性)设置错误,例如类名拼写错误或包名不正确,Spring 容器在启动时也会因为找不到对应的类而无法加载 Bean。如果 Bean 的属性设置错误,如属性名不存在或类型不匹配,则同样会导致 Bean 无法正确初始化。

假设在 applicationContext.xml 文件中,定义了一个名为 dataSource 的 Bean,用于配置数据源,但是类路径写错了,代码如下:

```
< bean id = "dataSource" class = "com.example.WrongDataSourceClass">
    < property name = "driverClassName" value = "com.mysql.jdbc.Driver" />
    < property name = "url" value = "jdbc:mysql://localhost:3306/mydb" />
    < property name = "username" value = "root" />
    < property name = "password" value = "secret" />
</ bean >
```

由于 com.example.WrongDataSourceClass 这个类不存在,因此 Spring 容器在启动时会抛出异常,指出找不到这个类。这会导致数据源无法被正确配置,进而影响整个应用程序的数据访问功能。

2. 依赖注入错误

在 Spring 中,Bean 之间的依赖关系是通过依赖注入(Dependency Injection,DI)来实现的。如果在 applicationContext.xml 文件中配置了错误的依赖注入关系,例如引用了一个不存在的 Bean,或者属性名或方法名错误,则 Spring 容器在解析这些依赖关系时就会失败。

假设有一个名为 userService 的 Bean,它依赖于一个名为 userDao 的 Bean 来执行数据访问操作,但是,在 applicationContext.xml 文件中,错误地将 userDao 的引用写成了 userDataAccess,代码如下:

```
< bean id = "userService" class = "com.example.UserService">
    <!-- 错误的引用 -->
    < property name = "userDao" ref = "userDataAccess" />
</ bean >
< bean id = "userDao" class = "com.example.UserDaoImpl" />
```

由于 userDataAccess 这个 Bean 并不存在,因此 Spring 容器在启动时会抛出异常,指出找不到引用的 Bean。这会导致 userService 无法正确初始化,进而影响整个应用程序的业务逻辑。

3. 命名空间配置错误

在 applicationContext.xml 文件中,经常使用 Spring 提供的各种命名空间来简化配置。例如,使用 context 命名空间来配置组件扫描,使用 aop 命名空间来配置面向切面编程(AOP)等。如果这些命名空间的配置错误,例如未正确声明 XML Schema Instance(xsi)或其他 Spring 命名空间,则 Spring 容器在解析配置文件时就会出错。

为了避免这些错误,开发者应该仔细检查 applicationContext.xml 文件中的每个配置项,确保 Bean 的定义、依赖注入关系和命名空间配置都是正确的。同时,还可以利用 IDE(如 IntelliJ IDEA、Eclipse 等)提供的自动补全和错误检查功能来辅助编写正确的配置文件。

4. web.xml 配置错误

web.xml 文件是 Java Web 应用的核心配置文件,它定义了 Web 应用的部署信息,如 Servlet、过滤器(Filter)、监听器(Listener)等组件的配置。这个文件对于 Web 应用的正确运行至关重要,任何配置错误都可能导致 Web 容器无法正确加载或初始化这些组件,进而影响应用的正常运行。

其中 Servlet 的配置涉及类路径、映射路径和初始化参数等方面。类路径错误是指 servlet-class 元素中指定的 Servlet 类不存在或拼写错误,这将导致 Web 容器在启动时无法找到对应的 Servlet 类,从而抛出异常。映射路径错误则是指 servlet-mapping 元素中配置的 URL 模式不正确,或者与 Servlet 的 servlet-name 不匹配,这会导致用户无法通过正确的 URL 访问 Servlet。初始化参数错误则是指 init-param 元素中配置的参数名或值不正确,这可能导致 Servlet 在初始化时无法获取正确的配置信息。

假设在 web. xml 文件中配置了一个名为 MyServlet 的 Servlet,但类路径写错了,代码如下:

```xml
< servlet >
< servlet - name > MyServlet </servlet - name >
<!-- 类路径错误 -->
    < servlet - class > com. example. WrongServletClass </servlet - class >
    < init - param >
        < param - name > myParam </param - name >
        < param - value > paramValue </param - value >
    </init - param >
</servlet >
< servlet - mapping >
    < servlet - name > MyServlet </servlet - name >
    < url - pattern >/myServletPath </url - pattern >
</servlet - mapping >
```

由于 com. example. WrongServletClass 这个类不存在,Web 容器在启动时无法加载这个 Servlet,所以会抛出 ClassNotFoundException 异常。这将导致用户无法通过 /myServletPath 这个 URL 访问 Servlet,进而影响应用的正常使用。

5. 过滤器或监听器配置错误

过滤器和监听器的配置与 Servlet 类似,也涉及类路径、顺序和参数等方面。类路径错误同样会导致 Web 容器无法找到对应的类或接口,从而抛出异常。顺序错误则是指过滤器的映射顺序不正确,可能会导致过滤器无法按照预期的顺序执行。参数错误则是指配置在过滤器或监听器中的参数不正确,可能会导致这些组件无法正常工作。

上下文参数(Context Parameters)是通过< context-param >元素在 web. xml 文件中配置的,它们在整个 Web 应用中都是可见的,并且可以被 Servlet、JSP 页面等访问。如果上下文参数配置错误,如参数名或值不正确,则可能会导致应用无法获取正确的配置信息,进而影响应用的正常运行。

为了避免这些配置错误,开发者在编写 web. xml 文件时需要仔细核对每个配置项,确保类路径、映射路径、参数名和值等都是正确的。同时,开发者还可以使用 IDE 的自动补全和错误检查功能来辅助编写正确的配置文件。在部署应用之前,最好进行充分测试,以确保应用能够正确加载和初始化所有组件。

6. mybatis-config. xml 配置错误

mybatis-config. xml 是 MyBatis 框架的核心配置文件,用于定义和初始化 MyBatis 运行时所需的各种参数和设置。这个文件包含了数据库连接信息、别名定义、类型处理器配置、映射文件位置等重要内容,其配置的准确性和完整性对于 MyBatis 的正常运行至关重要。

在配置 mybatis-config. xml 时,常见的错误包括以下几个方面:

首先,是映射文件路径的配置错误,映射文件(Mapper XML 文件)包含了 SQL 语句与 Java 接口方法的映射关系,是 MyBatis 框架的核心组成部分。在 mybatis-config. xml 中,需要准确地指定这些映射文件的位置。如果路径错误或文件名错误,MyBatis 则将无法加载这些文件,从而导致运行时找不到相应的 SQL 映射。

其次,别名配置也是容易出错的地方。别名允许开发者为 Java 类型设置简短的名称,以便在映射文件中更方便地引用这些类型,然而,如果别名与实际的 Java 类路径不匹配,则 MyBatis 将无法正确地解析这些别名,从而导致运行时错误。此外,如果为多个不同的 Java 类型配置了相同的别名,则会引发冲突,导致 MyBatis 无法正确识别。

另外,数据库连接信息的配置也是至关重要的。这包括数据库 URL、用户名、密码等关键信息,用于 MyBatis 与数据库建立连接。如果连接信息错误,如 URL 格式不正确、用户名或密码错误等,则将导致 MyBatis 无法成功连接到数据库,从而无法进行后续的数据操作。

除了上述常见的配置错误外,mybatis-config. xml 中还包含了许多其他可配置的选项,如缓存设置、日志配置、延迟加载策略等。这些设置项的配置也需要格外注意。例如,如果缓存设置不当,则可能会导致缓存失效或性能下降;如果日志配置错误,则可能会导致大量无用的日志输出,影响系统性能;如果延迟加载策略配置不当,则可能会导致不必要的数据库查询或出现性能瓶颈问题。

因此,在配置 mybatis-config. xml 时,建议仔细核对每项配置,确保它们的准确性和完整性。此外,还可以利用 MyBatis 提供的验证工具或测试用例来验证配置的正确性,以确保 MyBatis 能够正常运行并发挥最佳性能。

7. 组件扫描路径设置错误

在 Spring 框架中,组件扫描(Component Scanning)是一个自动化的过程,它允许 Spring 容器自动检测并注册类路径下带有特定注解(如 @ Component、@ Service、@Repository、@Controller)的类 Spring Bean。这种机制极大地简化了 Spring 应用的配置工作,减少了手动配置 Bean 的烦琐性,然而,当组件扫描的路径设置错误时,Spring 容器将无法正确地加载 Bean,从而导致应用启动失败或运行时异常。

假设在 applicationContext. xml 文件中配置了组件扫描,但指定的 base-package 属性值错误,例如设置为 com. example. wrongpackage。如果 com. example. wrongpackage 这个

包在项目中不存在,或者即使存在但没有包含任何带有 Spring 注解的类,则 Spring 容器在启动时就会无法找到任何需要注册的 Bean。这将导致容器启动失败,并可能抛出相关的异常或错误日志。

为了解决这个问题,需要仔细检查并修正 base-package 的值。首先,需要确保该值指向的是真实存在的包路径,并且该路径下确实包含了带有 Spring 注解的类;其次,如果包路径存在,但其中的类没有标注正确的 Spring 注解,则需要对这些类进行修正,确保它们使用了正确的注解。

此外,还需要确保 applicationContext.xml 或其他 Spring 配置文件已经被正确地加载到 Spring 容器中。这通常是通过在 Java 代码中调用 ClassPathXmlApplicationContext 或 FileSystemXmlApplicationContext 等类,并传入配置文件的路径来实现的。如果配置文件没有被正确加载,则即使组件扫描的路径设置正确,Spring 容器也无法加载到任何 Bean。

在做出上述修正后,需要重启 Spring 容器以使更改生效。同时,还应该密切关注启动过程中的日志输出,特别是与组件扫描和 Bean 加载相关的部分,任何错误或警告都可能是解决问题的关键线索。

通过仔细排查和修正,开发者可以确保组件扫描路径设置正确,并成功加载所需的 Spring Bean,从而保证应用的正常启动和运行。

7.1.2 性能瓶颈问题

在当今的 Web 应用中,高性能的需求愈发凸显,而性能瓶颈往往隐藏在看似细微的配置与实现中,其中,数据库操作频繁且未使用合适的缓存策略,以及视图渲染效率低下导致前端页面加载缓慢,是两个特别需要关注的领域。接下来将探讨这两个问题,分析其成因,并提出具体的优化方案,同时结合实际案例进行说明。

1. 数据库操作频繁与缓存策略

在构建高性能 Web 应用的过程中,数据库操作与缓存策略是两个至关重要的因素。随着用户访问量的增加,数据库操作频率逐渐升高,可能会对系统性能造成显著影响。本文将详细探讨数据库操作频繁的问题,并深入分析如何通过引入缓存层及选择合适的缓存策略来优化系统性能。

在 Web 应用中,数据库扮演着数据存储和检索的核心角色,然而,当数据库操作变得过于频繁时,系统的响应速度会明显下降,用户体验也会受到严重影响。这主要因为每次请求都需要从数据库中读取数据,而数据库查询通常需要耗费相对较长的时间,特别是在数据量大、查询条件复杂的情况下。

此外,频繁地对数据库进行操作还会增加数据库服务器的负载,可能导致服务器资源耗尽,甚至引发宕机,因此,如何减少数据库操作次数,提高系统响应速度,成为 Web 应用开发中亟待解决的问题。

为了解决数据库操作频繁的问题,一种有效的策略是引入缓存层。缓存层位于应用与数据库之间,用于存储热点数据。当应用需要读取数据时,首先会尝试从缓存中获取。如果缓存中存在所需数据,则直接返给应用,无须再访问数据库;如果缓存中不存在所需数据,则再从数据库中读取并更新缓存。

目前市面上有多种缓存技术可供选择,如 Redis、Memcached 等。这些缓存技术具有高性能、高可扩展性等特点,能够满足大部分 Web 应用的需求。通过引入缓存层,系统可以极大地减少数据库的操作次数,提高系统的响应速度。

虽然引入缓存层可以有效地减少数据库操作次数,但开发者还需要注意缓存策略的选择。不同的数据具有不同的访问频率和更新频率,因此需要根据这些特点来合理地设置缓存的过期时间和淘汰策略。

对于访问频率高但更新频率低的数据,可以设置较长的过期时间。这样可以减少对数据库的访问次数,提高系统性能,然而,过长的过期时间也可能导致数据不一致问题,因此,开发者需要根据实际情况权衡利弊,选择合适的过期时间。

例如,一个展示商品信息的电商平台,商品的基础信息(如名称、描述、价格等)在一段时间内是相对稳定的,而用户的浏览行为则非常频繁。此时,可以为这些商品信息设置一个较长的缓存过期时间,如 24h 或更长。这样,在缓存有效期内,用户请求将直接从缓存中获取数据,极大地降低了数据库的访问压力,然而,过长的过期时间也可能带来数据不一致的问题。如果商品信息在缓存有效期内被修改,而缓存中的数据未能及时更新,就会导致用户看到的数据与实际数据不符,因此,开发者需要根据实际情况权衡利弊,选择一个既能减少数据库访问次数又能保证数据一致性的过期时间。当然除了权衡并调整过期时间外,还可以考虑其他方案。

对于更新频率高的数据,过期时间的设置,则需要更加谨慎。过短的过期时间可能导致缓存频繁失效,增加对数据库的访问压力,而过长的过期时间则可能导致脏读的发生,因此,开发者需要根据数据的更新频率和访问频率来合理地设置过期时间。

例如,一个实时新闻网站,新闻的更新频率非常高,而用户的访问也很频繁。此时,可以为新闻数据设置一个较短的缓存过期时间,如几分钟或几十分钟。这样,在新闻更新后,缓存将迅速失效,确保用户读取到的是最新数据。

当缓存容量有限时,需要根据一定的淘汰策略来选择要淘汰的数据。常见的淘汰策略有最近最少使用(LRU)、最不经常使用(LFU)和随机淘汰等,不同的淘汰策略适用于不同的场景。

LRU 策略基于一个假设,如果一个数据在最近一段时间没有被访问,则在未来它被访问的可能性也很小,因此,当缓存容量不足时,LRU 策略会选择对最近最少使用的数据进行淘汰。这种策略适用于访问模式具有局部性的场景,即大部分访问集中在少数几条数据上。

LFU 策略则基于另一个假设,如果一个数据在一段时间内被访问的次数很少,则在未来它被访问的可能性也很小,因此,当缓存容量不足时,LFU 策略会选择最不经常使用的数据进行淘汰。这种策略适用于访问模式具有周期性的场景,即某些数据在特定时间段内被频繁访问,而在其他时间段内则很少被访问。

随机淘汰策略则不考虑数据的访问频率或历史使用情况,而是随机选择缓存中的数据进行淘汰。这种策略适用于访问模式不确定的场景,即无法预测哪些数据会被频繁访问。

LRU 策略适用于访问模式具有局部性的场景;LFU 策略适用于访问模式具有周期性的场景,而随机淘汰则适用于访问模式不确定的场景,所以开发者需要根据应用的特点和数据的特点来选择合适的淘汰策略。例如,对于访问频率高但更新频率低的数据,可以选择LRU 策略,而对于访问频率和更新频率都较高的数据,则需要考虑更复杂的淘汰策略,如基于权重的淘汰策略等。

2. 视图渲染效率低下和前端页面加载问题

视图渲染是 Web 应用中另一个重要的环节,它负责将后端数据转换为前端页面,然而,当视图渲染效率低下时,页面的加载速度将会变得非常缓慢,影响用户体验。这通常是由于模板渲染引擎的效率不高、数据处理逻辑复杂或前端资源加载方式不当等原因导致的。

选择高效、轻量级的模板渲染引擎是优化视图渲染效率的基础。在众多模板引擎中,Pug 和 Nunjucks 因其卓越的性能和灵活性而备受推崇。这些引擎能够快速地将数据渲染为 HTML 页面,提高渲染速度。例如对于新闻网站而言,选择这样的模板引擎意味着在发布新闻时,用户能够更快地看到页面内容,提升用户体验。

优化后端数据处理逻辑对于提高视图渲染效率同样至关重要。在处理复杂的新闻数据时,需要减少不必要的计算和转换,降低渲染复杂度。例如,可以对数据库查询进行优化,减少查询次数和返回的数据量;对于数据处理任务,则可以考虑使用异步处理或后端服务化的方式,减轻主应用的负担。例如对于新闻网站而言,这些措施将有助于提高新闻页面的渲染速度,让用户更快地获取所需信息。

除了后端优化外,前端资源的加载方式也会对视图渲染效率产生重要影响。可以使用CDN(内容分发网络)来加速资源的加载速度,将资源部署在全球各地的 CDN 节点上,用户可以就近获取所需资源,降低网络延迟。对于新闻网站而言,这意味着用户无论身处何地都能够快速地加载新闻页面,提高用户体验。

其次,合并、压缩 CSS 和 JavaScript 等文件也是优化前端资源加载的有效手段。通过将多个文件合并为一个文件,可以减少 HTTP 请求次数;通过压缩文件,可以减少文件大小,减少传输数据量。这些措施将有助于提高新闻页面的加载速度,减少用户的等待时间。

此外,利用浏览器缓存机制也可以避免重复加载相同的资源。当浏览器访问过某个资源后会将该资源保存在本地缓存中。当目前只需要加载该资源时,浏览器会首先从缓存中查找。如果找到了该资源,则直接从缓存中加载,否则才从服务器上加载。这样可以避免重复加载相同的资源,提高新闻页面的加载速度。

综上所述,通过合理配置缓存策略和优化视图渲染效率,可以有效地解决数据库操作频繁和前端页面加载缓慢的问题。在实际应用中,需要根据具体场景选择合适的优化方案,并结合实际情况进行调整和优化。同时,也需要不断地学习和探索新的技术和方法,以应对日益复杂的 Web 应用挑战。

7.1.3　SSM 框架安全性隐患

在使用 SSM 框架进行 Web 应用开发时,安全性问题始终是一个不容忽视的重要方面。尤其是跨站脚本攻击(XSS)和跨站请求伪造(CSRF)这两种常见的 Web 攻击方式,以及敏感信息(如密码)的加密存储和传输问题,更是需要开发者重点关注和解决的。本节将详细分析 SSM 框架中这些安全性隐患,并给出相应的防护策略。

1. 跨站脚本攻击防护不足

跨站脚本攻击(XSS)是 Web 安全中的一个重大隐患,它通过在用户浏览器中执行恶意脚本来窃取用户的敏感信息、操纵用户会话或执行其他非法操作。这种攻击手段常常利用 Web 应用对用户输入的不当处理来实现。

在一个基于 SSM 框架的 Web 应用中,如果开发者没有对用户输入的内容进行充分验证和过滤,特别是在像用户评论这样的功能中,则攻击者就有可能插入恶意脚本,并利用用户的浏览器执行这些脚本。

为了防止 XSS 攻击,开发者需要采取一系列专业的防护措施。首先,必须对用户输入的内容进行严格验证和过滤。这包括但不限于检查输入的长度、数据类型及是否存在任何可能引发问题的特殊字符。可以利用正则表达式、白名单策略或其他验证机制来确保用户输入的内容是安全的。

其次,在将用户输入的内容展示到网页上时,需要对输出进行 HTML 实体编码或转义。这可以确保浏览器不会将用户输入的内容解析为可执行脚本。所有的特殊字符都应该被转义,如将“＜”转义为“＜”,或将“＞”转义为“＞”等。可以使用自动转义库或模板引擎来简化这一过程,并确保所有的输出都被正确地转义。

此外,还可以利用内容安全策略(CSP)来增强 Web 应用的安全性。CSP 允许定义一组策略,以限制浏览器只能加载来自指定来源的资源。通过配置 CSP 策略,可以指定允许加载的脚本、样式和图片的来源,从而防止恶意脚本的执行。在配置 CSP 策略时,需要仔细考虑应用的业务需求和安全要求,确保策略既能够防止 XSS 攻击,又不会影响应用的正常功能。

除了以上措施外,还有一些其他的防护措施可以帮助系统增强 Web 应用对 XSS 攻击的防御能力。例如,可以使用 HTTP 头设置来启用浏览器的 XSS 防护功能(如 X-XSS-Protection),设置 Cookie 的 HttpOnly 和 Secure 属性以防止攻击者通过 JavaScript 访问和窃取用户的会话信息,以及使用 HTTPS 协议来加密传输的数据,防止数据在传输过程中被篡改或窃取。

2. 跨站请求伪造防护不足

跨站请求伪造(CSRF)是 Web 安全领域中的一大威胁,它允许攻击者利用已登录用户的身份,在用户毫不知情的情况下执行恶意操作。为了有效地应对这种威胁,开发者需要采取一系列综合防护措施,确保 Web 应用的安全性和用户隐私得到保护。

　　首先,对于涉及敏感操作的功能,如转账、密码修改等,引入验证码机制至关重要。验证码作为一种身份验证手段,要求用户输入随机生成的字符或完成特定的任务,确保操作的真实性和用户身份的有效性。这种机制在关键操作中添加了一层验证步骤,有效地提高了Web应用的安全性。

　　其次,使用令牌(Token)机制是防范CSRF攻击的重要一环。服务器在生成表单时会附带一个随机、唯一的令牌,并将其嵌入表单的隐藏字段或HTTP头中。当用户提交表单时,服务器会验证提交的令牌是否与预期的值相匹配。由于令牌是随机生成的,并且只有服务器和当前用户知道,所以攻击者无法伪造有效的令牌,从而防止了跨站请求伪造攻击的发生。

　　此外,设置Cookie的SameSite属性也是一项关键的防护措施。通过将SameSite属性设置为Strict或Lax,可以限制跨站请求中Cookie的发送。这意味着只有来自同一站点的请求才会携带Cookie,有效地阻止了跨站请求伪造攻击,然而,需要注意的是,这种设置可能会影响一些合法的跨站交互功能,因此需要根据实际业务需求进行权衡和调整。

　　除了上述措施外,开发者还可以采取其他防护手段,如使用HTTPS协议进行加密传输、对请求来源进行验证等。这些措施共同构建了一个多层次的防护体系,提高了Web应用的安全性和用户隐私的保护。

　　综上所述,防范跨站请求伪造(CSRF)攻击需要综合考虑多种策略,包括使用验证码、引入令牌机制和设置SameSite属性等。这些措施不仅要求开发者具备专业的安全知识,还需要在实际应用中不断地调整和完善。

3. 敏感信息未加密存储或传输

　　敏感信息未加密存储或传输是网络安全领域中的一个重大隐患,它直接威胁用户隐私和数据安全。在现今数字化快速发展的时代,保护敏感信息的机密性、完整性和可用性变得尤为重要。

　　敏感信息,特别是用户密码,是用户个人身份认证的关键凭证。若这些信息被未加密存储或传输,将会给攻击者提供可乘之机,进而造成用户隐私泄露、身份盗用、财产损失等严重后果。

　　例如在一个基于SSM(Spring+Spring MVC+MyBatis)框架的Web应用中,开发者在存储用户密码时直接使用了明文形式,而在用户登录过程中也未采取任何加密措施,使密码信息以明文形式在网络中传输。攻击者通过入侵数据库或截获网络数据包,轻易地获取了大量用户的密码信息,进一步利用这些信息进行非法活动。

　　为了有效地防止敏感信息被未加密存储或传输,开发者需要采取一系列专业且详细的防护措施。

　　首先,应该强制要求用户设置复杂度较高的密码,并定期更换密码。强密码策略可以大大地提高密码的破解难度,降低密码被猜测或暴力破解的风险。

　　其次,对于用户密码的存储,应该使用哈希算法(如SHA-256、bcrypt等)进行加密处理。哈希算法可以将任意长度的数据转换为固定长度的哈希值,并且哈希过程不可逆。这样即使数据库被泄露,攻击者也无法通过哈希值恢复出用户的原始密码。同时,为了增加安全性,还可以使用"加盐"(salt)技术,即在哈希过程中加入一个随机生成的字符串(盐),即使两个用户使用了相同的密码,其哈希值也会不同。

最后,在数据传输过程中,应该使用 HTTPS 协议进行加密传输。HTTPS 是在 HTTP 协议的基础上增加了 SSL/TLS 协议层的安全协议,它能够对传输的数据进行加密处理,确保数据在传输过程中的机密性和完整性。通过配置 SSL 证书和启用 HTTPS 服务,可以实现对 Web 应用数据传输的全程加密保护。

综上所述,敏感信息的加密存储和传输是保护用户隐私和数据安全的关键措施。通过采取强密码策略、密码加密存储和使用 HTTPS 协议等防护措施,可以有效地防范敏感信息被未加密存储或传输的风险,确保用户数据的安全性和完整性。

7.2　数据库连接问题及解决方案

本节讨论数据库连接中常见的 3 个问题及其相应的解决方案。首先,针对连接池配置不当的问题,指出连接池大小设置不合理和超时设置不当可能导致连接耗尽或资源浪费、连接超时或响应延迟。解决方案建议根据系统负载合理地调整连接池参数,以确保连接的可用性和稳定性,其次,针对 SQL 注入问题,强调了应用程序未对用户输入进行验证和过滤可能导致的安全风险。提出的解决方案包括使用预处理语句(PreparedStatement)或 ORM 框架的查询方法,以避免直接拼接 SQL 语句。最后,针对连接超时问题,分析了数据库服务器响应慢或网络问题可能导致的连接超时现象。解决方案建议优化数据库查询语句、减少网络延迟,并增加重试机制来应对连接超时问题。

7.2.1　连接池配置不当

在软件开发过程中,数据库连接池作为关键组件,其重要性不言而喻。它负责高效地管理数据库连接的创建、使用、复用和释放,从而显著地降低数据库连接的开销,提高系统的响应速度和吞吐量,然而,当数据库连接池的配置不当时,可能会导致一系列问题,包括但不限于连接资源的过度消耗或闲置、连接超时及响应延迟等,这些都会直接影响用户体验和系统的整体性能。

1. 数据库连接池大小配置问题

在构建高性能、高可用的软件系统中,数据库连接池的管理和优化扮演着至关重要的角色,其中,连接池大小的设置是影响系统性能和稳定性的关键因素之一。不合理的连接池大小配置,无论是过小还是过大都可能带来一系列问题,从而影响用户体验和系统的整体性能。

当数据库连接池的大小设置得过小时,系统将无法有效地应对高并发的请求场景。在这种情况下,大量的用户请求会因为没有可用的数据库连接而被阻塞或拒绝,从而导致服务中断,用户面临长时间的等待甚至无法访问系统。这不仅影响了用户体验,还可能对业务造成重大损失。

虽然增加连接池的大小可以避免连接耗尽的问题,但过大的连接池也会带来一系列问题。首先,过多的连接会占用大量的系统资源,如内存和CPU,从而导致资源浪费;其次,每个连接都需要维护和管理,过多的连接会增加系统的管理开销。此外,过大的连接池还可能导致数据库服务器的负载过高,进而影响数据库的性能和稳定性。

为了解决连接池大小设置不当的问题,开发者需要深入分析系统的负载特性。具体来讲,主要需要考虑以下几个方面。

(1)并发请求量:通过监控工具实时追踪系统的并发请求量,了解系统在不同时间段的负载情况。这有助于确定连接池的最小和最大容量。

(2)响应时间分布:分析系统的响应时间分布,了解不同请求的响应时间范围。这有助于确定连接池的合理超时时间设置。

(3)动态调整策略:根据系统的实际负载情况,采用动态调整策略来适应负载的变化。例如,可以利用监控工具实时追踪系统性能指标,如并发请求量、响应时间等,并根据这些指标的变化自动调整连接池的大小。

在实际应用中,开发者可以利用一些先进的监控工具和技术来实现连接池的动态调整。例如,可以使用一些专门的数据库连接池管理工具或框架,如HikariCP、DBCP等,这些工具或框架通常提供了丰富的配置选项和灵活的动态调整策略。通过合理配置这些选项和策略,可以实现连接池大小的自动调整,以适应系统的负载变化。

此外,开发者还可以结合一些性能分析工具来评估连接池的性能和稳定性。这些工具可以帮助开发者深入地了解连接池的使用情况、连接创建和销毁的频率、错误日志等信息,从而及时发现并解决连接池配置不当的问题。

数据库连接池大小的合理配置对于提升系统性能和稳定性至关重要。开发者需要深入分析系统的负载特性,采用动态调整策略来适应负载的变化,并结合监控工具和性能分析工具来评估和优化连接池的性能。只有这样,才能确保数据库连接池高效、稳定地运行,为软件系统提供强大的支撑。

2. 数据库连接池超时设置

在数据库连接池的管理中,除了需要对连接池大小进行配置外,超时设置也是一项至关重要的配置。不当的超时设置可能导致系统性能下降、资源浪费,甚至影响系统的稳定性和可用性。本文将详细解析连接池超时设置,包括空闲超时和等待超时,并提供优化建议。

空闲超时是指数据库连接在空闲状态下可以保持的最长时间。一旦连接超过这个空闲时间,连接池管理器将自动关闭这个连接,并将其释放回连接池以供其他请求使用。合理的空闲超时设置对于减少资源浪费、提高系统性能具有重要意义。

当空闲超时设置过短时,可能导致连接频繁关闭和重新创建。在这种情况下,每当一个连接在空闲状态下达到超时时间时,它就会被关闭并释放。随后,如果有新的请求需要数据库连接,则连接池管理器将不得不重新创建一个新的连接。这种频繁地进行关闭和创建连接的过程不仅会增加系统的开销,还可能导致请求延迟增加,从而影响用户体验。

为了解决这个问题,需要根据系统的实际负载和请求模式来合理地设置空闲超时时间。如果系统的请求模式较为稳定,并且大部分连接在一段时间内会保持活跃状态,则可以适当延长空闲超时时间,以减少不必要的连接关闭和创建。反之,如果系统的请求模式较为波动,或者存在大量短连接请求,则可能需要适当地缩短空闲超时时间,以确保连接池中的连接能够得到有效利用。

等待超时是指当连接池中没有可用连接时,客户端等待新连接创建的最长时间。如果在这段时间内没有新的连接被创建出来,则客户端将会收到一个超时错误,并可能引发一系列的错误和重试请求。

当等待超时设置得过短时,客户端可能在等待过程中因为超时而中断请求。在这种情况下,客户端可能会收到一个超时错误,并尝试重新发起请求,然而,由于连接池中的连接仍然处于紧张状态,所以新的请求仍然可能面临相同的超时问题。这种循环可能导致大量的重试请求和错误,从而降低系统的稳定性和可用性。

为了解决这个问题,需要根据系统的实际负载和请求量来合理地设置等待超时时间。如果系统的请求量较大,并且连接池中的连接数量不足以满足需求,则可以适当延长等待超时时间,以给连接池管理器更多的时间来创建新的连接,然而,过长的等待超时时间也可能导致客户端在长时间的等待后仍然无法获取连接,从而影响用户体验,因此,在设置等待超时时间时,需要综合考虑系统的负载、请求量及用户体验等因素。

数据库连接池的超时设置对于系统的性能和稳定性具有重要影响。合理地对空闲超时和等待超时进行设置可以减少系统开销、提高响应速度、增强系统的稳定性和可用性,因此,在配置数据库连接池时,需要根据系统的实际情况来合理地设置这些参数,并进行持续监控和调整,以确保系统的高效稳定运行。

3. 数据库连接池监控与调优

在构建高效、稳定的数据库应用系统中,除了合理设置连接池参数外,对连接池进行持续地监控和调优同样至关重要。通过实时监控连接池的使用情况、连接创建和销毁的频率、错误日志等指标,开发者能够迅速地识别并解决潜在的性能瓶颈问题和配置问题,从而确保系统的整体性能和稳定性。

连接池监控是数据库性能管理的重要组成部分。通过实时监控,开发者可以获取关于连接池使用的详细数据,包括连接的使用率、空闲率、等待时间等关键指标。这些数据不仅能帮助开发者了解连接池的实际运行情况,还能为后续的调优工作提供有力支持。

此外,监控连接池还可以帮助开发者及时发现潜在的问题。例如,如果连接池中的连接频繁地进行创建和销毁,则可能是空闲超时设置得过短或连接泄露导致的。通过监控这些指标,开发者可以迅速地定位问题并采取相应的措施进行解决。

要实现连接池的有效监控,开发者需要选择适合的监控工具和策略,以下是一些建议。

(1) 选择合适的监控工具:市面上有许多专门用于数据库连接池监控的工具,如 JMX、Prometheus、Grafana 等。这些工具提供了丰富的监控指标和可视化界面,可以帮助开发者快速地了解连接池的运行情况。

（2）配置监控参数：根据实际需求，配置需要监控的连接池参数，如空闲超时、等待超时、最大连接数等。同时，还需要设置监控的频率和数据采集方式。

（3）分析监控数据：定期分析监控数据，了解连接池的使用情况和性能瓶颈。根据分析结果，调整连接池参数或采取其他优化措施。

在监控连接池的同时，开发者还需要根据实际情况对连接池进行调优，以下是一些建议的调优策略。

（1）合理设置连接池参数：根据系统的实际负载和请求模式，合理设置连接池的最大连接数、空闲超时、等待超时等参数。确保连接池能够满足系统的需求，同时避免资源浪费。

（2）优化连接创建和销毁：通过优化连接创建和销毁的过程，减少不必要的系统开销。例如，可以使用连接池缓存技术来减少连接的创建和销毁次数；使用连接复用技术来提高连接的利用率。

（3）处理连接泄露：连接泄露是连接池常见的性能问题之一。开发者需要定期地检查并处理连接泄露问题，确保连接在使用完毕后能够及时关闭并释放回连接池。

（4）使用性能分析工具：利用性能分析工具对连接池的性能进行评估和优化。这些工具可以帮助开发者深入地了解连接池的性能瓶颈和潜在问题，并提供相应的优化建议。

数据库连接池监控与调优是确保系统性能与稳定性的关键。通过实时监控连接池的使用情况、连接创建和销毁的频率、错误日志等指标，开发者可及时发现并解决连接池配置不当的问题。同时，利用性能分析工具对连接池的性能进行评估和优化，可以进一步提高系统的整体性能和稳定性，因此，在构建高效、稳定的数据库应用系统中，对连接池进行持续监控和调优是不可或缺的。

总之，数据库连接池的配置对于软件系统的性能和稳定性具有至关重要的作用。开发者需要根据系统的实际需求和性能要求来合理地配置连接池参数，并进行监控和调优以确保连接的可用性和稳定性。只有这样才能充分发挥数据库连接池的优势以提高系统的整体性能。

7.2.2　SQL 注入攻击及其防御策略

在 Web 应用程序开发中，数据库安全是一个至关重要的议题，其中，SQL 注入攻击是一种常见的安全威胁，它利用了应用程序对用户输入验证和过滤的疏忽，从而执行恶意的 SQL 代码，导致数据泄露、数据篡改或恶意操作等严重后果。本节将深入探讨 SQL 注入攻击的原理、影响及如何通过技术手段进行防御。

1. SQL 注入攻击

首先，来探讨 SQL 注入攻击的原理。在 Web 应用程序中，用户输入是不可或缺的一部分，但同时也是最容易被利用的突破口。当用户在搜索框、登录框等输入数据时，这些数据通常会被应用程序用来构建 SQL 查询语句，然而，如果应用程序在构建 SQL 语句时没有对用户输入进行严格验证和过滤,攻击者就可以在这些输入中插入恶意的SQL代码片段。当这些带有恶意代码的输入被应用程序接收并拼接到SQL语句中执行时,就会触发SQL注入攻击。攻击者可以利用这种方式来绕过应用程序的身份验证和权限控制,直接对数据库进行非法操作。

接下来,分析SQL注入攻击的影响。这种攻击方式的影响十分严重,包括但不限于以下几个方面。

(1)数据泄露:攻击者可以利用SQL注入攻击查询并获取数据库中的敏感信息。这些信息可能包括用户密码、信用卡信息、企业机密等。一旦这些数据被泄露,将对个人和企业的安全造成严重威胁。

(2)数据篡改:攻击者可以通过SQL注入攻击修改数据库中的数据。他们可以更改用户的个人信息、交易记录等,破坏数据的完整性和一致性。这种篡改可能导致企业运营混乱、客户信任度下降等严重后果。

(3)恶意操作:攻击者还可以利用SQL注入攻击执行数据库管理命令。他们可能删除关键表、关闭数据库服务或执行其他恶意操作,导致系统崩溃或数据丢失。这种攻击对系统的稳定性和可靠性构成了巨大威胁。

鉴于SQL注入攻击的严重性和普遍性,开发者必须采取有效的防范措施来应对这种威胁。

2. SQL注入攻击的防御策略

预处理语句是一种预编译的SQL语句模板,它使用占位符(如?)来代表需要动态替换的参数。在执行SQL语句时,应用程序会将用户输入作为参数传递给预处理语句,而不是直接拼接到SQL语句中。这种方式通过隔离用户输入与SQL语句的编译过程,有效地避免了SQL注入攻击。

以Web应用程序为例,假设有一个功能允许用户通过输入用户名来查询数据库中的用户信息。如果应用程序使用字符串拼接的方式来构建SQL查询语句:

```
//假设从用户输入中获取用户名
String username = request.getParameter("username");
String sql = "SELECT * FROM users WHERE username = '" + username + "'";
```

这种方式就存在SQL注入的风险。如果攻击者在用户名输入框中输入了类似' OR '1'='1的恶意代码,则最终的SQL语句就会变成:

```
SELECT * FROM users WHERE username = '' OR '1' = '1'
```

这将导致查询返回所有用户的信息,从而实现了SQL注入攻击。

为了避免这种情况,可以使用预处理语句来重写上述代码:

```
//假设从用户输入中获取用户名
String username = request.getParameter("username");
PreparedStatement pstmt = connection.prepareStatement("SELECT * FROM users WHERE username = ?");
```

```
//将用户名作为参数传递给预处理语句
pstmt.setString(1, username);
//执行查询并获取结果集
ResultSet rs = pstmt.executeQuery();
```

通过这种方式,即使攻击者在用户名输入框中输入了恶意代码,数据库系统也会将其当作普通的字符串参数处理,而不会执行其中的 SQL 代码。预处理语句的使用大大地提高了应用程序的安全性,并降低了 SQL 注入攻击的风险。

在开发过程中,经常需要与数据库进行交互。传统的做法是直接编写 SQL 语句与数据库进行通信,但这种方式存在很多潜在的问题,尤其是 SQL 注入的风险。为了降低这种风险并提高开发效率,ORM 框架应运而生。

ORM 框架允许使用面向对象的方式来操作数据库,而无须直接编写 SQL 语句。它通过将数据库表映射为 Java 对象(或其他编程语言中的对象),使开发者可以像操作对象一样来操作数据库。ORM 框架在内部会自动处理 SQL 语句的生成和执行过程,从而避免了 SQL 注入的风险。

使用 ORM 框架进行数据库操作主要具有以下优点。

(1)提高开发效率:开发者无须编写烦琐的 SQL 语句,只需关注业务逻辑的实现。

(2)降低 SQL 注入风险:ORM 框架内部会对用户输入进行自动转义和过滤,确保它们不会被当作 SQL 代码执行。

(3)易于维护和扩展:由于使用了面向对象的方式来操作数据库,所以代码结构更清晰、更易于理解和维护。同时,ORM 框架也支持多种数据库系统,方便对数据库进行迁移和扩展。

综上所述,预处理语句和 ORM 框架是防范 SQL 注入攻击的重要技术手段。通过合理地使用这些技术,可以大大地降低数据库被攻击的风险,提高系统的安全性和稳定性。

7.2.3　数据库连接超时问题及解决方案

在数据库应用的开发与管理中,数据库连接超时问题一直是一个核心挑战。当数据库服务器响应缓慢或网络出现问题时,客户端在尝试建立连接时可能会因等待时间过长而触发超时错误。这不仅会影响用户体验,还可能对业务连续性造成严重影响,因此,需要深入了解这一问题的成因、潜在影响,并采取相应的解决方案。

在现代信息系统中,数据库服务器作为数据存储和处理的核心,其性能会直接影响整个系统的稳定性和用户体验,然而,在实际应用中,时常会面临数据库服务器响应迟缓而导致的连接超时问题。这不仅影响了系统的正常运行,还可能导致数据丢失或业务中断等严重后果,因此,对这一问题进行深度分析和有效解决显得尤为重要。

首先,需要明确的是,数据库服务器响应慢是导致连接超时的主要原因之一。当服务器需要处理大量的并发请求时,尤其是在高峰时段,其负载会显著地增加。此时,如果服务器的硬件配置不足以应对如此高的负载,或者其优化配置未能达到最佳状态,则服务器的响应时间就会显著延长。此外,当执行复杂的查询操作时,由于需要消耗大量的计算资源和时间,所以也会导致服务器响应速度下降。

进一步地,当数据库服务器遭遇性能瓶颈时,其响应时间同样会受到影响。性能瓶颈可能来自多个方面,如磁盘 I/O 瓶颈、网络带宽瓶颈、CPU 或内存资源不足等。这些瓶颈会限制服务器的处理能力,使其无法在规定的时间内完成请求的处理和响应。

当客户端在预定的超时阈值内未能接收到服务器的响应时,就会触发连接超时错误。这个超时阈值通常是客户端在发起请求时设置的,用于限制等待服务器响应的最长时间。如果在这段时间内未能收到响应,客户端就会认为连接已经断开或服务器无法处理请求,从而抛出连接超时错误。

连接超时问题对业务运行和用户体验的负面影响不容忽视。这一问题不仅直接关联到用户的日常操作体验,更对业务运行的稳定性和连续性构成了潜在威胁。

从用户体验的角度来看,连接超时问题可能导致用户在使用系统或应用时遭遇一系列不便。首先,用户可能会遇到数据加载缓慢的情况,尤其是在网络状况不佳或系统负载较重的情况下,数据的加载和展示过程变得异常缓慢,极大地降低了用户的操作效率和体验,其次,操作失败或页面无响应也是常见的用户投诉问题。当用户在执行关键操作时,如提交订单、更新信息等,如果因连接超时而导致操作失败或页面无响应,用户则会感到极度沮丧和不满,对系统或应用的信任度也会大打折扣。

而从业务运行的角度来看,连接超时问题的影响则更为严重。首先,连接超时可能会导致交易失败。在电子商务、金融交易等场景中,如果因连接超时而导致交易无法完成,则不仅会给用户带来经济损失,也会对企业的信誉和口碑造成不良影响,其次,数据不一致也是一个严重的问题。在分布式系统中,如果因连接超时而导致数据同步失败或数据更新不一致,则可能会引发一系列数据错误和业务异常,给企业带来巨大的风险和损失。更为严重的是,如果连接超时问题持续存在或频繁发生,则可能会导致系统停机或崩溃,对业务连续性构成严重威胁。一旦系统停机,企业将无法进行正常的业务运营,不仅会造成巨大的经济损失,还可能影响企业的声誉和客户关系。

因此,解决连接超时问题对于提升用户体验和保障业务运行稳定至关重要。企业需要通过优化网络架构、提升服务器性能、优化数据库查询语句等多种手段来降低连接超时发生的概率,确保系统的稳定性和可用性。同时,企业还需要建立完善的监控和预警机制,以及时发现并解决潜在的连接超时问题,保障业务的正常运行和用户的良好体验。

为了有效地解决数据库服务器响应迟缓导致的连接超时问题,主要可以从以下几个方面入手:

在数据库服务器性能优化的过程中,硬件配置是基石。开发者需要根据服务器的实际负载情况,对硬件资源进行合理配置和扩展。首先,通过监控工具分析服务器的 CPU 使用情况,如果 CPU 使用率长时间保持在高位,则增加 CPU 核心数或提升 CPU 频率将是有效的解决方案,其次,内存资源的扩展也至关重要,增加内存可以显著地提升数据库缓存的容量,进而减少磁盘 I/O 操作,提高数据处理速度。最后,对于磁盘存储,应根据数据访问模式和增长趋势选择合适的存储介质,如 SSD 硬盘或 RAID 阵列,以提高磁盘 I/O 性能。

查询语句的性能会直接影响数据库服务器的响应速度,因此,需要对查询语句进行优化,以减少不必要的计算量和提高查询效率。首先,应尽量避免使用复杂的查询语句,特别是涉及多个表连接和子查询的语句,其次,可以通过添加合适的索引来加快查询速度,但是,过多的索引也会增加写入操作的开销,因此需要权衡利弊。此外,还可以使用查询优化器来自动分析查询语句的执行计划,并提供优化建议。

为了及时发现并解决性能瓶颈问题,需要借助性能监控工具对服务器的运行状态进行实时监控。这些工具可以收集服务器的各种性能指标数据,如 CPU 使用率、内存占用率、磁盘 I/O 和网络带宽等。通过对这些数据的分析,可以发现潜在的性能问题。例如,如果磁盘 I/O 等待时间过长,则可能是由于磁盘性能不足或数据库文件碎片化严重而导致的。此时,可以考虑升级磁盘硬件或进行数据库文件碎片整理。

在数据库通信过程中,超时阈值的设置至关重要。如果设置得过短,则可能导致因网络延迟或服务器短暂繁忙而引发的连接超时错误。为了降低这类错误的发生概率,可以根据系统的实际情况适当调整客户端的超时阈值。当然,在调整超时阈值时需要注意平衡用户体验和服务器负载之间的关系,以避免因超时时间过长而导致的资源浪费。

负载均衡技术可以将请求分散到多个服务器上进行处理,从而提高整个系统的处理能力。为了实现负载均衡,需要选择合适的负载均衡算法和策略,并根据服务器的实际负载情况进行动态调整。此外,为了确保在服务器出现故障时能够及时恢复服务,需要建立容灾备份机制。这包括数据备份和恢复策略的制定、备份数据的定期检查和验证及灾难恢复演练等方面的工作。通过这些措施,可以确保在发生意外情况时能够迅速恢复服务并减少损失。

7.3 事务管理问题及解决方案

事务管理是数据库系统中至关重要的一部分,旨在确保数据的一致性、隔离性、持久性和原子性,然而,事务管理面临许多挑战,包括事务并发控制、死锁检测与处理、恢复机制及性能优化等问题。

在并发环境下,多个事务同时执行可能导致数据不一致,因此需要采用如两阶段锁协议、时间戳排序、乐观并发控制等方法来协调事务的执行顺序,保证数据一致性。同时,事务之间可能产生资源争夺,从而引发死锁现象。

为了解决死锁问题,可以使用等待图算法进行死锁检测,并通过回滚部分事务解除死锁,或者通过银行家算法等预防和避免死锁。此外,系统在遭遇崩溃或故障时,可能会导致数据丢失或损坏,恢复机制因此显得尤为重要。通过日志记录、检查点和影子页等技术,可以实现故障恢复,在系统重启后根据日志进行重做或撤销操作,恢复数据的一致性。

事务管理的另一个重要方面是性能优化,在高并发环境下,事务管理可能成为性能瓶颈,因此需要通过优化锁管理、减少锁冲突及采用多版本并发控制(MVCC)等技术提升系统的并发处理能力。

此外,分布式事务管理和数据库分片也是提升系统性能的有效手段。通过这些方法和技术,事务管理能够在确保数据一致性和系统可靠性的同时,提高系统的响应速度和整体性能,进而提升用户体验。事务管理的有效实施不仅保障了数据库系统的稳定运行,还为企业的数据安全和业务连续性提供了坚实的基础。

7.3.1 事务不生效

(1) Connection 对象不同而导致事务不生效。

Connection 对象与事务:在数据库编程中,Connection 对象通常代表与数据库的物理连接。事务通常与特定的 Connection 对象关联,这意味着事务中的所有操作都应该通过同一个 Connection 对象来执行。

Connection 对象不同的问题:如果在一个事务中使用了不同的 Connection 对象来执行操作,则这些操作可能不会被视为同一个事务的一部分。因为每个 Connection 对象都有自己的事务上下文和状态,使用不同的 Connection 对象可能会导致事务的 ACID 属性失效。

测试代码配置如下:

```xml
//第 7 章 spring.xml
< tx:advice id = "txAdvice" transaction - manager = "myTxManager">
      < tx:attributes >
          <!-- 指定在连接点方法上应用的事务属性 -->
          < tx:method name = "openAccount" isolation = "DEFAULT" propagation = "REQUIRED"/>
          < tx:method name = "openStock" isolation = "DEFAULT" propagation = "REQUIRED"/>
          < tx:method name = " openStockInAnotherDb" isolation = " DEFAULT" propagation =
"REQUIRES_NEW"/>
          < tx:method name = "openTx" isolation = "DEFAULT" propagation = "REQUIRED"/>
          < tx:method name = "openWithoutTx" isolation = "DEFAULT" propagation = "NEVER"/>
          < tx:method name = " openWithMultiTx" isolation = " DEFAULT" propagation =
"REQUIRED"/>
</tx:advice >
```

测试业务代码如下:

```java
//第 7 章 StockProcessServiceImpl.java
public class StockProcessServiceImpl implements IStockProcessService{
    @Autowired
        private IAccountDao accountDao;
        @Autowired
        private IStockDao stockDao;
        @Override
    public void openAccount(String aname, double money) {
            accountDao.insertAccount(aname, money);
    }
    @Override
    public void openStock(String sname, int amount) {
```

```
                stockDao.insertStock(sname, amount);
        }
        @Override
        public void openStockInAnotherDb(String sname, int amount) {
                stockDao.insertStock(sname, amount);
        }
    }
}
public void insertAccount(String aname, double money) {
        String sql = "insert into account(aname, balance) values(?,?)";
        this.getJdbcTemplate().update(sql, aname, money);
        DbUtils.printDBConnectionInfo("insertAccount",getDataSource());
}
    public void insertStock(String sname, int amount) {
        String sql = "insert into stock(sname, count) values (?,?)";
        this.getJdbcTemplate().update(sql , sname, amount);
        DbUtils.printDBConnectionInfo("insertStock",getDataSource());
}
    public static void printDBConnectionInfo(String methodName,DataSource ds) {
        Connection connection = DataSourceUtils.getConnection(ds);
        System.out.println(methodName + " connection hashcode = " + connection.hashCode());
    }
//调用同类方法,外围配置事务
    public void openTx(String aname, double money) {
            openAccount(aname,money);
            openStock(aname,11);
    }
```

运行结果如下:

```
insertAccount connection hashcode = 319558327
insertStock connection hashcode = 319558327
```

将事务配置去除后进行重新调用测试,调用代码如下:

```
//调用同类方法,外围不配置事务
    public void openTx(String aname, double money) {
            openAccount(aname,money);
            openStock(aname,11);
    }
```

运行结果如下:

```
insertAccount connection hashcode = 1333810223
insertStock connection hashcode = 1623009085
```

通过 AopContext.currentProxy()方法获取代理,调用代码如下:

```
@Override
public void openWithMultiTx(String aname, double money) {
    openAccount(aname,money);
    //传播级别为 REQUIRES_NEW
    openStockInAnotherDb(aname, 11);
}
```

运行结果如下：

```
insertAccount connection hashcode = 303240439
insertStock connection hashcode = 303240439
```

可以看到2、3测试方法跟事务预期一样。也就是，调用方法未配置事务、本类方法直接调用，事务都不生效。

因为Spring的事务本质上是个代理类，而本类方法直接调用时其对象本身并不是织入事务的代理，所以事务切面并未生效。具体可以参见Spring事务实现机制章节。

Spring也提供了判断是否为代理的方法，代码如下：

```java
//第7章 StockProcessServiceImpl.java
public static void printProxyInfo(Object bean) {
        System.out.println("isAopProxy" + AopUtils.isAopProxy(bean));
        System.out.println("isCGLIBProxy = " + AopUtils.isCGLIBProxy(bean));

System.out.println("isJdkProxy = " + AopUtils.isJdkDynamicProxy(bean));
    }
```

如何修改为代理类调用呢？最直接的想法是注入自身，代码如下：

```java
    @Autowired
    private IStockProcessService stockProcessService;
    //注入自身类,循环依赖,亲测可以
    public void openTx(String aname, double money) {
            stockProcessService.openAccount(aname,money);
            stockProcessService.openStockInAnotherDb (aname,11);
    }
```

当然Spring提供了获取当前代理的方法，通过AopContext.currentProxy()方法获取代理，代码如下：

```java
//第7章 StockProcessServiceImpl.java
@Override
public void openWithMultiTx(String aname, double money) {

        ((IStockProcessService)AopContext.currentProxy()).openAccount(aname,money);

        ((IStockProcessService)AopContext.currentProxy()).openStockInAnotherDb(aname, 11);
    }
```

另外Spring是通过TransactionSynchronizationManager类中的线程变量来获取事务中数据库连接的，所以如果是多线程调用或者绕过Spring获取数据库连接，则会导致Spring事务配置失效。

（2）在事务方法中加锁，可能会导致锁失效。

无论是Java自带的锁，还是分布式锁都有可能出现没锁住的情况。原因是解锁先于事务提交，一旦锁释放后其他线程就可以获取锁了，由于事务还没提交，所以新线程读到的还是旧数据(跟前一个线程读取到的数据是一样的),这就相当于多个线程做了一模一样的事情了,如图 7-1 所示。

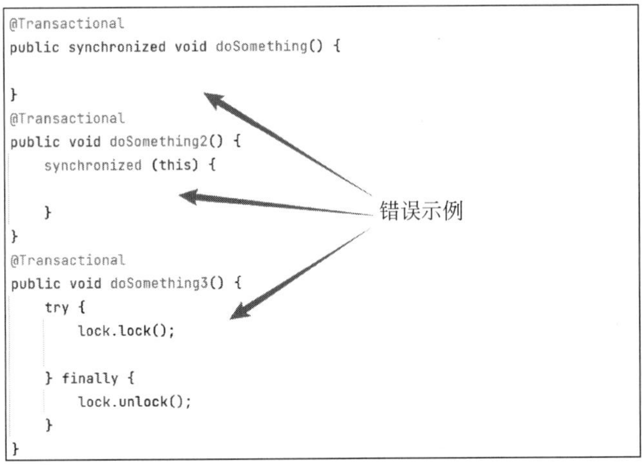

```
@Transactional
public synchronized void doSomething() {

}
@Transactional
public void doSomething2() {
    synchronized (this) {

    }
}
@Transactional
public void doSomething3() {
    try {
        lock.lock();

    } finally {
        lock.unlock();
    }
}
```

错误示例

图 7-1　错误示例

正确的做法是要么别加事务,要么把锁加在事务方法外面,如图 7-2 所示。

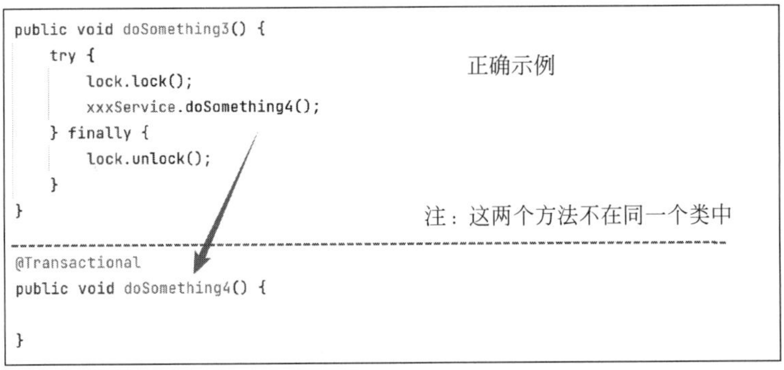

```
public void doSomething3() {
    try {
        lock.lock();
        xxxService.doSomething4();
    } finally {
        lock.unlock();
    }
}
--------------------------------------------
@Transactional
public void doSomething4() {

}
```

正确示例

注:这两个方法不在同一个类中

图 7-2　正确示例

(3)本类方法调用。

调用内部(同一个类中)方法,事务不生效,如图 7-3 所示。

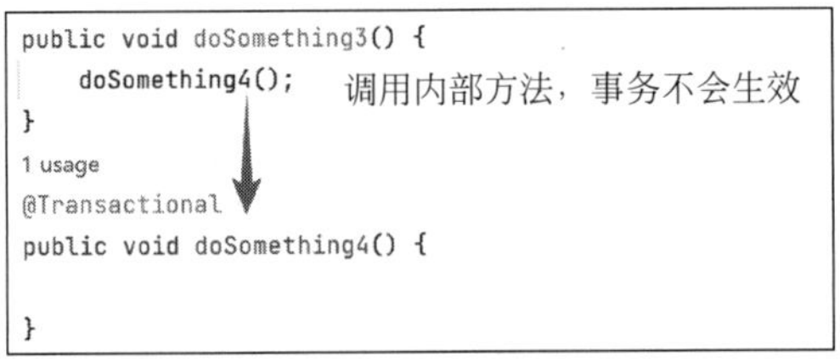

```
public void doSomething3() {
    doSomething4();
}
1 usage
@Transactional
public void doSomething4() {

}
```

调用内部方法,事务不会生效

图 7-3　本类方法调用

最后 Spring 事务配置失效的场景:事务切面未配置正确、加锁、本类方法调用、绕开 Spring 获取数据库连接。

7.3.2　事务不回滚

事务不回滚导致的事务管理问题，通常涉及数据库操作的一致性和完整性方面。事务是数据库管理系统在执行过程中的一个逻辑单位，它具有原子性（Atomicity）、一致性（Consistency）、隔离性（Isolation）和持久性（Durability），简称 ACID 特性。当事务中的某个操作失败或出现异常时，系统应该能够确保事务回滚，即将事务中所做的修改全部撤销，保持数据库的一致性。

测试代码如下：

```
//第 7 章 spring.xml
< tx:advice id = "txAdvice" transaction - manager = "myTxManager">
        < tx:attributes >
            <!-- 指定在连接点方法上应用的事务属性 -->
            < tx:method name = "buyStock" isolation = "DEFAULT" propagation = "REQUIRED"/>
        </tx:attributes >
</tx:advice >
```

业务逻辑代码如下：

```java
//第 7 章 StockProcessServiceImpl.java
public void buyStock ( String aname, double money, String sname, int amount ) throws
StockException {
        boolean isBuy = true;
        accountDao.updateAccount(aname, money, isBuy);
        //故意抛出异常
        if (true) {
            throw new StockException("购买股票异常");
        }
        stockDao.updateStock(sname, amount, isBuy);
}
  @Test
      public void testBuyStock() {
          try {
              service.openAccount("dcbs", 10000);
              service.buyStock("dcbs", 2000, "dap", 5);
          } catch (StockException e) {
              e.printStackTrace();
          }
          double accountBalance = service.queryAccountBalance("dcbs");
          System.out.println("account balance is " + accountBalance);
      }
```

输出的结果如下：

```
insertAccount connection hashcode = 656479172
updateAccount connection hashcode = 517355658
account balance is 8000.0
```

应用抛出异常,但 accountDao. updateAccount 却进行了提交。究其原因,直接看 Spring 源代码,代码如下:

```java
                        //TransactionAspectSupport. java
protected void completeTransactionAfterThrowing(TransactionInfo txInfo, Throwable ex) {
        if (txInfo != null && txInfo. hasTransaction()) {
            if (logger. isTraceEnabled()) {
                logger. trace("Completing transaction for [" + txInfo.getJoinpointIdentification() +
                        "] after exception: " + ex);
            }
            if (txInfo. transactionAttribute. rollbackOn(ex)) {
                try {

    txInfo. getTransactionManager(). rollback(txInfo. getTransactionStatus());
                }
                catch (TransactionSystemException ex2) {
                    logger. error("Application exception overridden by rollback exception", ex);
                    ex2. initApplicationException(ex);
                    throw ex2;
                }
                ...
}
public class DefaultTransactionAttribute extends DefaultTransactionDefinition implements
TransactionAttribute {
@Override
    public boolean rollbackOn(Throwable ex) {
        return (ex instanceof RuntimeException || ex instanceof Error);
    }
...
}
```

由代码可见,Spring 事务默认只对 RuntimeException 和 Error 进行回滚,如果应用需要对指定的异常类进行回滚,则可配置 rollback-for=属性,示例代码如下:

```xml
<!-- 注册事务通知 -->
    < tx:advice id = "txAdvice" transaction - manager = "myTxManager">
        < tx:attributes >
            <!-- 指定在连接点方法上应用的事务属性 -->
            < tx:method name = "buyStock" isolation = "DEFAULT" propagation = "REQUIRED"
rollback - for = "StockException"/>
        </tx:attributes >
    </tx:advice >
```

事务不回滚的原因主要有以下几种:

(1)事务配置切面未生效。

(2)应用方法中将异常捕获。

(3)抛出的异常不属于运行时异常(例如 IOException)。

(4)rollback-for 属性配置不正确。

7.3.3　事务超时不生效

测试代码如下：

```
<!-- 注册事务通知 -->
    <tx:advice id="txAdvice" transaction-manager="myTxManager">
        <tx:attributes>
                <tx:method name="openAccountForLongTime" isolation="DEFAULT" propagation
="REQUIRED" timeout="3"/>
        </tx:attributes>
    </tx:advice>
```

业务代码如下：

```java
//第7章 StockProcessServiceImpl.java
@Override
    public void openAccountForLongTime(String aname, double money) {
        accountDao.insertAccount(aname, money);
        try {
            Thread.sleep(5000L); //在数据库操作之后超时
        } catch (InterruptedException e) {
            e.printStackTrace();
        }
    }
@Test
public void testTimeout() {
    service.openAccountForLongTime("dcbs", 10000);
}
```

正常运行，事务超时未生效，代码如下：

```java
public void openAccountForLongTime(String aname, double money) {
        try {
            Thread.sleep(5000L); //在数据库操作之前超时
        } catch (InterruptedException e) {
            e.printStackTrace();
        }
        accountDao.insertAccount(aname, money);
    }
```

抛出事务超时异常，超时生效，代码如下：

```
org.springframework.transaction.TransactionTimedOutException: Transaction timed out:
deadline was Fri Nov 23 17:03:02 CST 2018

at org.springframework.transaction.support.ResourceHolderSupport.checkTransactionTimeout
(ResourceHolderSupport.java:141)

…
```

通过源码看 Spring 事务超时的判断机制，代码如下：

```java
//ResourceHolderSupport.java
/**
  * Return the time to live for this object in milliseconds.
  * @return number of milliseconds until expiration
  * @throws TransactionTimedOutException if the deadline has already been reached
  */
    public long getTimeToLiveInMillis() throws TransactionTimedOutException{
        if (this.deadline == null) {
            throw new IllegalStateException("No timeout specified for this resource holder");
        }
        long timeToLive = this.deadline.getTime() - System.currentTimeMillis();
        checkTransactionTimeout(timeToLive <= 0);
        return timeToLive;
    }
    /**
      * Set the transaction rollback-only if the deadline has been reached,
      * and throw a TransactionTimedOutException.
      */
    private void checkTransactionTimeout(boolean deadlineReached) throws
TransactionTimedOutException {
        if (deadlineReached) {
            setRollbackOnly();
            throw new TransactionTimedOutException("Transaction timed out: deadline was " +
this.deadline);
        }
    }
```

当查看 getTimeToLiveInMillis 方法的调用层次（Call Hierarchy）时，发现它被 DataSourceUtils 的 applyTimeout 方法所调用。进一步深入 applyTimeout 的调用层次，我们观察到这种方法在两处被使用：一处是在 JdbcTemplate 中，另一处则是在 TransactionAwareInvocationHandler 类中，而 TransactionAwareInvocationHandler 类的调用主要来自 TransactionAwareDataSourceProxy，这是一个为数据源提供事务代理的类，通常在我们的日常开发中并不会直接与之交互。

这引发了一个疑问：难道设置的超时（timeout）功能仅当在调用 JdbcTemplate 时才会生效吗？为了验证这个假设，需要通过编写代码来进行实际测试。我们将编写相应的代码片段，以此来确认超时功能是否在其他场景中也能正常工作，而不仅限于 JdbcTemplate 的调用。通过这样的测试，可以更准确地了解超时设置的实际作用范围及其行为，代码如下：

```xml
<!-- 注册事务通知 -->
<tx:advice id="txAdvice" transaction-manager="myTxManager">
        <tx:attributes>
                <tx:method name="openAccountForLongTimeWithoutJdbcTemplate" isolation=
"DEFAULT" propagation="REQUIRED" timeout="3"/>
        </tx:attributes>
</tx:advice>
```

逻辑代码如下：

```
//Test.java
public void openAccountForLongTimeWithoutJdbcTemplate(String aname, double money) {
        try {
            Thread.sleep(5000L);
        } catch (InterruptedException e) {
            e.printStackTrace();
        }
        accountDao.queryAccountBalanceWithoutJdbcTemplate(aname);
    }
    public double queryAccountBalanceWithoutJdbcTemplate(String aname) {
        String sql = "select balance from account where aname = ?";
        PreparedStatement prepareStatement;
        try {
            prepareStatement = this.getConnection().prepareStatement(sql);
                prepareStatement.setString(1, aname);
                ResultSet executeQuery = prepareStatement.executeQuery();
                while(executeQuery.next()) {
                    return executeQuery.getDouble(1);
                }
        } catch (CannotGetJdbcConnectionException | SQLException e) {
            //TODO Auto - generated catch block
            e.printStackTrace();
        }
        return 0;
    }
```

运行正常，事务超时失效。

由上可见，Spring 事务超时判断在通过 JdbcTemplate 的数据库操作时，所以如果超时后未有 JdbcTemplate 方法调用，则无法准确判断超时。另外也可以得知，如果通过 MyBatis 等操作数据库，则 Spring 的事务超时是无效的。鉴于此，Spring 的事务超时应谨慎使用。

7.3.4　总结

Spring 事务管理通过 AOP(面向切面编程)方式屏蔽了许多底层技术，使事务管理变得异常简单，然而，这种便利性也可能带来一些隐藏的问题，特别是当开发者对其实现机制理解不透彻时，可能会遇到一些常见的问题。

Spring 事务未生效的原因可能有多个方面。一个常见的问题是调用方法本身未正确配置事务，即缺乏必要的@Transactional 注解或配置错误，其次，在同一个类中直接调用事务方法不会触发事务代理，从而导致事务未生效。此外，如果数据库操作未通过 Spring 的 DataSourceUtils 获取 Connection，则会导致事务管理失效，因为 Spring 无法正确管理和监控这些连接。多线程调用也是一个常见的问题，在默认情况下，Spring 事务管理并不能跨线程工作，这会导致事务未能正确传播和控制。

    Spring 事务回滚失效的情况也比较常见。一个原因是未准确配置 rollback-for 属性，该属性用于指定哪些异常会触发事务回滚。如果没有正确配置，则某些异常可能不会导致事务回滚。另外，Spring 默认只对 RuntimeException 和 Error 进行回滚，如果抛出的异常不是这两种类型（例如检查异常），则事务也不会回滚。此外，如果应用捕获了异常但未抛出，则 Spring 事务管理将无法检测到这些异常，从而导致回滚失效。

    Spring 事务超时设置有时也会出现不准确或失效的问题。这通常是因为超时设置仅在最后一次 JdbcTemplate 操作之后才会生效，如果在这之前事务已经超时，则超时机制就不会起作用。另外，如果通过非 JdbcTemplate（例如 MyBatis）操作数据库，则 Spring 的超时管理也可能失效，因为这些操作绕过了 Spring 的事务管理机制。

    为了避免这些问题，开发者需要深入理解 Spring 事务管理的机制和最佳实践。例如，确保在方法上正确配置@Transactional 注解，避免在同一类中直接调用事务方法，确保所有数据库操作都通过 Spring 管理的 Connection 进行，谨慎处理多线程事务，准确配置 rollback-for 属性，并确保应用中捕获的异常能够正确抛出。此外，了解和处理非 JdbcTemplate 数据库操作的事务超时问题，对于确保事务管理的可靠性和一致性也至关重要。

    通过对这些潜在问题的深入理解和细致处理，开发者可以充分地利用 Spring 事务管理的优势，同时避免遇到常见的问题，确保应用程序的事务处理可靠、高效。

图 书 推 荐

书　　名	作　　者
仓颉语言实战(微课视频版)	张磊
仓颉语言核心编程——入门、进阶与实战	徐礼文
仓颉语言程序设计	董昱
仓颉程序设计语言	刘安战
仓颉语言元编程	张磊
仓颉语言极速入门——UI全场景实战	张云波
HarmonyOS 移动应用开发(ArkTS 版)	刘安战、余雨萍、陈争艳 等
公有云安全实践(AWS 版·微课视频版)	陈涛、陈庭暄
Vue＋Spring Boot 前后端分离开发实战(第 2 版·微课视频版)	贾志杰
TypeScript 框架开发实践(微课视频版)	曾振中
精讲 MySQL 复杂查询	张方兴
Kubernetes API Server 源码分析与扩展开发(微课视频版)	张海龙
编译器之旅——打造自己的编程语言(微课视频版)	于东亮
Spring Boot＋Vue.js＋uni-app 全栈开发	夏运虎、姚晓峰
Selenium 3 自动化测试——从 Python 基础到框架封装实战(微课视频版)	栗任龙
Unity 编辑器开发与拓展	张寿昆
跟我一起学 uni-app——从零基础到项目上线(微课视频版)	陈斯佳
Python Streamlit 从入门到实战——快速构建机器学习和数据科学 Web 应用(微课视频版)	王鑫
Java 项目实战——深入理解大型互联网企业通用技术(基础篇)	廖志伟
Java 项目实战——深入理解大型互联网企业通用技术(进阶篇)	廖志伟
深度探索 Vue.js——原理剖析与实战应用	张云鹏
前端三剑客——HTML5＋CSS3＋JavaScript 从入门到实战	贾志杰
剑指大前端全栈工程师	贾志杰、史广、赵东彦
JavaScript 修炼之路	张云鹏、戚爱斌
JavaScript 基础语法详解	张旭乾
Flink 原理深入与编程实战——Scala＋Java(微课视频版)	辛立伟
Spark 原理深入与编程实战(微课视频版)	辛立伟、张帆、张会娟
PySpark 原理深入与编程实战(微课视频版)	辛立伟、辛雨桐
HarmonyOS 应用开发实战(JavaScript 版)	徐礼文
HarmonyOS 原子化服务卡片原理与实战	李洋
鸿蒙操作系统开发入门经典	徐礼文
鸿蒙应用程序开发	董昱
鸿蒙操作系统应用开发实践	陈美汝、郑森文、武延军、吴敬征
HarmonyOS 移动应用开发	刘安战、余雨萍、李勇军 等
HarmonyOS App 开发从 0 到 1	张诏添、李凯杰
Android Runtime 源码解析	史宁宁
恶意代码逆向分析基础详解	刘晓阳
网络攻防中的匿名链路设计与实现	杨昌家
深度探索 Go 语言——对象模型与 runtime 的原理、特性及应用	封幼林
深入理解 Go 语言	刘丹冰
Spring Boot 3.0 开发实战	李西明、陈立为

书　名	作　者
编程改变生活——用 PySide6/PyQt6 创建 GUI 程序(基础篇·微课视频版)	邢世通
编程改变生活——用 PySide6/PyQt6 创建 GUI 程序(进阶篇·微课视频版)	邢世通
编程改变生活——用 Python 提升你的能力(基础篇·微课视频版)	邢世通
编程改变生活——用 Python 提升你的能力(进阶篇·微课视频版)	邢世通
Python 量化交易实战——使用 vn.py 构建交易系统	欧阳鹏程
Python 从入门到全栈开发	钱超
Python 全栈开发——基础入门	夏正东
Python 全栈开发——高阶编程	夏正东
Python 全栈开发——数据分析	夏正东
Python 编程与科学计算(微课视频版)	李志远、黄化人、姚明菊 等
Python 数据分析实战——从 Excel 轻松入门 Pandas	曾贤志
Python 概率统计	李爽
Python 数据分析从 0 到 1	邓立文、俞心宇、牛瑶
Python 游戏编程项目开发实战	李志远
Java 多线程并发体系实战(微课视频版)	刘宁萌
从数据科学看懂数字化转型——数据如何改变世界	刘通
Flutter 组件精讲与实战	赵龙
Flutter 组件详解与实战	[加]王浩然(Bradley Wang)
Dart 语言实战——基于 Flutter 框架的程序开发(第 2 版)	亢少军
Dart 语言实战——基于 Angular 框架的 Web 开发	刘仕文
IntelliJ IDEA 软件开发与应用	乔国辉
FFmpeg 入门详解——音视频原理及应用	梅会东
FFmpeg 入门详解——SDK 二次开发与直播美颜原理及应用	梅会东
FFmpeg 入门详解——流媒体直播原理及应用	梅会东
FFmpeg 入门详解——命令行与音视频特效原理及应用	梅会东
FFmpeg 入门详解——音视频流媒体播放器原理及应用	梅会东
FFmpeg 入门详解——视频监控与 ONVIF+GB28181 原理及应用	梅会东
Python Web 数据分析可视化——基于 Django 框架的开发实战	韩伟、赵盼
Python 玩转数学问题——轻松学习 NumPy、SciPy 和 Matplotlib	张骞
Pandas 通关实战	黄福星
深入浅出 Power Query M 语言	黄福星
深入浅出 DAX——Excel Power Pivot 和 Power BI 高效数据分析	黄福星
从 Excel 到 Python 数据分析：Pandas、xlwings、openpyxl、Matplotlib 的交互与应用	黄福星
云原生开发实践	高尚衡
云计算管理配置与实战	杨昌家
虚拟化 KVM 极速入门	陈涛
虚拟化 KVM 进阶实践	陈涛
HarmonyOS 从入门到精通 40 例	戈帅
OpenHarmony 轻量系统从入门到精通 50 例	戈帅
AR Foundation 增强现实开发实战(ARKit 版)	汪祥春
AR Foundation 增强现实开发实战(ARCore 版)	汪祥春